高职高专电气自动化专业规划教材

自动化生产线技术

马 凯 肖洪流 主 编
刘书凯 朱丽琴 王 琰 副主编

化学工业出版社

·北京·

本书基于高职高专培养技能型人才的目标，结合自动生产线安装与调试岗位的需求，以亚龙公司YL-335生产线和龙洲公司 LZ-Me101 自动生产线为学习载体，精心设计了多个项目，将自动化生产线系统的组装调试和西门子 S7-200 控制器的使用方法，以及 PLC 程序设计等核心内容融入每个项目之中，切实贯彻"工学结合、任务导向、学做一体"的教学理念，实用性强。

本书可作为高职高专电气自动化、机电一体化等专业的教材，也可供技术人员参考使用。

图书在版编目（CIP）数据

自动化生产线技术/马凯，肖洪流主编 . —北京：化学工业出版社，2017.12（2025.2 重印）
高职高专电气自动化专业规划教材
ISBN 978-7-122-31127-6

Ⅰ.①自…　Ⅱ.①马… ②肖…　Ⅲ.①自动生产线-高等职业教育-教材　Ⅳ.①TP278

中国版本图书馆 CIP 数据核字（2017）第 296448 号

责任编辑：潘新文　　　　　　　　　　　装帧设计：韩　飞
责任校对：宋　夏

出版发行：化学工业出版社（北京市东城区青年湖南街 13 号　邮政编码 100011）
印　　装：北京云浩印刷有限责任公司
787mm×1092mm　1/16　印张 19　字数 495 千字　2025 年 2 月北京第 1 版第 9 次印刷

购书咨询：010-64518888　　　　　　　　售后服务：010-64518899
网　　址：http://www.cip.com.cn
凡购买本书，如有缺损质量问题，本社销售中心负责调换。

定　　价：59.00 元

前　言

本教材本着"以就业为导向，以能力为本位"的教育理念编写而成。全书从职业教育的实用性出发，根据职业能力培养的要求，采用项目化教学的方法，打破学科体系对知识内容的序化，坚持"以用促学"的指导思想，以真实项目为载体，按照工作流程对知识内容进行重构和优化。

本教材内容不研究规律、原理等抽象知识，而强调技能、操作等实用技术，突出"做中学、学中做"。使学生在完成任务的同时掌握知识和技能，有效地达到对所学知识的建构。全书以项目的完整性取代学科知识的系统性，凸显课程的职业特色。

本书立足于职业教育机电一体化技术专业课程体系，按照专业的培养目标，针对典型的工作岗位——自动生产线安装与调试岗位的需求，以亚龙公司 YL-335 生产线和龙洲公司 LZ-Me101 自动生产线为学习载体，精心设计了多个项目，将机电一体化系统的组装调试和西门子 S7-200 控制器的使用方法，以及程序设计等核心内容融入每个项目之中，切实贯彻"工学结合、任务导向、学做一体"的方针，实用性强。

为更好地完成项目任务及实现知识的拓展，在开篇加入了自动生产线核心技术模块，该模块不仅涵盖了实践项目所需的理论知识和相关技能，还对自动生产线应用需要的知识加以扩展，使教材的内容在适度够用的原则下，为学生的知识的扩展和能力的提高打下基础。

为更便捷地让学生熟悉硬件设备的操作，教材中增加了机电控制电路图绘制与仿真软件模块，利用宇龙机电仿真软件仿真操作，可以大大降低硬件设备的损耗，减少硬件设备的重复投入，还可以服务于课程教学信息化建设，也给老师教学设计提供丰富素材资源。

本教材由南京科技职业学院马凯和湖南化工职业技术学院肖洪流主编，常州工程职业技术学院刘书凯，南京科技职业学院朱丽琴、王琰为副主编，高丽华参与了本书的编写工作。其中朱丽琴、刘书凯编写了模块一，马凯、肖洪流编写了模块二，王琰编写了模块三，高丽华编写了模块四。本书在编写过程中得到了亚龙公司和龙洲公司的大力技术支持，在此表示衷心的感谢。

由于编写时间紧促，笔者水平所限，书中难免会有不当之处，恳请广大读者批评指正。

编者

2017 年 10 月

目　　录

模块 1　自动化生产线核心技术应用

模块 2 YL-335B 自动生产线安装与调试

模块 3　LZ_Me101 生产线安装与调试

模块 4　机电控制系统和自动化生产线仿真

模块 1　自动化生产线核心技术应用

项目 1　气动技术在自动生产线中应用

气动系统是以压缩空气为工作介质来进行能量与信号的传递，利用空气压缩机将电动机或其他原动机输出的机械能转变为空气的压力能，然后在控制元件的控制和辅助元件的配合下，通过执行元件把空气的压力能转变为机械能，从而完成直线或回转运动，并对外做功。在通用的自动生产线上安装了许多气动元件，包括气泵、过滤减压阀、电磁阀组、气缸、汇流板等。

1.1　气动元件及其应用

气动系统的功能通过压缩空气的产生、传输和消耗实现，它包含以下四部分：气源装置、控制元件、辅助元件及执行元件。

① 气源装置：用于将原动机输出的机械能转变为空气的压力能。

② 控制元件：用于控制压缩空气的压力、流量和流动方向，以保证执行元件具有一定的输出力和速度，并按设定的程序正常工作。

③ 辅助元件：用于保证空气系统正常工作所需的其余所有元件。

④ 执行元件：用于将空气的压力能转变成机械能的能量转换装置。

1.1.1　气源装置和气动辅助元件的认知

气源装置为气动系统提供具有一定压力和流量的清洁、干燥的压缩空气。根据对气源的要求和空气的特点，气源装置通常包括空气压缩机、储存装置、冷却装置、净化装置等，如图 1-1 所示。

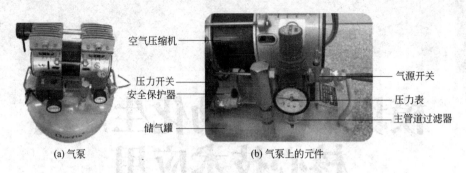

图 1-1　气源装置

气动辅助元件是元件连接和提高系统可靠性、使用寿命及改善工作环境等所必需的。辅助元件包括过滤器、油雾器、消声器、管道及管路附件等。过滤器用于滤除压缩空气中的水分、油污和灰尘等杂质。油雾器是一种特殊的注油装置，可使润滑油雾化，经压缩空气携带进入系统中各润滑部位，满足气动元件内部润滑的需要。气动系统中空气过滤器、减压阀和油雾器常组合在一起构成气动三联件。有些品牌的电磁阀和气缸能够实现无油润滑（靠润滑脂实现润滑功能），便不需要使用油雾器，这样，仅有空气过滤器和减压阀组合在一起，称为气动二联件或过滤减压阀，如图 1-2 所示。在使用时，应注意经常检查过滤器中凝结水的水位，在超过最高标线以前，必须排放，以免被重新吸入。

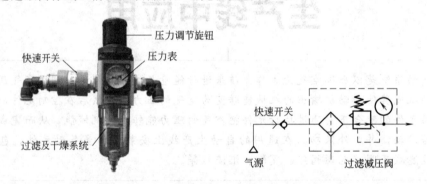

图 1-2　气源处理组件实物图及符号

YL-335B 自动生产线中气源处理组件的气路入口处安装一个快速气路开关，当把气路开关向左拔出时，气路接通气源，反之把气路开关向右推入时气路关闭。

气源处理组件输入气源来自空气压缩机，所提供的压力为 0.6～1MPa，输出压力为 0～0.8MPa，输出的压缩空气通过快速三通接头和气管输送到各个工作单元。

消声器是通过阻尼或增加排气面积来降低排气的速度和功率，达到降低噪声的目的。常用的消声器有吸收型、膨胀干涉型和膨胀干涉吸收型三种。

1.1.2　气动执行元件的认知

气动系统常用的执行元件为气缸和气马达。气缸用于实现直线往复运动或摆动，气马达用于实现连续回转运动。在 YL-335B 自动生产线中只用到了气缸，包括薄型气缸、双杆气缸、手指气缸、笔型气缸和回转气缸 5 种类型，如图 1-3 所示。

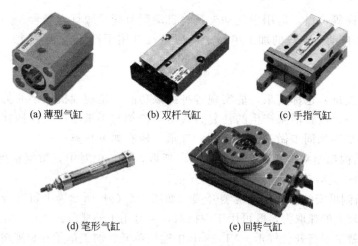

(a) 薄型气缸　　　　　(b) 双杆气缸　　　　　(c) 手指气缸

(d) 笔形气缸　　　　　　　　(e) 回转气缸

图 1-3　YL-335B 中使用的气缸

1. 气缸的分类

按不同的标准，气缸有如下几种分类。

① 按压缩空气作用在活塞端面上的方向，可分为单作用气缸和双作用气缸。单作用气缸只有一个方向的运动靠气压驱动，另一个方向靠弹簧力或自重和其他外力。这种气缸的特点是结构简单、耗气量小、工作行程较短，在夹紧装置中应用较多。双作用气缸往返运动全靠压缩空气完成。单杆双作用气缸是使用最广泛的一种普通气缸。

② 按结构特点可分为活塞式气缸、叶片式气缸、薄膜式气缸、气液阻尼缸。

③ 按气缸功能可分为普通气缸和特殊气缸。普通气缸主要指活塞式单作用气缸和双作用气缸。特殊气缸包括缓冲气缸、薄膜式气缸、冲击式气缸、增压气缸、回转气缸等。

2. 活塞式单杆双作用气缸

双作用气缸如图 1-4 所示。它具有结构简单、输出力稳定、行程可根据需要选择的优点，但由于是利用压缩空气交替作用在活塞上实现伸缩运动的，回缩时压缩空气的有效作用面积较小，所以产生的力较小，一般用于包装机械、食品机械、加工机械等设备上。

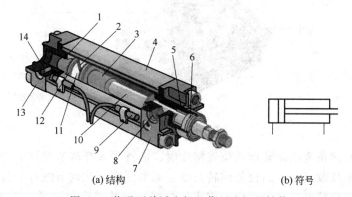

(a) 结构　　　　　　　　　　　　　　(b) 符号

图 1-4　普通型单活塞杆双作用汽缸的结构

1,3—缓冲柱塞；2—活塞；4—缸筒；5—导向套；6—防尘圈；7—前端盖；8—气口；9—传感器；
10—活塞杆；11—耐磨环；12—密封圈；13—后端盖；14—缓冲节流阀

3. 薄型气缸

薄型气缸的轴向或径向尺寸比标准气缸小，如图 1-3（a）所示。它依靠膜片在压缩空气作用下的变形来使活塞杆产生运动，具有结构紧凑、重量轻、成本低、维修方便、寿命长、密封性好、效率高等优点，适用于气动夹具、自动调节阀及短行程场合。

在 YL-335B 自动生产线的加工单元中，薄型气缸用于冲压，这主要是考虑该气缸具有行程较短的特点。

4. 手指气缸

手指气缸（气爪）也称气爪，能实现各种抓取功能，是现代机械手的关键部件。气动手爪的开闭一般是通过汽缸活塞产生的往复直线运动带动与手爪相连的曲柄连杆、滚轮或齿轮等机构，驱动各个手爪同步做开、闭运动。气爪一般有如下特点。

① 所有的结构都是双作用的，能实现双向抓取，可自由对中，重复精度高。

② 抓取力矩恒定，有多种安装和连接方式。

③ 在汽缸两侧可安装非接触式检测开关。如图 1-5（a）所示为平行开合气爪，两个气爪对心移动，输出较大的抓取力，既可用于内抓取，也可用于外抓取。生产线系统中操作手单元抓取工件采用的就是平行开合气爪。YL-335B 中输送单元、加工单元和装配单元中都使用了平行开合气爪。三点气爪的三个气爪同时开闭，适合夹持圆柱体工件，见图 1-5（b）。摆动气爪具有 40°摆角，旋转气爪开度 180°，抓取力大，如图 1-5（c）和图 1-5（d）所示。

(a)平行开合气爪　(b)三点气爪　(c)摆动气爪　(d)旋转气爪

图 1-5　手指气缸

5. 回转气缸

YL-335B 中回转物料台的主要器件是回转气缸，它由直线气缸驱动齿轮齿条实现回转运动，回转角度能在 0°～180°之间，而且可以安装磁性开关，检测旋转到位信号，多用于方向和位置需要变换的机构，如图 1-6 所示。

图 1-6　回转气缸

当需要调节回转角度或调整摆动位置精度时，应首先松开调节螺杆上的反扣螺母，通过旋入和旋出调节螺杆改变回转凸台的回转角度，调节螺杆 1 和调节螺杆 2 分别用于左旋和右旋角度的调整。当调整好摆动角度后，应将反扣螺母与基体反扣锁紧，防止调节螺杆松动，造成回转精度降低。

6. 导向气缸

导向气缸是指具有导向功能的气缸。一般为标准气缸和导向装置的集合体。导向气缸具有导向精度高，抗扭转力矩、承载能力强、工作平稳等特点。

YL-335B 中驱动装配机械手水平方向移动的导向气缸外形如图 1-7 所示。

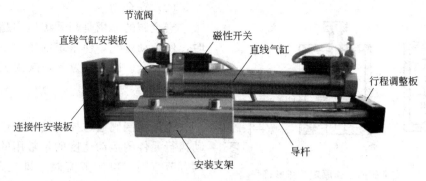

图 1-7　导向气缸

安装支架用于导杆导向件的安装和导向气缸整体的固定，连接件安装板用于固定其他需要连接到该导向气缸上的物件，并将两导杆和直线气缸活塞杆的相对位置固定，当直线气缸的一端接通压缩空气后，活塞被驱动作直线运动，活塞杆也一起移动，被连接件安装板固定到一起的两导杆也随活塞杆伸出或缩回，从而实现导向气缸的整体功能。安装在导杆末端的行程调整板用于调整该导杆气缸的伸出行程。具体调整方法是先松开行程调整板上的紧固螺钉，让行程调整板在导杆上移动，当达到理想的伸出距离后，再完全锁紧紧固螺钉，完成行程的调节。

1.1.3　气动控制元件的认知

在 YL-335B 中使用的气动控制元件，按其作用和功能分，有压力控制阀、流量控制阀、方向控制阀。

1. 压力控制阀

压力控制阀主要用来控制系统中气体的压力，满足各种压力要求。气动系统中压力控制阀可分为三类：一是起降压、稳压作用的减压阀；二是起限压、安全保护作用的安全阀，即溢流阀；三是根据气路压力不同进行某种控制的顺序阀。在 YL-335B 自动生产线中使用到的压力控制阀主要有减压阀和安全阀。

（1）减压阀

作用是将供气气源压力减到装置所需要的压力，并保证减压后压力值稳定。减压阀的结构和实物如图 1-8 所示，减压阀一般安装在空气过滤器之后，油雾器之前，并注意不要将其进、出口接反；阀不用时应把旋钮放松，以免膜片经常受压变形而影响其性能。

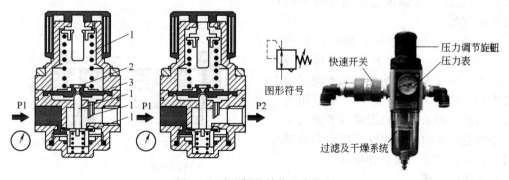

图 1-8　减压阀的结构及实物图
1—调压弹簧；2—溢流阀；3—膜片

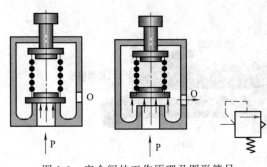

图 1-9　安全阀的工作原理及图形符号

（2）安全阀

安全阀的作用是当系统压力超过调定值时，便自动排气，使系统的压力下降，以保证系统安全。图 1-9 为安全阀的工作原理及图形符号。

2. 流量控制阀

流量控制阀通过控制气体流量来控制气动执行元件的运动速度的，常用的流量控制阀有节流阀、单向节流阀、排气节流阀等。在 YL-335B 自动生产线中使用到的流量控制阀主要为单向节流阀。

节流阀通过将空气的流通面积缩小以增加气体的流通阻力，而降低气体的压力和流量。如图 1-10（a）所示，阀体上有一个调整螺钉，可以调节节流阀的开口度（无级调节），并可保持其开口度不变。它常用于调整气缸活塞运动速度，可直接安装在气缸上。这种节流阀有双向节流作用。使用节流阀时，节流面积不宜太小，因空气中的冷凝水、灰尘等容易堵塞阀口，引起节流量的变化。

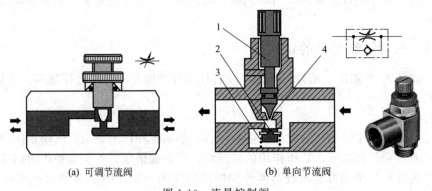

(a) 可调节流阀　　　(b) 单向节流阀

图 1-10　流量控制阀

1—调节针阀；2—单向阀阀芯；3—压缩弹簧；4—节流口

为了使气缸的动作平稳可靠，气缸的作用气口都安装了可调单向节流阀。可调单向节流阀由节流阀和单向阀并联而成，如图 1-10（b）所示。可调单向节流阀上带有气管快速接头，只要将外径合适的气管往快速接头上一插就可以将管连接好，使用时十分方便。图 1-11 为安装了带快速接头的可调单向节流阀的气缸。

为了使气缸运行平稳，减少气缸的"爬行"现象，双作用气缸应采用排气节流的方式。因此安装可调单向节流阀时应注意方向。图 1-12（a）是一个双作用气缸双向调速原理示意图，当调节节流阀 A 时，是调整气缸的缩回速度；而当调节节流阀 B 时，是调整气缸的伸出速度。

3. 方向控制阀

方向控制阀是气动系统中通过改变压缩空气的流动方向和气流的通断来控

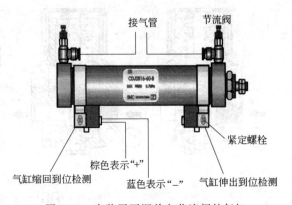

图 1-11　安装了可调单向节流阀的气缸

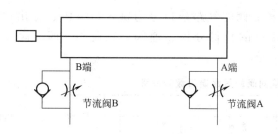

| (a) 双向调速原理示意图 | (b) 实际调整图 |

图 1-12　可调单向节流阀的连接和调整

制执行元件启动、停止及运动方向的气动元件。

（1）分类

根据方向控制阀的功能、控制方式、结构方式、阀内气流的方向及密封形式等，可将方向控制阀分为以下几类。

① 按阀内气流的流通方向分类。按气流在阀内的流通方向分为单向型控制阀和双向型控制阀。单向型控制阀只允许气流沿一个方向流动，如单向阀、梭阀、双压阀和快速排气阀等。双向型控制阀可以改变气流流通的方向，如电磁换向阀和气控换向阀。

② 按阀的控制方式分类。按控制方式的控制阀分类及符号如表 1-1 所示。人力控制换向阀是依靠人为操作使阀切换，简称为人控阀。人控阀主要分为手动阀和脚踏阀两大类。

表 1-1　方向控制阀的控制方式及符号

控制方式	符　　号
人力控制	一般手动操作　按钮式　手柄式　脚踏式
机械控制	弹簧复位式　滚轮杆式　滑轮式
气压控制	直动式　先导式
电磁控制	单电控式　双电控式　带手动开关先导式双电控

机械控制换向阀是利用凸轮、撞块或其他机械外力操作阀杆使阀换向的，简称为机控阀。这种阀常用作信号阀。

气压控制换向阀是利用气体压力操纵阀杆使阀换向，简称为气控阀。气控阀按照控制方式可分为加压控制、卸压控制和延时控制等。这种阀在易燃、易爆、潮湿、粉尘大的工作环境中安全可靠。

电磁控制换向阀是利用线圈通电产生电磁吸力使阀切换，以改变气流方向的阀，简称为电磁阀。电磁阀易于实现电、气联合控制，能实现远距离操作，应用广泛。自动生产线设备中主要使用的是电磁控制换向阀。

③ 按照阀的气路端口数量分类。控制阀的气路端口分为输入口（P）、输出口（A 或 B）和排气口（R 或 S）。按切换气路端口的数目分为二通阀、三通阀、四通阀和五通阀等。表 1-2 为换向阀的气路端口数和符号。

表 1-2　换向阀的气路端口数和符号

名称	二通阀		三通阀		四通阀	五通阀
	常通	常断	常通	常断		
符号	A↑P	A⊤P	A↑P▽R	A⊤P▽R	A B↑↓P R	A B↑↓R P S

二通阀有 2 个口，即 1 个输入口（P），1 个输出口（A）。三通阀有 3 个口，除 P、A 口外，增加了 1 个排气口（用字母 R 表示）；三通阀既可以是 2 个输入口和 1 个输出口，也可以是 1 个输入口和 2 个排气口。四通阀有 4 个口，除 P、A、R 口外，还有 1 个输出口（用 B 表示），通路为 P→A、B→R 或 P→B、A→R。五通阀有 5 个口，除 P、A、B 外，还有 2 个排气口（用 R、S 或 O1、O2 表示），通路为 P→A、B→S 或 P→B、A→R。

二通阀和三通阀有常通型和常断型之分。常通型指阀的控制口未加控制信号（常态位）时，P 口和 A 口相通。常断型在常态位时 P 口和 A 口相断。

控制阀的气路端口还可以用数字表示，表 1-3 是数字和字母两种表示方法的比较。图 1-13 所示是气路端口数字标识。

表 1-3　数字和字母表示方法的比较

气路端口	字母表示	数字表示	气路端口	字母表示	数字表示
输入口	P	1	排气口	R	5
输出口	B	2	输出信号清零	(Z)	(10)
排气口	S	3	控制口（1.2 口想通）	Y	12
输出口	A	4	控制口（3.4 口想通）	Z	14

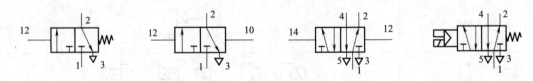

图 1-13　气路端口数字标识

④ 按阀芯的工作位置数分类。阀芯的切换工作位置简称为"位"，阀芯有几个工作位置就称为几位阀。根据阀芯在不同的工作位置，实现气路的通或断。阀芯可切换的位置数量分为二位阀和三位阀。

有 2 个通口的二位阀称为二位二通阀，通常表示为 2/2 阀，前者表示通口数，后者表示工作位置。有 3 个通口的二位阀称为二位三通阀，表示为 3/2 阀。常用的还有二位五通阀，表示为 5/2 阀，它可用于推动双作用汽缸的回路中。

当三位阀阀芯处于中间位置时，若各通口呈关断状态，则称为中位封闭式；如出气口全部与排气口相通，则称为中位卸压式；如输出口都与输入口相通，则称为中位加压式。

常见换向阀的符号见表 1-4，一个方块代表一个动作位置，方块内的箭头表示气流的方向（⊥代表不通的口），各动作位置中进气口与出气口的总和为口数。

表 1-4　常见换向阀的符号

名称	符号	常态	名称	符号	常态
二位二通阀(2/2)		常通	二位五通阀(5/2)		2 个独立排气口
二位二通阀(2/2)		常断	三位五通阀(5/3)		中位封闭
二位三通阀(3/2)		常通	三位五通阀(5/3)		中位卸压
二位三通阀(3/2)		常断	三位五通阀(5/3)		中位加压
二位四通阀(4/2)		一条通路供气，一条通路排气			

⑤ 按阀芯结构分类　按阀芯的结构分为截止式、滑柱式和同轴截止式。

⑥ 按阀的连接方式分类　按阀的连接方式分为管式连接、板式连接、集成式连接和法兰式连接。

（2）电磁阀

电磁阀是气动控制元件中最主要的元件，其品种繁多，按操作方式分为直动式和先导式两类。

直动式电磁阀利用电磁力直接驱动阀芯换向，图 1-14 所示为直动式单电控电磁换向阀。当电磁线圈得电，单电控二位三通阀的 P 口与 A 口接通；当电磁线圈失电时，电磁阀在弹簧作用下复位，P 口关闭。

图 1-15 为双电控电磁换向阀，当左电磁线圈得电，双电控二位五通阀的 P 口与 A 口接通，且具有记忆功能，只有当右电磁线圈得电，双电控二位五通阀才复位，即 P 口与 B 口接通。

直动式电磁铁只适用于小型阀，如果控制大流量空气，则阀的体积和电磁铁都必须加大，这势必带来不经济的问题，可采用先导式结构克服这些缺点。先导式电磁阀是由小型直动式电磁阀和大型气控换向阀组合而成，它利用直动式电磁阀输出先导气压，此先导气压使主阀芯换向，该阀的电控部分又称为电磁先导阀。

YL-335B 自动生产线中所有工作单元的执行气缸都是双作用气缸，因此控制它们的电磁阀

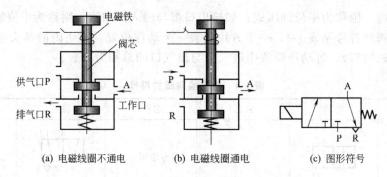

(a) 电磁线圈不通电 (b) 电磁线圈通电 (c) 图形符号

图 1-14 直动式单电控电磁换向阀

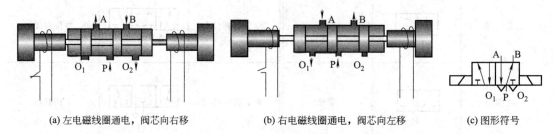

(a) 左电磁线圈通电，阀芯向右移 (b) 右电磁线圈通电，阀芯向左移 (c) 图形符号

图 1-15 双电控电磁换向阀

需要有两个工作口和两个排气口以及一个供气口，故使用的电磁阀均为二位五通电磁阀。

以供料站为例，供料站使用了两个二位五通的单电控电磁阀。这两个电磁阀带有手动换向和加锁钮，有锁定（LOCK）和开启（PUSH）2个位置。用小螺丝刀把加锁钮旋到LOCK位置时，手控开关向下凹进去，不能进行手控操作。只有在PUSH位置，才可用工具向下按，此时信号为"1"，等同于该侧的电磁信号为"1"；常态时，手控开关的信号为"0"。在进行设备调试时，可以使用手控开关对电磁阀进行控制，从而实现对相应气路的控制，以改变推料缸等执行机构的运动，达到调试的目的。

在YL-335B自动生产线中采用电磁阀组连接形式，就是将多个阀与消声器、汇流板等集中在一起构成一组控制阀，每个阀的功能是彼此独立的。在供料站中，两个电磁阀是集中安装在汇流板上的。汇流板中两个排气口末端均连接了消声器，消声器的作用是减少压缩空气在向大气排放时的噪声。阀组的结构如图1-16所示。

在输送站中气动手指的双作用气缸由一个二位五通双电控电磁换向阀控制，带状态保持功能，用于各个工作站抓物搬运。双电控电磁阀外形如图1-17所示。

图 1-16 电磁阀组图

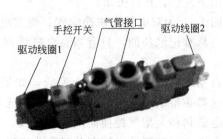

图 1-17 双电控电磁阀外形图

双电控电磁阀与单电控电磁阀的区别在于：对于单电控电磁阀，在无电控信号时，阀芯在弹簧力的作用下会被复位；而对于双电控电磁阀，在两端都无电控信号时，阀芯的位置取决于前一个电控信号。

特别需要注意的是，双电控电磁阀的两个电控信号不能同时为"1"，即在控制过程中不允许两个线圈同时得电，否则可能会造成电磁线圈烧毁。

1.2　典型气动控制回路分析

气动系统一般由最简单的基本回路组成。虽然基本回路相同，但由于组合方式不同，所得到的系统的性能各有差异。因此，要想设计出高性能的气动系统，必须熟悉各种基本回路和经过长期生产实践总结出的常用回路。

YL-335B 中主要有压力控制回路、速度控制回路、方向控制回路和多缸顺序动作回路。

1.2.1　压力控制回路分析

压力控制回路是使回路中的压力保持在一定的范围内或使回路得到高低不同的压力的基本回路。YL-335B 自动生产线中用到的是一次压力控制回路和二次压力控制回路。

1. 一次压力控制回路

一次压力控制回路用于使储气罐送出的气体的压力不超过规定压力。常采用外控式溢流阀或电接点压力表来控制空气压缩机的转、停，使储气罐内的压力保持在规定的范围内。采用溢流阀控制工作可靠，但压缩空气浪费大；采用电接点压力表控制，对电动机控制要求较高，常用于小型空气压缩机，如图 1-18 所示。

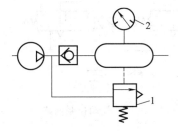

图 1-18　一次压力控制回路

1—外控式溢流阀；2—电接点压力表

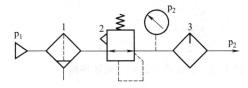

图 1-19　二次压力控制回路

1—空气过滤器；2—减压阀；3—油雾器

2. 二次压力控制回路

为保证气动系统使用的气体压力为一稳定值，多用图 1-19 所示的由空气压缩机、减压阀、油雾器（俗称气动三联件）组成的二次压力控制回路，其输出压力的大小由减压阀来调整。

1.2.2　速度控制回路分析

双作用气缸有进气节流和排气节流两种调整方式。图 1-20（a）所示为进气节流调速回路。进气节流时，当负载方向与活塞运动方向相反时，活塞运动易出现忽走忽停的不平衡现象，即"爬行"现象；而当负载方向与活塞运动方向一致时，由于排

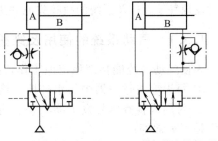

(a)进气节流调速回路　　(b)排气节流调速回路

图 1-20　双作用气缸单向调速回路图

气是经换向阀快排，几乎没有阻尼，负载易产生"跑空"现象，使气缸失去控制。因此，进气节流调速回路多用于垂直安装的气缸。对于水平安装的气缸，其调速回路一般采用如图1-20（b）所示的排气节流调速回路。

如图 1-21 所示是单向节流阀组成的双向调速回路。当压缩空气从 A 端进气，从 B 端排气时，单向节流阀 A 的单向阀开启，向气缸无杆腔快速充气；由于单向节流阀 B 的单向阀关闭，有杆腔的气体只能经节流阀排气，调节节流阀 B 的开度，便可改变气缸伸出时的运动速度。反之，调节节流阀 A 的开度则可改变气缸缩回时的运动速度。这种控制方式活塞运行稳定，是最常用的方式，YL-335B 自动生产线中气缸速度的控制就是采用这种方式。

1.2.3　方向控制回路分析

YL-335B 自动生产线上使用的都是双作用气缸，并且换向回路都是通过电磁阀控制的。

图 1-22 为供料站的气动回路图，推料气缸和顶料气缸的换向由二位五通单电控电磁阀实现。初始状态时，推料气缸和顶料气缸都设定在缩回状态；2Y1 得电时，顶料气缸伸出；1Y1 得电时，推料气缸伸出；气动控制回路的控制逻辑和控制功能是由 PLC 实现的。

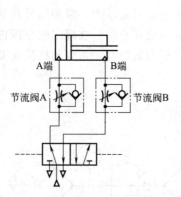

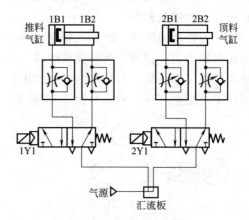

图 1-21　双作用气缸双向调速回路　　　　图 1-22　供料站气动控制回路

1.3　气动系统的安装调试和故障分析

气动系统的工作是否稳定关键在于气动元件的正确选择及安装。必须经常检查维护，才能及时发现气动元件及系统的故障先兆并进行处理，保证气动元件正常工作，延长其使用寿命。

1.3.1　气动系统的使用及维护

为使气动系统能长期稳定地工作，必须做好日常维护和定期检修：

① 每天应将过滤器中的水排掉，检查油雾器的油面高度等；

② 每周应检查信号发生器上是否有灰尘或铁屑，查看减压阀的压力表，检查油雾器的工作是否正常等；

③ 每三个月检查管道连接处的密封状况，检查安全阀动作是否可靠等；

④ 每六个月检查气缸内活塞杆的支撑点是否磨损等；

⑤ 每年进行一次气动系统大修，检查系统各元件和部件，判定其性能及寿命，并对平时易产生故障的部位进行检修或更换元件，排除一切可能产生故障的因素。

1.3.2　气动系统主要元件常见故障及排除方法

通常一个新设计安装的气动系统被调试好后，在一段时间内很少会出现故障，正常磨损要在使用几年之后才会出现。一般系统发生故障的原因如下：

① 元件的堵塞；

② 控制系统的内部故障，一般情况下，控制系统故障发生的概率远远小于传感器或机器本身的故障。

方向阀常见故障及排除方法见表 1-5，气缸常见故障及排除方法见表 1-6。

表 1-5　方向阀常见故障及排除方法

故　障	原　因	排除方法
不能换向	① 阀的滑动阻力大,润滑不良 ② O 型密封圈变形 ③ 粉尘卡住滑动部分 ④ 弹簧损坏 ⑤ 阀操纵力小 ⑥ 活塞密封圈磨损	① 进行润滑 ② 更换密封圈 ③ 清除粉尘 ④ 更换弹簧 ⑤ 检查阀操纵部分 ⑥更换密封圈
阀产生振动	① 空气压力低(先导型) ② 电源电压低(电磁阀)	① 提高操纵压力或采用直动型 ② 提高电源电压或使用低电压线圈
交流电磁铁有蜂鸣声	① I 型活动铁芯密封不良 ② 粉尘进入 I、T 型铁芯的滑动部分,使活动铁芯不能密切接触 ③ T 型活动铁芯铆钉脱落,铁芯叠层分开不能吸合 ④ 短路环损坏 ⑤ 电压电源低 ⑥ 外部导线拉得太紧	① 检查铁芯接触和密封性,必要时更换铁芯组件 ② 清除粉尘 ③ 更换活动铁芯 ④ 更换固定铁芯 ⑤ 提高电源电压 ⑥ 引线应宽裕
电磁铁动作时间偏差大,或有时不能动作	① 活动铁芯锈蚀,不能移动;在湿度高的环境中使用气动元件时由于密封不完善而向磁铁部分泄露空气 ② 电源电压低 ③ 粉尘进入活动铁芯的滑动部分使运动恶化	① 铁芯除锈,修理好对外部的密封,更换坏的密封件 ② 提高电源电压或使用符合电压的线圈 ③ 清除粉尘
线圈烧毁	① 环境温度高 ② 快速循环使用时 ③ 因为吸引时电流大,单位时间耗电多,温度升高,使绝缘损坏而短路 ④ 粉尘夹在阀和铁芯之间,不能吸引活动铁芯 ⑤ 线圈上残余电压	① 按产品规定温度范围使用 ② 使用高级电磁阀 ③ 使用气动逻辑回路 ④ 清除粉尘 ⑤ 使用正常电源电压,使用符合电压的线圈
切断电源,活动铁芯不能退回	粉尘夹入活动铁芯滑动部分	清除粉尘

表 1-6　气缸常见故障及排除方法

故　障	原　因	排除方法
外泄漏 ① 活塞杆与密封衬套间漏气 ② 气缸体与端盖间漏气 ③ 缓冲装置的调节螺钉处漏气	① 衬套密封圈磨损 ② 活塞杆偏心 ③ 活塞杆有伤痕 ④ 活塞杆与密封衬套的配合面内有杂质 ⑤ 密封圈磨损	① 更换衬套密封圈 ② 重新安装,使活塞杆不受偏心负荷 ③ 更换活塞杆 ④ 除去杂质,安装防尘盖 ⑤ 更换密封圈
内泄漏活塞两端串气	① 活塞密封圈损坏 ② 润滑不良 ③ 活塞被卡住 ④ 活塞配合面有缺陷,杂质挤入密封面	① 更换活塞密封圈 ② 改善润滑 ③ 重新安装,使活塞杆不受偏心负荷 ④ 缺陷严重者更换零件,除去杂质
输出力不足,动作不平稳	① 润滑不良 ② 活塞或活塞杆卡住 ③ 气缸体内表面有锈蚀或缺陷 ④ 进入了冷凝水、杂质	① 调节或更换油雾器 ② 检查安装情况,消除偏心 ③ 视缺陷大小再决定排除故障办法 ④ 加强对空气过滤器和除油器的管理,定期排放污水
缓冲效果不好	① 缓冲部分的密封圈密封性能差 ② 调节螺钉损坏 ③ 气缸速度太快	① 更换密封圈 ② 更换调节螺钉 ③ 研究缓冲机构的结构是否合适
损伤 ① 活塞杆折断 ② 端盖损坏	① 有偏心负荷 ② 摆动气缸安装轴销的摆动面与负荷摆动面不一致;摆动轴销的摆动角过大,负荷很大,摆动速度又快,有冲击装置的冲击加到活塞杆上;活塞杆承受负荷的冲击;气缸的速度太快 ③ 缓冲机构不起作用	① 调整安装位置,消除偏心 ② 使轴销摆角一致;确定合理的摆动速度,冲击不得加在活塞杆上,设置缓冲装置 ③ 在外部或回路中设置缓冲机构

若 YL-335B 自动生产线阀组上有一电磁阀损坏了需要更换，可按照下列步骤安装电磁阀。

① 切断气源，用螺丝刀拆卸下已经损坏的电磁阀，如图 1-23（a）所示。

② 用螺丝刀将新的电磁阀装上，如图 1-23（b）所示。

③ 将电气控制接头插入电磁阀上，如图 1-23（c）所示。

④ 将气管插入电磁阀上的快速接头，如图 1-23（d）所示。

⑤ 接通气源，用手控开关进行调试，检查气缸动作情况。

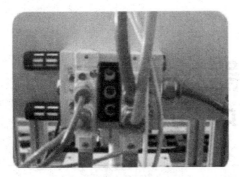
(a) 已拆卸电磁阀的汇流板

(b) 安装电磁阀

(c) 连接电磁阀电路

(d) 连接气路

图 1-23　电磁阀更换步骤图

项目2 传感器技术在自动生产线中应用

在自动生产线中各种信号的判别和控制都来自传感器。传感器是一种能感受规定的被测量，并按照一定的规律将其转换成电信号的器件或装置。

传感器就像人的眼睛、耳朵、鼻子等器官，是自动生产线中的检测元件。自动生产线中所使用的传感器一般为非接触式传感器，也称为接近开关，它能在一定的距离检测有无物体靠近，当物体与其靠近到设定的距离时，就可以发出动作信号。

YL-335B自动生产线中主要用到了磁性开关、电感式接近开关、漫反射光电开关、光纤型光电传感器和光电编码器等五种传感器，如表2-1所示。

表2-1　YL-335B中使用的传感器

传感器名称	传感器图片	图形符号	在YL-335B中的用途
磁性开关			用于各工作单元的气缸活塞位置检测
光电开关		NPN型	用于分拣单元的工件检测
			用于供料单元的工件检测
光纤传感器		NPN型	用于分拣单元不同颜色工件检测
电感式接近开关		NPN型	用于分拣单元不同金属工件检测
光电编码器			用于分拣单元传送带的位置控制及转速测量

注：表格中接近开关使用的是NPN型三极管，集电极开路输出。如果使用PNP型，正负极应反过来。

2.1 接近开关及其应用

2.1.1 磁性开关简介及应用

YL-335B 所使用的气缸都是带磁性开关的气缸。这些气缸的缸筒采用导磁性弱、隔磁性强的材料，如硬铝、不锈钢等。在非磁性体的活塞上安装一个永久磁铁环，这样就提供了一个反映气缸活塞位置的磁场。安装在气缸外侧的磁性开关则是用来检测气缸活塞位置，即检测活塞的运动行程的。

有触点式的磁性开关用舌簧开关作磁场检测元件。舌簧开关安装于合成树脂块内，并且一般将动作指示灯、过电压保护电路也塑封在内。图 2-1 所示是带磁性开关气缸的工作原理图。当气缸中随活塞移动的磁环靠近开关时，舌簧开关的两根簧片被磁化而相互吸引，触点闭合；当磁环离开开关后，簧片失磁，触点断开。当触点闭合或断开时发出电控信号，在 PLC 的自动控制中，可以利用该信号判断气缸活塞的运动状态或所处的位置，检测活塞的运动行程。

在磁性开关上设置的 LED 显示用于显示其信号状态，供调试与运行监视时使用。当气缸活塞靠近，磁性开关动作时，输出信号"1"，LED 亮；当没有气缸活塞靠近，磁性开关不动作时，输出信号"0"，LED 不亮。

磁性开关有棕色和蓝色 2 根引出线，使用时蓝色引出线应连接到 PLC 输入公共端，棕色引出线应连接到 PLC 输入端。磁性开关的内部电路如图 2-2（b）虚线框内所示。

磁性开关的安装位置可以调整，调整方法是松开它的紧定螺栓，让磁性开关顺着气缸滑动，到达指定位置后，再旋紧紧定螺栓。

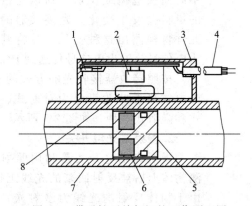

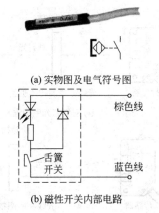

(a) 实物图及电气符号图

(b) 磁性开关内部电路

图 2-1　带磁性开关气缸的工作原理图 　 图 2-2　磁性开关实物及内部电路

1—动作指示灯；2—保护电路；3—开关外壳；4—导线；
5—活塞；6—磁环（永久磁铁）；7—缸筒；8—舌簧开关

2.1.2 电感式接近开关简介及应用

电感式接近开关是利用电涡流效应制造的传感器。电涡流效应是指：当金属物体处于一个交变的磁场中，在金属内部会产生交变的电涡流，该涡流又会反作用于产生它的磁场。如果这个交变的磁场是由一个电感线圈产生的，则这个电感线圈中的电流就会发生变化，用于平衡涡流产生的磁场。

基于上述原理，可利用LC高频振荡器和放大处理电路组成电感式接近开关，金属物体在接近这个能产生电磁场的振荡感应头时，物体内部产生电涡流，这个电涡流反作用于接近开关，使接近开关振荡能力衰减，内部电路参数发生变化，由此识别出有无金属物体靠近，进而控制开关的通与断。电感式接近开关工作原理图如图2-3所示。供料单元中，为了检测待加工工件是否为金属材料，在供料管底座侧面安装了一个电感式接近开关，如图2-4所示。

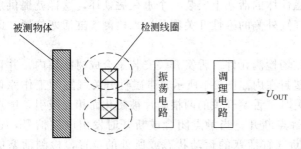

图2-3 电感式接近开关原理框图

图2-4 供料单元上的电感式传感器

2.1.3 漫反射光电接近开关简介及应用

1. 光电式接近开关

光电传感器是利用光的各种性质，检测物体的有无和表面状态的变化等的传感器，其中输出形式为开关量的传感器为光电式接近开关。光电式接近开关通常在环境较好、无粉尘污染的场合下使用。光电开关工作时对被测对象几乎无任何影响，因此，在生产线上被广泛应用。

光电式接近开关主要由光发射器和光接收器构成。如果光发射器发射的光线因检测物体不同而被遮掩或反射，到达光接收器的量将会发生变化。光接收器的敏感元件将检测出这种变化，并将其转换为电信号，输出电信号传送到PLC中。

按照接收器接收光的方式的不同，光电式接近开关可分为对射式、反射式和漫射式3种，如图2-5所示。

2. 漫射式光电开关

漫射式光电开关是利用照射到被测物体上后被反射回来的光线工作的，由于物体反射的光线为漫射光，故称为漫射式光电接近开关。它的光发射器与光接收器处于同一侧，且为一体化结构。

在工作时，光发射器始终发射检测光，若接近开关前方一定距离内没有物体，则没有光被反射到接收器，接近开关处于常态而不动作；反之，若接近开关的前方一定距离内出现物体，只要反射回来的光强度足够，则

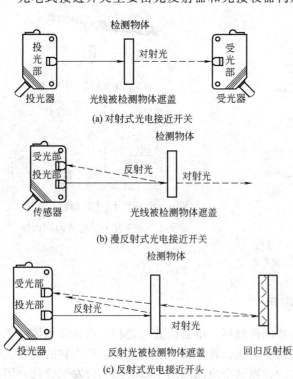

(a) 对射式光电接近开关

(b) 漫反射式光电接近开关

(c) 反射式光电接近开头

图2-5 光电式接近开关

接收器接收到足够的漫射光后会使接近开关动作而改变输出的状态。图 2-5（b）为漫射式光电接近开关的工作原理示意图。

供料单元中，用来检测工件不足或工件有无的漫射式光电接近开关选用神视（OMRON）公司的 CX-441（E3Z-L61）型放大器内置型光电开关（细小光束型，NPN 型晶体管集电极开路输出）。该光电开关的外形和顶端面上的调节旋钮与显示灯如图 2-6 所示。

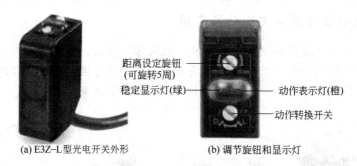

距离设定旋钮（可旋转5周）
稳定显示灯(绿)
动作表示灯(橙)
动作转换开关

(a) E3Z–L型光电开关外形　　(b) 调节旋钮和显示灯

图 2-6　CX-441（E3Z-L61）光电开关的外形和调节旋钮、显示灯

图 2-6（b）中动作转换开关的功能是选择入光动作（Light）或遮光动作（Dark）模式。当此开关按顺时针方向充分旋转时（L 侧），则进入检测-ON 模式；当此开关按逆时针方向充分旋转时（D 侧），则进入检测-OFF 模式。入光动作和遮光动作说明见表 2-2。

表 2-2　遮光动作和入光动作说明

项目	说　明　图				含　义
遮光动作（Dark ON）	对射式、反射式光电开关 投光器　检测物体　受光器　有　动作		漫反射式光电开关 投/受光器　检测物体　动作　无		遮光动作是指在对射型中,遮蔽投光光束等情况下,进入受光器的光量减少到标准以下时的输出动作 动作模式:遮光时 ON,Dark ON
入光动作（Light ON）	对射式、反射式光电开关 投光器　检测物体　受光器　无　动作		漫反射式光电开关 投/受光器　检测物体　动作　有		入光动作是指在漫射型中,接近检测物体等情况下,进入受光器的光量增加到标准以上时的输出动作 动作模式:入光时 ON,Light ON

图 2-7 为该光电开关的内部电路原理图。由图可知，将光电开关的棕色线接 PLC 输入模块电源"＋"端，蓝色线接 PLC 输入模块电源"－"端，黑色线接 PLC 的输入点。

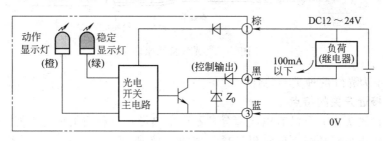

动作显示灯(橙)　稳定显示灯(绿)　光电开关主电路　(控制输出)　Z_0　棕①　黑④　蓝③　DC12～24V　负荷(继电器)　100mA 以下　0V

图 2-7　CX-441（E3Z-L61）光电开关的电路原理图

图 2-8   MHT15-N2317 型光电开关外形

供料单元中用来检测物料台上有无物料的光电开关是一个圆柱形漫射式光电接近开关，工作时向上发出光线，从而透过小孔检测是否有工件存在。该光电开关选用 SICK 公司产品 MHT15-N2317 型，其外形如图 2-8 所示。

2.1.4   光纤式接近开关简介及应用

光纤式接近开关由光纤检测头、光纤放大器两部分组成，放大器和光纤检测头是分离的两个部分，光纤检测头的尾端部分分成两条光纤，使用时分别插入放大器的两个光纤孔。光纤式接近开关组件如图 2-9 所示。图 2-10 是放大器的安装示意图。

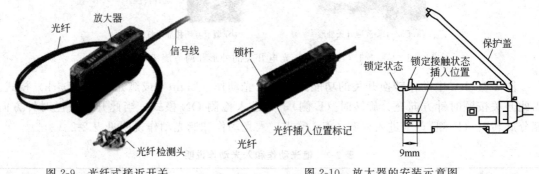

图 2-9   光纤式接近开关   图 2-10   放大器的安装示意图

1. 光纤检测原理

如图 2-11 所示，光纤由中间的核心和外围部分曲折率较小的外包金属构成。如果光线入射到核心部分，光线将会在核心与外包金属的交界面上一边反复进行全反射，一边行进。通过光纤内部从端面发出的光线以约 60° 的角度扩散，照射到被检测物体上。

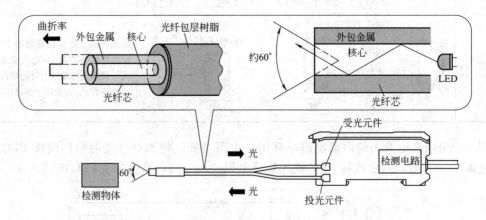

图 2-11   光纤检测原理

表 2-3 所示为光纤的种类与特性。

2. 光纤式接近开关的特点

由于光纤检测头中完全没有电气部分，不产生热量，只利用很少的光能，这些特点使光纤式接近开关成为危险环境下的理想选择，如图 2-12 所示。

表 2-3　光纤的种类与特性

截　面	构　造	特　性
柔软型（多核心）	新标准（中间的素线固定）	很少因弯曲造成光量变动，与传统的标准型相比，柔软，可像电线般布线
标准型（单芯）		光的传输效果好
耐弯曲型（束）	（中间的素线分散）	耐曲折性良好

　　光纤式接近开关具有下述优点：抗电磁干扰，可工作于恶劣环境，传输距离远，使用寿命长，此外，由于光纤头具有较小的体积，所以可以安装在很小空间的地方。

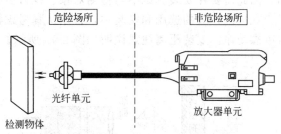

图 2-12　光纤式接近开关安装示意图

3. 灵敏度调节

　　光纤式接近开关中放大器的灵敏度调节范围较大，当灵敏度调得较小时，对于反射性较差的黑色物体，光电探测器无法接收到反射信号，而反射性较好的白色物体，光电探测器就可以接收到反射信号。反之，若调高灵敏度，则即使对反射性较差的黑色物体，光电探测器也可以接收到反射信号。

　　图 2-13 给出了放大器单元的俯视图，调节其中部的 8 旋转灵敏度高速旋钮，就可进行放大器灵敏度调节（顺时针旋转灵敏度增大）。调节时，会看到"入光量显示灯"发光的变化。当探测器检测到物料时，动作显示灯会亮，提示检测到物料。

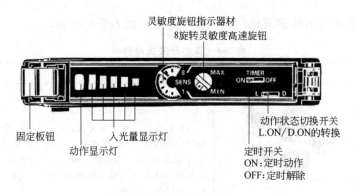

图 2-13　放大器单元的俯视图

　　YL-335B 自动生产线的分拣单元中传送带上方分别装有两个光纤式接近开关，为了能对黑色和白色的工件进行区分，两个光纤式接近开关的灵敏度调整成不一样。

　　E3Z-NA11 型光纤式接近开关电路框图如图 2-14 所示。接线时请注意根据导线颜色判断电源极性和信号输出线，切勿把信号输出线直接连接到电源＋24V 端。

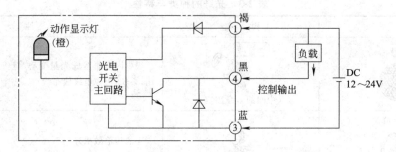

图 2-14 E3Z-NA11 型光纤式接近开关电路框图

2.1.5 接近开关的选用及安装

每种接近开关的使用场合和要求不同，检测距离、安装方式、输出接口电气特性都不同，因此需要在安装调试中与检测对象、执行机构、控制器等综合考虑。

在接近开关的选用和安装中，必须认真考虑检测距离、设定距离，保证生产线上的传感器可靠动作。安装距离注意说明如图 2-15 所示。

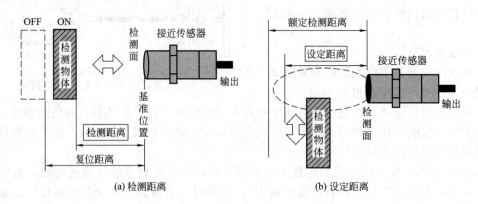

图 2-15 安装距离注意说明

在实际生产线中还有许多其他的开关类传感器，如表 2-4 所示。

表 2-4 其他开关类传感器

大类	小类	参考照片	主要特点、应用场合	可检测的介质
行程开关	限位开关		行程开关是一种无源开关，其工作不需要电源，但必须依靠外力，即在外力作用下使触点发生变化，因此，这一类开关一般都是接触式的，具有结构简单、使用方便等优点，但需要外力作用，触点损耗大，寿命短	可以实现机械碰撞的固体
	微动开关		微动开关较限位开关行程短、体积小，一般是一组转换触点，用于受力较小的场合，严格意义上讲，行程开关不属于传感器范畴	

大类	小类	参考照片	主要特点、应用场合	可检测的介质
接近开关	电容式		利用变介电常数电容传感器原理制成的非接触式开关元件,能检测固体、液体,有效距离较电感式远。对金属有较远的有效检测距离,非金属固体有效检测距离相对较近	固体或液体物体
	霍尔式		根据霍尔效应原理制成的新型非接触式开关元件,具有灵敏度高、定位准确的特点,但只能检测强磁性物体	磁性物质
	超声波式		超声波发生器发出超声波,接收器根据接收到的声波情况判断物体是否存在。超声波开关检测距离远,受环境影响小,但近距离检测无效	能对超声波起到反射作用的固体和液体

2.2　光电编码器及其应用

在 YL-335B 生产线的分拣单元中,传送带的定位控制是由光电编码器来完成的。同时,光电编码器还要完成电机转速的测量。图 2-16 是光电编码器在分拣单元的安装位置。

典型的光电编码器由码盘和光电检测装置组成。由于光电码盘与电动机同轴,电动机旋转时,码盘与电动机同速旋转,经由发光二极管等电子元件组成的检测装置检测,输出若干脉冲信号,通过计算每秒输出脉冲的个数测得当前电动机的转速。

一般来说,根据光电编码器产生脉冲的方式的不同,可以分为增量式、绝对式以及复合式三大类。自动线上常采用的是增量式旋转编码器。其结构如图 2-17 所示。

光电编码器的码盘条纹数决定了传感器的最小分辨角度,即分辨角 $\alpha = 360°/$条纹

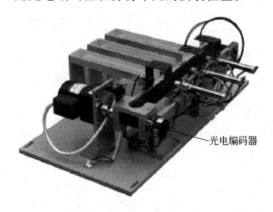

图 2-16　光电编码器在分拣单元的安装位置

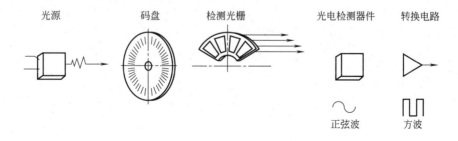

图 2-17　增量式光电编码器的结构

数。如条纹数为 1000，则分辨角 $\alpha = 360°/1000 = 0.36°$。在光电编码器的检测光栅上有两组条纹 A 和 B，A、B 条纹错开 1/4 节距，两组条纹对应的光敏元件所产生的信号彼此相差 90°，用于辨向，当 A 相脉冲超前 B 相时为正转方向，而当 B 相脉冲超前 A 相时则为反转方向。此外，在码盘里圈还有一个透光条纹 Z，用以产生零标志脉冲，进行基准点定位。如图 2-18 所示。

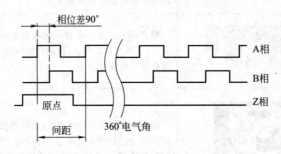

图 2-18　增量式编码器输出的三组方波脉冲

YL-335B 分拣单元使用了这种具有 A、B 两相 90°相位差的通用型旋转编码器，用于计算工件在传送带上的位置。编码器直接连接到传送带主动轴上。

项目3 控制电机技术在自动生产线中应用

在自动化生产线上，有许多机械运动控制装置，用来完成机械运动和动作。实际上，自动化生产线中作为动力源的传动装置有各种电动机、气动装置和液压装置。在 YL-335A 中，输送单元机械手的运动控制由步进电机及其驱动器来完成；在 YL-335B 中，输送单元机械手的运动控制由伺服电机及其驱动器来完成；在 YL-335B 中，分拣单元传送带的运动控制由交流电机及配套变频器来完成。

3.1 步进电机及其驱动应用

3.1.1 步进电机简介

步进电机是生产机械上常用的一种运动部件，它具有结构简单，控制方便，定位准确，成本低廉等优点，因而应用十分广泛。目前世界上主要的 PLC 厂家生产的 PLC 均有专门的步进电机控制指令，可以很方便地和步进电机构成运动控制系统。

步进电机和生产机械的连接有很多种，常见的一种是步进电机和丝杠连接，将步进电机的旋转运动转变成工作台面的直线运动。

在这种应用中，和运动直接相关的参数有以下几个。

N：PLC 发出的控制脉冲的个数。

n：步进电机驱动器的脉冲细分数（如果步进电机驱动器有脉冲细分驱动）。

θ：步进电机的步距角，即步进电机每收到一个脉冲变化，轴所转过的角度。

d：丝杠的螺纹距，它决定了丝杠每转过一圈，工作台面前进的距离。

根据以上几个参数，我们有以下结论。

① PLC 发出的脉冲到达步进电机上，脉冲实际有效数应为 N/n，步进电机每转过一圈，需要的脉冲个数为 $360/\theta$，则 PLC 发出 N 个脉冲，工作台面移动的距离为：

$$L = \frac{dN\theta}{360n}$$

② PLC 要和步进电机配合实现运动控制，还需要在 PLC 内部进行一系列设定，不同的 PLC 类型所要编制的程序不同，控制字也有不同，参考其说明书就可以知道这种差异。另外，步进电机是要用高速脉冲控制的，所以 PLC 必须是可以输出高速脉冲的晶体管输出形式，不可以使用继电器输出形式的 PLC 来控制步进电机。

1.步进电机的工作原理

步进电机是数字控制系统中的执行电动机，当系统将一个电脉冲信号加到步进电机定子绕组时，转子就转一步，当电脉冲按某一相序加到电动机时，转子沿某一方向转动的步数等于电脉冲个数。因此，改变输入脉冲的数目就能控制步进电动机转子机械位移的大小；改变输入脉冲的通电相序，就能控制步进电动机转子机械位移的方向，实现位置的控制。

当电脉冲按某一相序连续加到步进电动机时，转子以正比于电脉冲频率的转速沿某一方向旋转。因此，改变电脉冲的频率大小和通电相序，就能控制步进电动机的转速和转向，实现宽广范围内速度的无级平滑控制。步进电动机的这种控制功能，是其它电动机无法替代的。

步进电动机可分为磁阻式、永磁式和混合式，步进电动机的相数可分为：单相、二相、三相、四相、五相、六相等多种。增加相数能提高步进电动机的性能，但电动机的结构和驱动电源就会复杂，成本就会增加，应按需要合理选用。

下面以一台最简单的三相反应式步进电机为例，简介步进电机的工作原理。

图 3-1 是一台三相反应式步进电机的原理图。定子铁芯为凸极式，共有三对（六个）磁极，每两个空间相对的磁极上绕有一相控制绕组。转子用软磁性材料中制成，也是凸极结构，只有四个齿，齿宽等于定子的极宽。

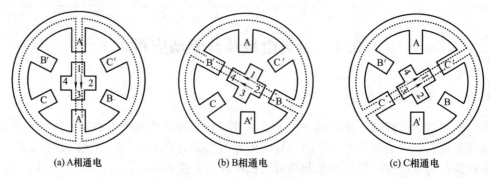

(a) A相通电　　　　　　　(b) B相通电　　　　　　　(c) C相通电

图 3-1　三相反应式步进电机的原理图

当 A 相控制绕组通电，其余两相均不通电，电机内建立以定子 A 相极为轴线的磁场。由于磁通具有力图走磁阻最小路径的特点，使转子齿 1、3 的轴线与定子 A 相极轴线对齐，如图 3-1（a）所示。当 A 相控制绕组断电、B 相控制绕组通电时，转子在反应转矩的作用下，顺时针转过 30°，使转子齿 2、4 的轴线与定子 B 相极轴线对齐，即转子走了一步，如图 3-1（b）所示。若断开 B 相，使 C 相控制绕组通电，转子顺时针方向又转过 30°，使转子齿 1、3 的轴线与定子 C 相极轴线对齐，如图 3-1（c）所示。如此按 A—B—C—A 的顺序轮流通电，转子就会一步一步地按顺时针方向转动。其转速取决于各相控制绕组通电与断电的频率，旋转方向取决于控制绕组轮流通电的顺序。若按 A—C—B—A 的顺序通电，则电动机按逆时针方向转动。

上述通电方式称为三相单三拍。相数是指产生不同对极 N、S 磁场的激磁线圈对数，常用 m 表示；"三相"是指三相步进电动机。拍数是指控制绕组改变通电状态的次数，用 n 表示。"三拍"是指改变三次通电状态为一个循环，"单三拍"是指每次只有一相控制绕组通电。把每一拍转子转过的角度称为步距角，即对应一个脉冲信号，电动机转子转过的角位移 θ。

$$\theta = \frac{360°}{Z_r m}$$

式中　θ——步距角；

　　　Z_r——转子齿数；

　　　m——每个通电循环周期的拍数。

三相单三拍运行时，步距角为30°。显然，这个角度太大，不能付诸实用。

如果把控制绕组的通电方式改为 A→AB→B→BC→C→CA→A，即一相通电接着二相通电间隔地轮流进行，完成一个循环需要经过六次通电状态改变，称为三相单、双六拍通电方式。当 A、B 两相绕组同时通电时，转子齿的位置应同时考虑到两对定子极的作用，只有 A 相极和 B 相极对转子齿所产生的磁拉力相平衡的中间位置，才是转子的平衡位置。这样，单、双六拍通电方式下转子平衡位置增加了一倍，步距角为15°。

进一步减小步距角的措施是采用定子磁极带有小齿，转子齿数很多的结构，分析表明，这样结构的步进电动机，其步距角可以做得很小。一般地说，实际的步进电机产品，都采用这种方法实现步距角的细分。例如 YL-335A 输送单元所选用的 Kinco 三相步进电机 3S57Q-04056，它的步距角在整步方式下为1.8°（即在无细分的条件下200个脉冲电机转一圈），半步方式下为0.9°。

3S57Q-04056 部分技术参数如表3-1所示。

表 3-1　3S57Q-04056 部分技术参数

参数名称	步距角	相电流	保持扭矩	阻尼扭矩	电机惯量
参数值	1.8°	5.8A	1.0N·m	0.04N·m	0.3kg·cm²

2. 步进电机的使用

（1）要注意正确的安装

安装步进电机，必须严格按照产品说明的要求进行。步进电机是一精密装置，安装时注意不要敲打它的轴端，更千万不要拆卸电机。

（2）正确地接线

不同的步进电机的接线有所不同，3S57Q-04056 接线图如图3-2所示，三个相绕组的六根引出线，必须按头尾相连的原则连接成三角形。改变绕组的通电顺序就能改变步进电机的转动方向。

线色	电动机信号
红色	U
橙色	U
蓝色	V
白色	V
黄色	W
绿色	W

图 3-2　3S57Q-04056 接线图

（3）防止步进电机运行中失步

步进电动机失步包括丢步和越步。丢步时，转子前进的步数小于脉冲数，越步时，转子前进的步数多于脉冲数。丢步严重时，将使转子停留在一个位置上或围绕一个位置振动；越步严重时，设备将发生过冲。

YL-335A 中使机械手返回原点的操作，常常会出现越步情况。当机械手装置回到原点时，原点开关动作，使指令输入 OFF。但如果到达原点前速度过高，惯性转矩将大于步进电机的保持转矩而使步进电机越步。因此回原点的操作应确保足够低速为宜；当步进电机驱动机械手装配高速运行时紧急停止，出现越步情况不可避免，因此急停复位后应采取先低速返回原点重新校准，再恢复原有操作的方法。（注：所谓保持扭矩，是指电机各相绕组通额定电流，且处于静态锁定状态时，电机所能输出的最大转矩，它是步进电机最主要参数之一）。

由于电机绕组本身是感性负载，输入频率越高，励磁电流就越小。频率高，磁通量变化加剧，涡流损失加大。因此，输入频率增高，输出力矩降低。最高工作频率的输出力矩只能达到低频转矩的 40%～50%。进行高速定位控制时，如果指定频率过高，会出现丢步现象。

此外，如果机械部件调整不当，会使机械负载增大。步进电机不能过负载运行，哪怕是瞬间，都会造成失步，严重时停转或不规则原地反复振动。

3.步进电机的选用

在选择步进电机时，首先考虑的是步进电机的类型选择，其次才是具体的品种选择。根据系统要求，确定步进电机的电压值、电流值以及有无定位转矩和使用螺栓机构的定位装置，从而就可以确定步进电机的相数和拍数。

图 3-3　Kinco 3M458 型驱动器外观

在进行步进电机的品种选择时，要综合考虑速比 i、轴向力 F、负载转矩 T_l、额定转矩 T_N 和运行频率 f_y，以确定步进电机的具体规格和控制装置。

3.1.2　步进电机驱动器简介

步进电机需要专门的驱动装置（驱动器）供电，驱动器和步进电机是一个有机的整体，步进电机的运行性能是电动机及其驱动器二者配合所反映的综合效果。

一般来说，每一台步进电机大都有其对应的驱动器，例如，与 Kinco 三相步进电机 3S57Q-04056 配套的驱动器是 Kinco 3M458 型驱动器，图 3-3 是它的外观图。

步进电机驱动器包括环形分配器和功率放大器两部分，主要解决向步进电机的各相绕组分配输出脉冲和功率放大两个问题。如图 3-4 所示。

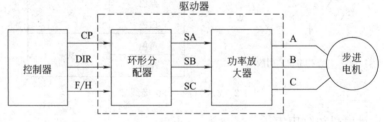

图 3-4　步进电机驱动器

环形分配器即脉冲分配器，是一个数字逻辑单元，它接收来自控制器的脉冲信号和转向信号，把脉冲信号按一定的逻辑关系分配到每一相脉冲放大器上，使步进电机按选定的运行方式工作。由于步进电机各相绕组是按一定的通电顺序不断循环来实现步进功能的，因此称为环形分配器。实现这种分配功能的方法有多种，可以由双稳态触发器和门电路完成，也可由可编程逻辑器件完成。

功率放大器进行脉冲功率放大，因为从脉冲分配器输出的电流很小（毫安级），而步进电机工作时需要的电流较大，因此需要进行功率放大。此外，输出的脉冲波形、幅度、波形前沿陡度等因素对步进电机运行性能有重要的影响。Kinco 3M458 驱动器采取如下一些措施改善步进电机运行性能。

① 内部驱动直流电压达 40V，能提供更好的高速性能。

② 具有电机静态锁紧状态下的自动半流功能，可大大降低电机的发热。而为调试方便，驱动器还有一对脱机信号输入线，当信号为 ON 时，驱动器将断开输入到步进电机的电源回路。

③ 把直流电压通过脉宽调制技术变为三相阶梯式正弦电流，如图 3-5 所示。

阶梯式正弦电流按固定时序分别流过三相绕组，其每个阶梯对应电机转动一步。通过改变驱动器输出正弦电流的频率来改

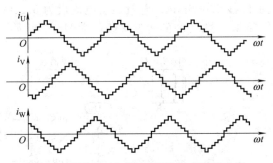

图 3-5　相位差 120°的三相阶梯式正弦电流

变电机转速，而输出的阶梯数确定了每步转过的角度，角度越小，其阶梯数就越多，从理论上说此角度可以设得足够小，所以细分数可以很大，这种控制方式称为细分驱动方式。细分驱动方式不仅可以减小步进电机的步距角，提高分辨率，而且可以减少或消除低频振动，使电机运行更加平稳均匀。

Kinco 3M458 具有最高可达 10000 步/转的驱动细分功能，细分可以通过拨动开关设定。

在 Kinco 3M458 驱动器的侧面连接端子中间有一个红色的八位 DIP 功能设定开关，可以用来设定驱动器的工作方式和工作参数，包括细分设置、静态电流设置和运行电流设置。图 3-6 是该 DIP 开关功能划分说明，表 3-2 和表 3-3 分别为细分设置表和电流设定表。

DIP开关的正视图如下：

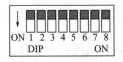

开关序号	ON　功能	OFF　功能
DIP1~DIP3	细分设置用	细分设置用
DIP4	静态电流全流	静态电流半流
DIP5~DIP8	电流设置用	电流设置用

图 3-6　3M458 驱动器 DIP 开关功能划分说明

表 3-2　细分设置表

DIP1	DIP2	DIP3	细分
ON	ON	ON	400 步/转
ON	ON	OFF	500 步/转
ON	OFF	ON	600 步/转
ON	OFF	OFF	1000 步/转
OFF	ON	ON	2000 步/转
OFF	ON	OFF	4000 步/转
OFF	OFF	ON	5000 步/转
OFF	OFF	OFF	10000 步/转

表 3-3　输出电流设定表

DIP5	DIP6	DIP7	DIP8	输出电流/A
OFF	OFF	OFF	OFF	3.0
OFF	OFF	OFF	ON	4.0
OFF	OFF	ON	ON	4.6
OFF	ON	ON	ON	5.2
ON	ON	ON	ON	5.8

3.1.3 步进电机驱动控制应用

YL-335A 输送单元采用步进电机作动力源，出厂时驱动器细分设置为 10000 步/转。直线运动组件的同步轮齿距为 5mm，共 12 个齿，旋转一周搬运机械手移动 60mm，即每步机械手位移 0.006mm；电机驱动电流设为 5.2A；静态锁定方式为静态半流。

Kinco 3M458 的典型接线图如图 3-7 所示。

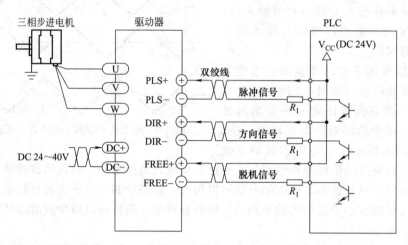

图 3-7　Kinco 3M458 三相步进电机驱动器的典型接线图

图 3-7 中，驱动器采用 DC 24～40V 电源供电。输出相电流为 3.0～5.8A，输出相电流通过拨动开关设定；驱动器采用自然风冷的冷却方式。

控制信号输入电流为 6～20mA，控制信号的输入电路采用光耦隔离。输送单元 PLC 输出公共端 V_{cc} 使用的是 DC 24V 电压，所使用的限流电阻 R_1 为 2kΩ。

驱动器接收来自控制器 PLC 的脉冲信号以及电机旋转方向的信号，为步进电机输出三相功率脉冲信号。PLS＋、PLS-控制步进电机的速度和位移量，DIR＋、DIR-控制步进电机的运动方向。

硬件连接好之后，利用西门子 PLC 的高速脉冲输出指令（PTO/PWM），就能够实现对步进电机速度、定位运行控制。

3.2　伺服电机及其驱动应用

伺服系统（Feed Servo System）是以移动部件的位置和速度作为控制量的自动控制系统。将检测装置装在伺服电机轴或传动装置末端，通过间接测量移动部件位移来进行位置反馈的进给系统称为半闭环伺服系统。在半闭环伺服系统中，将编码器和伺服电机作为一个整体，编码器完成角位移检测和速度检测。YL-335B 输送单元采用的是图 3-8 所示的半闭环伺服系统。

伺服电机又称执行电机，它是控制电机的一种。伺服电机可以把输入的电压信号变换为电机轴上的角位移和角速度等机械信号输出，改变输入电压的大小和方向，就可以改变转轴的转速和转向。

伺服电机可分为直流伺服电机和交流伺服电机两大类。直流伺服电机的输出功率通常为 1～600W，有的可达上千瓦，用于功率较大的控制系统；交流伺服电机的输出功率较小，一

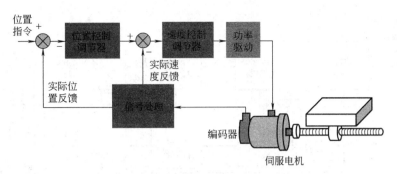

图 3-8 半闭环伺服系统组成

般为 0.1～100W，用于功率较小的控制系统。

交流伺服电机实际上是一台小型或微型的两相异步电动机，它与普通异步电动机相比具有如下特点：①无"自转"现象，即控制电压为零时，电机自行停转；②快速响应，即对控制电压反应很灵敏；③调速范围宽；④具有线性的机械特性。

交流伺服电机是无刷电机，分为同步和异步电机，目前运动控制中一般都用同步电机，它的功率变化范围大，惯量大，因而适于低速平稳运行的系统。

3.2.1 永磁交流伺服系统概述

现代高性能的伺服系统大多数采用永磁交流伺服系统，其中包括永磁同步交流伺服电机和全数字交流永磁同步伺服驱动器两部分。

1. 交流伺服电机的工作原理

交流伺服电机内部的转子是永久磁铁，驱动器控制的 U、V、W 三相电流形成电磁场，转子在此磁场的作用下转动，同时电机自带的编码器反馈信号给驱动器，驱动器将反馈值与目标值进行比较，调整转子转动的角度。伺服电机的精度决定于编码器的精度。伺服电机实物及结构概图如图 3-9 所示。注意，交流伺服电机最容易损坏的是电机的编码器，因为其中有很精密的玻璃码盘和光电器件，因此电机应避免强烈的震动，不得敲击电机的端部和编码器部分。

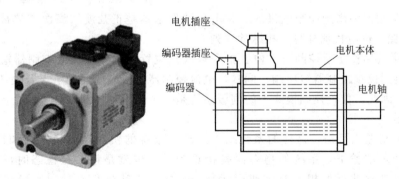

图 3-9 伺服电机实物及结构概图

交流永磁同步伺服驱动器主要包括伺服控制单元、功率驱动单元、通信接口单元、伺服电动机及相应的反馈检测器件，其中伺服控制单元包括位置控制器、速度控制器、转矩和电流控制器等等。伺服系统控制结构如图 3-10 所示。

伺服驱动器均采用数字信号处理器（DSP）作为控制核心，其优点是可以实现比较复杂的控制算法，实现数字化、网络化和智能化。功率器件普遍采用以智能功率模块

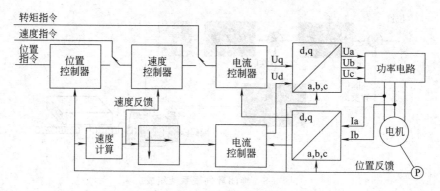

图 3-10　伺服系统控制结构

（IPM）为核心设计的驱动电路，IPM 内部集成了驱动电路，同时具有过电压、过电流、过热、欠压等故障检测保护电路，在主回路中还加入软启动电路，以减小启动过程对驱动器的冲击。

　　功率驱动单元首先通过整流电路（AC→DC）对输入的三相电或者市电进行整流，得到相应的直流电。再通过三相正弦 PWM 电压型逆变器来驱动三相永磁式同步交流伺服电机。

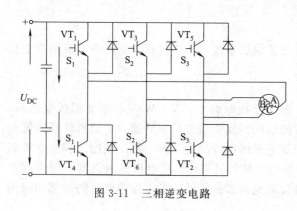

图 3-11　三相逆变电路

逆变部分（DC→AC）采用功率器件集成驱动电路，保护电路和功率开关于一体的智能功率模块（IPM），主要拓扑结构是采用了三相桥式电路，原理见图 3-11。脉宽调制技术 PWM（Pulse Width Modulation）通过改变功率晶体管交替导通的时间来改变逆变器输出波形的频率，也就是说通过改变脉冲宽度来改变逆变器输出电压幅值的大小，以达到调节功率的目的。

2. 交流伺服系统的位置控制模式

图 3-10 和图 3-11 说明以下两点。

① 伺服驱动器输出到伺服电机的三相电压波形基本是正弦波（高次谐波被绕组电感滤除），而不是像步进电机那样是三相脉冲序列。

② 伺服系统用作定位控制时，位置指令输入到位置控制器，速度控制器输入端前面的电子开关切换到位置控制器输出端，同样，电流控制器输入端前面的电子开关切换到速度控制器输出端。因此，位置控制模式下的伺服系统是一个三闭环控制系统，两个内环分别是电流环和速度环。

　　由自动控制理论可知，这样的系统结构提高了系统的快速性、稳定性和抗干扰能力。在足够高的开环增益下，系统的稳态误差接近为零，也就是说，在稳态时，伺服电机以指令脉冲和反馈脉冲近似相等时的速度运行。反之，在达到稳态前，系统将在偏差信号作用下驱动电机加速或减速。若指令脉冲突然消失（例如紧急停车时，PLC 立即停止向伺服驱动器发出驱动脉冲），伺服电机仍会运行到反馈脉冲数等于指令脉冲消失前的脉冲数才停止。

3. 位置控制模式下电子齿轮的概念

位置控制模式下，等效的单闭环位置控制系统方框图如图 3-12 所示。

图 3-12 中，指令脉冲信号和电机编码器反馈脉冲信号进入驱动器后，均通过电子齿轮

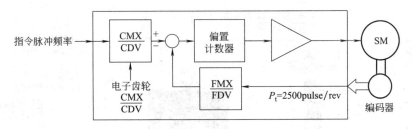

图 3-12 等效的单闭环位置控制系统方框图

变换才进行偏差计算。电子齿轮实际是一个分-倍频器，合理搭配它们的分-倍频值，可以灵活地设置指令脉冲的行程。

3.2.2 认知交流伺服电机及驱动器

以松下 MADKT1507E 全数字交流永磁同步伺服驱动装置驱动 MHMD022G1U 永磁同步电机为例说明交流伺服驱动的控制过程。

MHMD022G1U 的含义：MHMD 表示电机类型为大惯量，02 表示电机的额定功率为 200W，2 表示电压规格为 200V，G 表示编码器为增量式编码器，脉冲数为 20 位，分辨率 1048576，输出信号线数为 5 根线。

MADKT1507E 的含义：MADK 表示松下 A5 系列 A 型驱动器，T1 表示最大额定电流为 10A，5 表示电源电压规格为单相/三相 200V，07 表示电流检测器额定电流为 7.5A，E 表示位置控制专用。

松下的伺服驱动器有七种控制运行方式，即位置控制、速度控制、转矩控制、位置/速度控制、位置/转矩控制、速度/转矩控制、全闭环控制。位置方式就是输入脉冲串来使电机定位运行，电机转速与脉冲串频率相关，电机转动的角度与脉冲个数相关；速度控制方式有两种，一是通过输入直流 -10V 至 +10V 指令电压调速，二是选用驱动器内设置的内部速度来调速；转矩方式是通过输入直流 -10V 至 +10V 指令电压调节电机的输出转矩，这种方式下运行必须要进行速度限制，有如下两种方法：①通过设置驱动器内的参数来限制；②通过输入模拟量电压限速。

3.2.3 伺服电机及驱动器的硬件接线

伺服电机及驱动器与外围设备之间的接线图如图 3-13 所示，输入电源经断路器、滤波器后直接到控制电源输入端（XA），伺服电机的编码器输出信号接到驱动器的编码器接入端（X6），相关的 I/O 控制信号（X4）还要与 PLC 等控制器相连接，伺服驱动器还可以与计算机相连，用于参数设置。

1. 主回路的接线

MADKT1507E 伺服驱动器的主接线图如图 3-14 所示。

XA：电源输入接口，AC220V 电源连接到 L1、L3 主电源端子，同时连接到控制电源端子 L1C、L2C 上。

XB：电机接口和外置再生放电电阻器接口。U、V、W 端子用于连接电机。必须注意，电源务必按照驱动器铭牌上的指示连接，电机接线端子（U、V、W）不可以接地或短路，交流伺服电机的旋转方向不像感应电动机可以通过交换三相相序来改变，必须保证驱动器上的 U、V、W、E 接线端子与电机主回路接线端子按规定的次序一一对应，否则可能造成驱动器的损坏。电机的接线端子和驱动器的接地端子以及滤波器的接地端子必须保证可靠的连接到同一个接地点上。机身也必须接地。B1、B3、B2 端子是外接放电电阻，YL-335B 没有

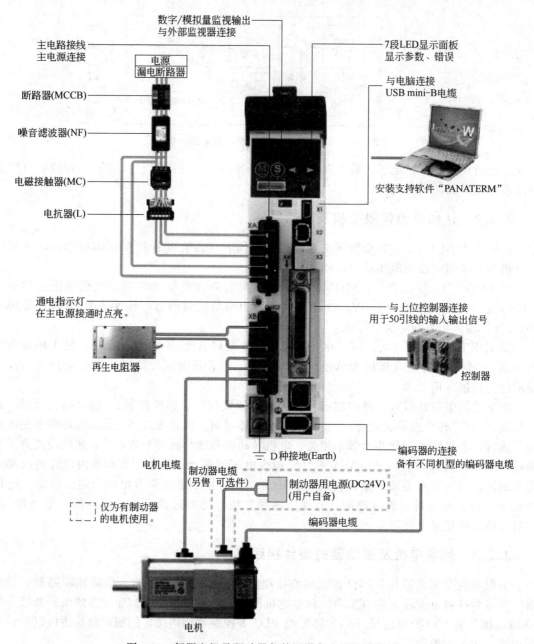

图 3-13　伺服电机及驱动器与外围设备之间的接线图

使用外接放电电阻。

2. 电机的光电编码器与伺服驱动器的接线

在 YL-335B 中使用的是 MHMD022G1U 伺服电机编码器为增量式编码器，脉冲数为 20 位，分辨率 1048576，输出信号线数为 5 根线。接线如图 3-15 所示。

X6 为连接到电机编码器信号接口，连接电缆应选用带有屏蔽层的双绞电缆，屏蔽层应接到电机侧的接地端子上，并且应确保将编码器电缆屏蔽层连接到插头的外壳（FG）上。

3. PLC 控制器与伺服驱动器的接线

X4 为 I/O 控制信号端口，其部分引脚信号定义与选择的控制模式有关，不同模式下的接线请参考《松下 MINAS A5 系列伺服电机·驱动器使用说明书（综合篇）》。

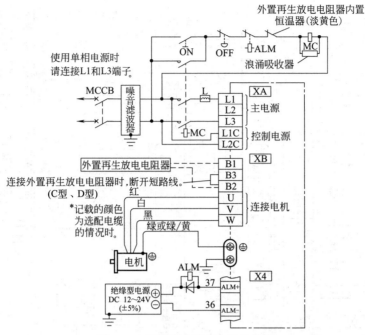

图 3-14　伺服驱动器主电路的接线

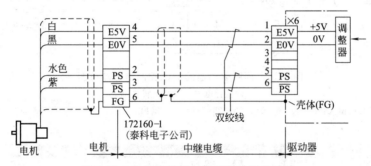

图 3-15　电机编码器与伺服驱动器的接线

I/O 控制信号连接器 X4 的定义见图 3-16，其中有 10 路开关量输入点，在 YL-335B 中使用了 3 个输入端口，29（SRV-ON）伺服使能端接低电平，8（CWL）接左限位开关输入，9（CCWL）接右限位开关输入；有 6 路开关量输出，只用到了 37（ALM）伺服报警；有 2 路脉冲量输入，在 YL-335B 中分别用做脉冲和方向指令信号连接到 S7-226PLC 的高速输出端 Q0.0 和 Q0.1；有 4 路脉冲量输出，在 YL-335B 中未使用。

这里重点说明一下两路脉冲两输入的内部接口电路，如图 3-16 右上部所示，输入方式为光耦输入，可与差分或集电极开路输出电路连接，图中 OPC1/2 相对 PULS1 和 SIGN1 串联了一个 2.2kΩ 的电阻。YL-335B 中采用了集电极开路输入（无外部电阻）方式。

3.2.4　伺服驱动器的参数设置

MADKT1507E 伺服驱动器的参数共有 210 个，Pr000-Pr639 可以通过与 PC 连接后在专门的调试软件 Panaterm 上进行设置，也可以在驱动器的面板上进行设置。

在 PC 上安装相关软件后，通过与伺服驱动器建立起通信，可将伺服驱动器的参数状态读出或写入，非常方便，如图 3-17 所示。当现场条件不允许或修改少量参数时，可通过驱动器上的操作面板来完成，操作面板如图 3-18 所示，各个按钮的说明见表 3-4。

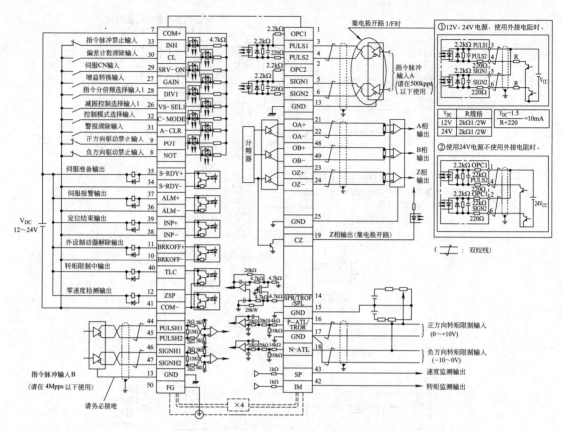

图 3-16　伺服驱动器的 I/O 控制信号端口图

注：①位置控制专用型号无模拟输入；

②位置控制模式输入：8、9、26、27、28、29、31、32　输出：10-11、12、34-35、36-37、38-39、40

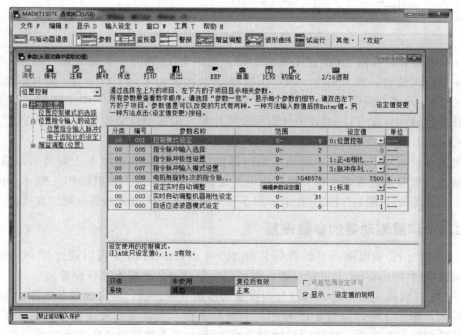

图 3-17　驱动器参数设置软件 Panaterm

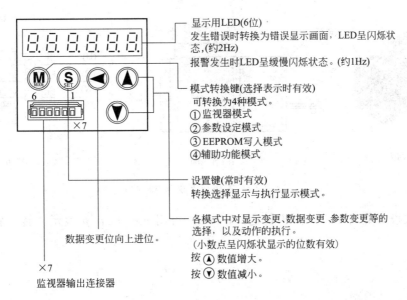

图 3-18　驱动器参数设置面板

表 3-4　伺服驱动器面板按钮的说明

按键说明	激活条件	功能
(M) MODE	在模式显示时有效	在以下 4 种模式之间切换：①监视器模式；②参数设定模式；③EEPROM 写入模式；④辅助功能模式
(S) SET	一直有效	用来在模式显示和执行显示之间切换
(▲) (▼)	仅对小数点闪烁的那一位数据位有效	改变各模式里的显示内容、更改参数、选择参数或执行选中的操作
(◀)		把移动的小数点移动到更高位数

面板操作说明如下。

① 参数设置，先按"SET"键，再按"MODE"键选择"Pr00"后，按向上、向下或向左的方向键选择通用参数的项目，按"SET"键进入。然后按向上、向下或向左的方向键调整参数，调整完后，长按"SET"键返回。选择其他项再调整。

② 参数保存，按"MODE"键，选择"EE-SET"后按"SET"键确认，出现"EEP -"，然后按向上键 3 秒钟，出现"FINISH"或"RESET"，然后重新上电即保存。

3.3　变频器及其应用

3.3.1　交流异步电动机的使用

YL-335B 分拣单元的传送带动力源为三相交流异步电动机，在运行中，它不仅要求可以改变速度，也需要改变方向。

图 3-19 所示为带减速装置的三相交流电动机。三相交流异步电动机绕组电流的频率为

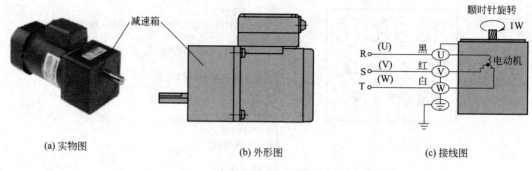

(a) 实物图　　　　　　　　　　(b) 外形图　　　　　　　　　(c) 接线图

图 3-19　三相交流减速电动机

f，电机的磁极对数为 p，则同步转速（r/min）可用 $n_0 = 60f/p$ 表示，转子转速 n 可表示为

$$n = \frac{60f}{p}(1-s)$$

式中，s 为转差率。

由上式可见，要改变电动机的转速可以采用：①改变磁极对数 p；②改变转差率 s；③改变频率 f。通过改变频率可以实现无级调速。

YL-335B 分拣单元传送带的控制中交流电动机的调速采用变频调速的方式。分拣单元电机的速度方向控制都由变频器完成。

三相异步电动机在运行过程中需注意，若运行中一相和电源断开，则变成单相运行，此时电机仍会按原来方向运转，但若负载不变，三相供电变为单相供电，电流将变大，导致电机过热，使用中要特别注意这种现象；三相异步电动机若在启动前有一相断电，将不能启动。此时只能听到嗡嗡声，长时间启动不了，也会过热，必须赶快排除故障。注意外壳的接地线必须可靠地接大地，防止漏电引起人身伤害。

3.3.2　西门子 MM420 变频器简介

YL-335B 分拣单元使用的三相交流减速电机的速度、方向控制都由西门子 MM420 变频器完成。其电气连接如图 3-20 所示。三相交流电源经熔断器、空气断路器、变频器输出到交流电动机。

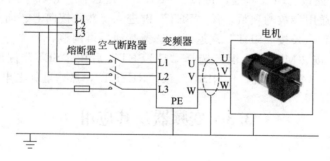

图 3-20　变频器与电机的接线

在上图中，有两点需要注意：一是屏蔽，二是接地。变频器到电机的线采用屏蔽线，并且屏蔽层要接地，另外带电设备的机壳要接地。

1. 通用变频器的工作原理

如图 3-21 所示，变频器先将 50 Hz 交流电经二极管整流桥整流和 LC 滤波，形成恒定的直流电压，再送入由 6 个大功率晶体管构成的逆变器主电路，输出三相频率和电压均可调整的等效于正弦波的脉宽调制波（SPWM 波），即可驱动三相异步电动机运转。

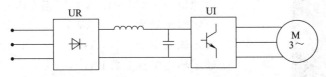

图 3-21 SPWM 交-直-交变压变频器的原理框图

如图 3-22 所示，把正弦半波分成 n 等分，每一区间的面积用与其相等的等幅不等宽的矩形面积代替，则矩形脉冲所组成的波形就与正弦波等效，正弦波的正负半周均如此处理。

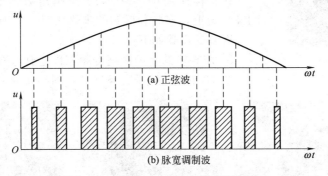

图 3-22 等效于正弦波的脉宽调制波

SPWM 调制的控制信号为幅值和频率均可调的正弦波，载波信号为三角波，如图 3-23（a）所示，该电路采用正弦波控制，三角波调制，当控制电压高于三角波电压时，比较器输出电压 U_d 为高电平，否则输出低电平。

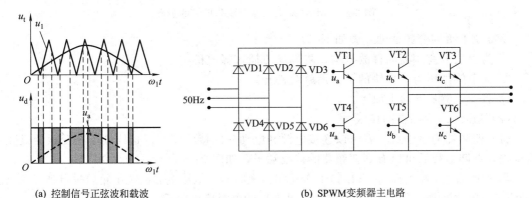

(a) 控制信号正弦波和载波 　　　　　　　(b) SPWM变频器主电路

图 3-23 SPWM 变频器工作原理及电气简图

以 A 相为例，只要正弦控制波的最大值低于三角波的幅值，就导通 T1，封锁 T4，这样就输出等幅不等宽的 SPWM 脉宽调制波。

SPWM 调制波经功率放大才能驱动电机。在图 3-23（b）中，左侧的桥式整流滤波器将工频交流电变成直流恒定电压，给图中右侧逆变器供电。等效正弦脉宽调制波 U_a、U_b、U_c 送入 VT1～VT6 的基极，则逆变器输出脉宽按正弦规律变化的等效矩形电压波，经过滤波变成正弦交流电用来驱动交流伺服电机。

图 3-24　MM420 变频器外形图

2. 认识西门子 MM420 变频器

西门子 MM420（MICROMASTER420）是用于控制三相交流电动机速度的变频器系列。该系列有多种型号。YL-335B 选用的 MM420 外形如图 3-24 所示。该变频器额定参数为：

① 电源电压：380～480V，三相交流；

② 额定输出功率：0.75kW；

③ 额定输入电流：2.4A；

④ 额定输出电流：2.1A；

⑤ 外形尺寸：A 型；

⑥ 操作面板：基本操作板（BOP）。

（1）MM420 变频器的安装和拆卸

在工程使用中，MM420 变频器通常安装在配电箱内的 DIN 导轨上，安装和拆卸的步骤如图 3-25 所示。

安装的步骤如下。

① 用导轨的上闩销把变频器固定到导轨的安装位置上。

② 向导轨上按压变频器，直到导轨的下闩销嵌入到位。

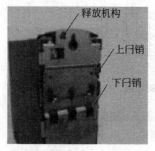

(a) 变频器背面的固定机构　　(b) 在DIN导轨上安装变频器　　(c) 从导轨上拆卸变频器

图 3-25　MM420 变频器安装和拆卸的步骤

从导轨上拆卸变频器的步骤如下。

① 为了松开变频器的释放机构，将螺丝刀插入释放机构中。

② 向下施加压力，导轨的下闩销就会松开。

③ 将变频器从导轨上取下。

（2）MM420 变频器的接线

打开变频器的盖子后，就可以连接电源和电动机的接线端子。接线端子在变频器机壳下盖板内，拆卸盖板后可以看到变频器的接线端子，如图 3-26 所示。

① 变频器主电路的接线　YL-335B 分拣单元变频器主电路电源由配电箱通过自动开关（断路器）QF 单独提供一路三相电源，连接到图 3-26 的电源接线端子，电动机接线端子引出线则连接到电动机。注意接地线 PE 必须连接到变频器接地端子，并连接到交流电动机的外壳。

② 变频器控制电路的接线　MM420 变频器的框图如图 3-27 所示。

数字输入点：DIN1（端子 5），DIN2（端子 6），DIN3（端子 7）；内部电源 +24V（端子 8），内部电源 0V（端子 9）；

模拟输入点：AIN+（端子 3），内部电源 +10V（端子 1），内部电源 0V（端子 2）；

继电器输出：RL1-B（端子 10），RL1-C（端子 11）；

模拟量输出：AOUT+（端子 12），AOUT-（端子 13）；

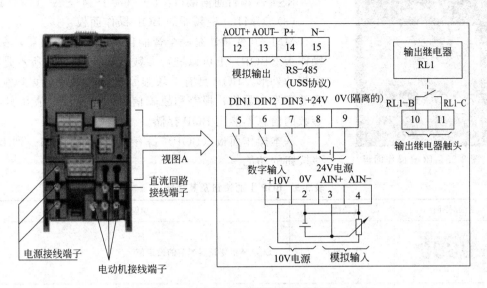

图 3-26 MM420 变频器的接线端子

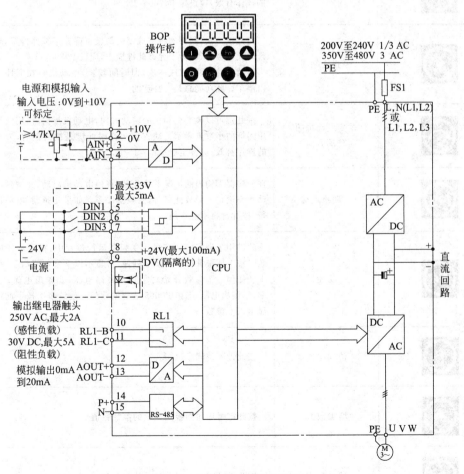

图 3-27 MM420 变频器框图

图 3-28　BOP 操作面板

RS-485 串行通信接口：P+（端子 14），N-（端子 15）。

（3）MM420 变频器的 BOP 操作面板

MM420 变频器是一个智能化的数字式变频器，在基本操作板（BOP）上可以进行参数设置。图 3-28 所示是 BOP 面板的外形。BOP 具有 7 段显示的五位数字，可以显示参数的序号和数值，报警和故障信息，以及设定值和实际值。参数的信息不能用 BOP 存储。

基本操作面板（BOP）备有 8 个按钮，表 3-5 列出了这些按钮的功能。

表 3-5　BOP 上的按钮及其功能

显示/按钮	功能	功能说明
r 0000	状态显示	LCD 显示变频器当前的设定值
I	启动变频器	按此键启动变频器。缺省值运行时此键是被封锁的。为了使此键的操作有效，应设定 P0700＝1
0	停止变频器	按此键一次，变频器将按选定的斜坡下降速率减速停车，缺省值运行时此键被封锁；为了允许此键操作，应设 P0700＝1 连续按此键两次（或一次，但时间较长）电动机将在惯性作用下自由停车。此功能总是"使能"的
↻	改变电动机的转动方向	按此键可以改变电动机的转动方向，电动机反向时，用负号表示或用闪烁的小数点表示。缺省值运行时此键是被封锁的，为了使此键的操作有效，应设定 P0700＝1
jog	电动机点动	在变频器无输出的情况下按此键，将使电动机启动，并按预设定的点动频率运行。释放此键时，变频器停车。如果变频器/电动机正在运行，按此键将不起作用
Fn	功能	此键用于浏览辅助信息。变频器运行过程中，在显示任何一个参数时按下此键并保持不动 2 秒钟，将显示以下参数值（在变频器运行中从任何一个参数开始）：①直流回路电压；②输出电流；③输出频率；④输出电压；⑤由 P0005 选定的数值。连续多次按下此键将轮流显示以上参数
P	访问参数	按此键可访问参数
▲	增加数值	按此键可增加面板上显示的参数数值
▼	减少数值	按此键可减少面板上显示的参数数值

3.3.3　变频器在交流异步电动机调速控制中的应用

1. 变频器的性能参数

(1) 变频器参数的组成

变频器的参数由字母和参数号组成。参数号是指该参数的编号，参数号用 0000 到 9999 的 4 位数字表示。在参数号的前面冠以一个小写字母"r"时，表示该参数是"只读"的参数。其他所有参数号的前面都冠以一个大写字母"P"，这些参数的设定值可以直接在标题栏的"最小值"和"最大值"范围内进行修改。有些参数带有下标，并且指定了下标的有效序号。

(2) 常用的参数

① 参数 P0003。参数 P0003 用于定义用户访问参数组的等级，设置范围为 1~4，其中：

"1"为标准级，可以访问经常使用的参数；

"2"为扩展级，允许扩展访问参数的范围，例如变频器的 I/O 功能；

"3"为专家级，只供专家使用；

"4"为维修级，只供授权的维修人员使用，具有密码保护。

该参数缺省设置为等级 1（标准级），对于大多数简单的应用对象，采用标准级就可以满足要求了。用户可以修改设置值，但建议不要设置为等级 4（维修级），用 BOP 或 AOP 操作板看不到第 4 访问级的参数。

② 参数 P0004。参数 P0004（参数过滤器）的作用是根据所选定的一组功能对参数进行过滤（或筛选），并集中对过滤出的一组参数进行访问，从而可以更方便地进行调试。P0004 可能的设定值如表 3-6 所示，缺省的设定值为 0。

表 3-6　参数 P0004 的设定值

设定值	所指定参数值意义	设定值	所指定参数值意义
0	全部参数	12	驱动装置的特征
2	变频器参数	13	电动机的控制
3	电动机参数	20	通信
7	命令，二进制 I/O	21	报警/警告/监控
8	模—数转换和数—模转换	22	工艺参量控制器（例如 PID）
10	设定值通道/RFG（斜坡函数发生器）		

③ 参数 P0010。参数 P0010 是调试参数过滤器，对与调试相关的参数进行过滤，只筛选出那些与特定功能组有关的参数。P0010 的可能设定值为：0（准备），1（快速调试），2（变频器），29（下载），30（工厂的缺省设定值）；缺省设定值为 0。

④ 参数 P0700。参数 P0700 用于指定命令源，可能的设定值如表 3-7 所示，缺省值为 2。

表 3-7　P0700 的设定值

设定值	所指定参数值意义	设定值	所指定参数值意义
0	工厂的缺省设置	4	通过 BOP 链路的 USS 设置
1	BOP（键盘）设置	5	通过 COM 链路的 USS 设置
2	由端子排输入	6	通过 COM 链路的通讯板（CB）设置

注意：当改变这一参数时，同时也使所选项目的全部设置值复位为工厂的缺省设置值。例如：把它的设定值由 1 改为 2 时，所有的数字输入都将复位为缺省的设置值。

⑤ 参数 P0701、P0702、P0703。参数 P0701、P0702、P0703，可能的设定值如表 3-8 所示。

表 3-8　参数 P0701、P0702、P0703 可能的设定值

设定值	所指定参数值意义	设定值	所指定参数值意义
0	禁止数字输入	13	MOP(电动电位计)升速(增加频率)
1	接通正转/停车命令	14	MOP 降速(减少频率)
2	接通反转/停车命令	15	固定频率设定值(直接选择)
3	按惯性自由停车	16	固定频率设定值(直接选择＋ON 命令)
4	按斜坡函数曲线快速降速停车	17	固定频率设定值[二进制编码的十进制数(BCD 码)选择＋ON 命令]
9	故障确认	21	机旁/远程控制
10	正向点动	25	直流注入制动
11	反向点动	29	由外部信号触发跳闸
12	反转	33	禁止附加频率设定值
		99	使能 BICO 参数化

由表 3-8 可见，参数 P0701、P0702、P0703 设定值取值为 15，16，17 时，通过选择固定频率的方式确定输出频率（FF 方式）。这三种选择说明如下。

a. 直接选择（P0701～P0703＝15）　在这种操作方式下，一个数字输入选择一个固定频率。如果有几个固定频率输入同时被激活，则选定的频率就是它们的总和。在这种方式下，还需要一个 ON 命令才能使变频器投入运行。

b. 直接选择＋ON 命令（P0701～P0703＝16）　在这种操作方式下，一个数字输入选择一个固定频率。如果有几个固定频率输入同时被激活，选定的频率是它们的总和。

c. 二进制编码的十进制数（BCD 码）选择＋ON 命令（P0701～P0703＝17）　使用这种方法最多可以选择 7 个固定频率。各个固定频率的数值见表 3-9。

表 3-9　固定频率的数值选择

参数	编码	DIN3	DIN2	DIN1
P1000	OFF	不激活	不激活	不激活
P1001	FF1	不激活	不激活	激活
P1002	FF2	不激活	激活	不激活
P1003	FF3	不激活	激活	激活
P1004	FF4	激活	不激活	不激活
P1005	FF5	激活	不激活	激活
P1006	FF6	激活	激活	不激活
P1007	FF7	激活	激活	激活

⑥ 参数 P1000。参数 P1000 用于选择频率设定值的信号源。其设定值为 0～66。缺省的设置值为 2。实际上，当设定值≥10 时，频率设定值将来源于 2 个信号源的叠加。其中，主

设定值由最低一位数字（个位数）来选择（即 0 到 6），而附加设定值由最高一位数字（十位数）来选择（即 $x0 \sim x6$）。下面只说明常用主设定值信号源的意义：

0：无主设定值；

1：MOP（电动电位差计）设定值。取此值时，选择基本操作板（BOP）的按键指定输出频率；

2：模拟设定值：输出频率由 3-4 端子两端的模拟电压（$0 \sim 10V$）设定；

3：固定频率：输出频率由数字输入端子 DIN1 ～ DIN3 的状态指定。用于多段速控制；

5：通过 COM 链路的 USS 设定。即通过按 USS 协议的串行通讯线路设定输出频率。

⑦ 参数 P1080。参数 P1080 属于"设定值通道"参数组（P0004 ＝ 10），缺省值为 0.00Hz。

⑧ 参数 P1082。参数 P1082 设置最高频率，也属于"设定值通道"参数组（P0004 ＝ 10），缺省值为 50.00Hz。即参数 P1082 限制了电动机运行的最高频率。因此最高速度要求高于 50.00Hz 的情况下，需要修改 P1082 参数。

电动机运行的加、减速度的快慢，可用斜坡上升和下降时间表征，分别由参数 P1120、P1121 设定。这两个参数均属于"设定值通道"参数组，并且可在快速调试时设定。

⑨ 参数 P2000。参数 P2000 设置基准频率，是串行链路，模拟 I/O 和 PID 控制器采用的满刻度频率设定值，属于"通信"参数组（P0004 ＝ 20），缺省值为 50.00Hz。

如果缺省值不满足电机速度调整的要求范围，就需要调整这 2 个参数。另外需要指出的是，如果要求最高速度高于 50.00Hz，则设定与最高速度相关的参数时，除了设定参数 P2000 外，尚须设置参数 P1082（最高频率）。

⑩ 参数 P1120。P1120 是斜坡上升时间，即电动机从静止状态加速到最高频率（P1082）所用的时间。设定范围为 $0 \sim 650$，缺省值为 10。

⑪ 参数 P1121。P1121 是斜坡下降时间，即电动机从最高频率（P1082）减速到静止停车所用的时间所用的时间。设定范围为 $0 \sim 650$，缺省值为 10。

注意：如果设定的斜坡上升时间太短，有可能导致变频器过电流跳闸；同样，如果设定的斜坡下降时间太短，有可能导致变频器过电流或过电压跳闸。

⑫ 参数 P3900。参数 P3900 的设定与快速调试的进行有关，当其被设定为 1 时，快速调试结束后，要完成必要的电动机计算，并使其他所有的参数（P0010 ＝ 1 不包括在内）复位为工厂的缺省设置。当 P3900 ＝ 1 并完成快速调试后，变频器已做好了运行准备。

（3）参数设置方法

用 BOP 可以修改和设定系统参数，使变频器具有期望的特性，例如斜坡时间、最小和最大频率等。选择的参数号和设定的参数值在 LCD 上显示。

更改参数数值的步骤可大致归纳为：①查找所选定的参数号；②进入参数值访问级，修改参数值；③确认并存储修改好的参数值。

表 3-10 说明如何改变参数 P0004 的数值。按照表中说明的类似方法，可以用"BOP"设定常用的参数。

表 3-10　改变参数 P0004 设定数值的步骤

序号	操作内容	显示的结果
1	按 Ⓟ 访问参数	$\sqcap$ *0000*

续表

序号	操作内容	显示的结果
2	按 ▲ 直到显示出 P0004	*P0004*
3	按 P 进入参数数值访问级	*0*
4	按 ▲ 或 ▼ 达到所需要的数值	*3*
5	按 P 确认并存储参数的数值	*P0004*
6	使用者只能看到命令参数	——

2. MM420 变频器的参数访问和常用参数设置举例

MM420 变频器有数千个参数，为了能快速访问指定的参数，MM420 采用把参数分类，屏蔽（过滤）不需要访问的类别的方法实现。

参数 P0004 就是实现这种参数过滤功能的重要参数。当完成了 P0004 的设定以后再进行参数查找时，在 LCD 上只能看到 P0004 设定值所指定类别的参数。

实例1：用 BOP 进行变频器的快速调试

快速调试包括电动机参数和斜坡函数的参数设定。在进行快速调试以前，必须完成变频器的机械和电气安装。当选择 P0010＝1 时，即可进行快速调试。

表 3-11 是对应 YL-335B 上选用的电动机的参数设置表。

表 3-11　设置电动机参数表

参数号	出厂值	设置值	说　　明
P0003	1	1	设用户访问级为标准级
P0010	0	1	快速调试
P0100	0	0	设置使用地区,0＝欧洲,功率以 kW 表示,频率为 50Hz
P0304	400	380	电动机额定电压(V)
P0305	1.90	0.18	电动机额定电流(A)
P0307	0.75	0.03	电动机额定功率(kW)
P0310	50	50	电动机额定频率(Hz)
P0311	1395	1300	电动机额定转速(r/min)

实例2：将变频器复位为工厂的缺省设定值

如果用户在参数调试过程中遇到问题，并且希望重新开始调试，通常采用首先把变频器的全部参数复位为工厂的缺省设定值，再重新调试的方法。为此，应按照下面的数值设定参数：① 设定 P0010＝30；② 设定 P0970＝1。按下 P 键，便开始参数的复位。变频器将自动地它的所有参数都复位为它们各自的缺省设置值。复位为工厂缺省设置值的时间大约要 60 秒钟。

实例 3：电机速度的连续调整

变频器的参数在出厂缺省值时，命令源参数 P0700＝2，指定命令源为"外部 I/O"；频率设定值信号源 P1000＝2，指定频率设定信号源为"模拟量输入"。这时，只须在 AIN＋（端子③）与 AIN-（端子④）加上模拟电压（DC 0～10V 可调）；并使数字输入 DIN1 信号为 ON，即可启动电动机实现电机速度连续调整。

（1）模拟电压信号从变频器内部 DC 10V 电源获得

用一个 4.7k 电位器连接内部电源＋10V 端（端子①）和 0V 端（端子②），中间抽头与 AIN＋（端子③）相连。连接主电路后接通电源，使 DIN1 端子的开关短接，即可启动/停止变频器，旋动电位器即可改变频率实现电机速度连续调整。

上述电机速度的调整操作中，电动机的最低速度取决于参数 P1080（最低频率），最高速度取决于参数 P2000（基准频率）。

（2）模拟电压信号由外部给定（电动机可正反转）

参数 P0700（命令源选择）、P1000（频率设定值选择）应为缺省设置，即 P0700＝2（由端子排输入），P1000＝2（模拟输入）。从模拟输入端③（AIN＋）和④（AIN-）输入来自外部的 0～10V 直流电压（例如从 PLC 的 D/A 模块获得），即可连续调节输出频率的大小。

用数字输入端口 DIN1 和 DIN2 控制电动机的正反转方向时，可通过设定参数 P0701、P0702 实现。例如，使 P0701＝1（DIN1 ON 接通正转，OFF 停止），P0702＝2（DIN2 ON 接通反转，OFF 停止）。

实例 4：多段速控制

当变频器的命令源参数 P0700＝2（外部 I/O），选择频率设定的信号源参数 P1000＝3（固定频率），并设定数字输入端子 DIN1、DIN2、DIN3 等相应的功能后，就可以通过外接开关器件的组合通断改变输入端子的状态，实现电机速度的有级调整。这种控制频率的方式称为多段速控制功能。

选择数字输入 1（DIN1）功能的参数为 P0701，缺省值＝1；
选择数字输入 2（DIN2）功能的参数为 P0702，缺省值＝12；
选择数字输入 3（DIN3）功能的参数为 P0703，缺省值＝9。

为了实现多段速控制功能，应该修改这 3 个参数，给 DIN、DIN2、DIN3 端子赋予相应的功能。

综上所述，为实现多段速控制的参数设置步骤如下：

① 设置 P0004＝7，选择"外部 I/O"参数组，然后设定 P0700＝2；指定命令源为"由端子排输入"；

② 设定 P0701、P0702、P0703＝15～17，确定数字输入 DIN1、DIN2、DIN3 的功能；

③ 设置 P0004＝10，选择"设定值通道"参数组，然后设定 P1000＝3，指定频率设定值信号源为固定频率；

④ 设定相应的固定频率值，即设定参数 P1001～P1007 有关对应项。

例如要求电动机能实现正反转和高、中、低三种转速的调整，高速时运行频率为 40Hz，中速时运行频率为 25Hz，低速时运行频率为 15Hz。

变频器参数调整的步骤如表 3-12 所示。

表 3-12 变频器参数调整的步骤

步骤号	参数号	出厂值	设置值	说 明
1	P0003	1	1	设用户访问级为标准级
2	P0004	0	7	命令组为命令和数字 I/O
3	P0700	2	2	命令源选择"由端子排输入"
4	P0003	1	2	设用户访问级为扩展级
5	P0701	1	16	DIN1 功能设定为固定频率设定值(直接选择+ON)
6	P0702	12	16	DIN2 功能设定为固定频率设定值(直接选择+ON)
7	P0703	9	12	DIN3 功能设定为接通时反转
8	P0004	0	10	命令组为设定值通道和斜坡函数发生器
9	P1000	2	3	频率给定输入方式设定为固定频率设定值
10	P1001	0	25	固定频率 1 值设定为 25Hz(中速)
11	P1002	5	15	固定频率 2 值设定为 15Hz(低速)

项目 4　PLC 技术在自动生产线中的应用

自动生产线的自动控制是通过控制器来实现的。可编程控制器（PLC）以其高抗干扰能力、高可靠性、高性能价格比且编程简单而广泛地应用在现代化的自动生产设备中，担负着生产线的大脑——微处理单元的角色。

国内现在应用的 PLC 系列很多，有德国西门子公司、日本的欧姆龙公司、松下公司等的产品、美国的 AB 公司和 GE 公司，以及法国的施耐德公司也有产品在我国使用。

在 YL-335B 自动化生产线中，每一个站都安装有一个西门子 S7-200 系列的 PLC 来控制机械手、气爪等按程序动作。YL-335B 中使用的 PLC 如表 4-1 所示。

表 4-1　YL-335B 中使用的 PLC

应用单元	PLC 型号	性　能
供料单元	S7-200-224 CN　AC/DC/RLY	共 14 点输入和 10 点继电器输出
加工单元	S7-200-224 CN　AC/DC/RLY	共 14 点输入和 10 点继电器输出
装配单元	S7-200-226 CN　AC/DC/RLY	共 24 点输入和 16 点继电器输出
分拣单元	S7-200-224 XP　AC/DC/RLY	共 14 点输入和 10 点继电器输出，共包含 3 个模拟量 I/O 点，其中有 2 个输入点 1 个输出点
输送单元	S7-200-226 CN　DC/DC/DC	共 24 点输入和 16 点晶体管输出

4.1　S7-200 系列 PLC 系统结构组成

4.1.1　S7-200 系列 PLC 的硬件

S7-200 系列 PLC 有 CPU21X 和 CPU22X 两代五种产品，其不同型号主要通过集成的输入输出点数、程序和数据存储器容量、可扩展性区分。不同 CPU 的性能参数如表 4-2 所示。

表 4-2　CPU 性能参数

技术指标	CPU221	CPU222	CPU224	CPU226
外形尺寸/mm	90×80×62	90×80×62	120.5×80×62	190×80×62
存储器				
用户程序	2048 字	2048 字	4096 字	4096 字
用户数据	1024 字	1024 字	2560 字	2560 字
用户存储器类型	EEPROM	EEPROM	EEPROM	EEPROM
数据后备	50 小时	50 小时	50 小时	50 小时

续表

技术指标	CPU221	CPU222	CPU224	CPU226
输入/输出				
本机I/O	6入/4出	8入/6出	14入/10出	24入/16出
可扩展模块数量	无	2	7	7
数字量I/O映像区	(128入/128出)	(128入/128出)	(128入/128出)	(128入/128出)
模拟量I/O映像区	无	16入/16出	32入/32出	32入/32出
布尔指令执行速度	0.37 μs/指令	0.37 μs/指令	0.37 μs/指令	0.37 μs/指令
主要内部继电器				
I/O映像寄存器	128I 和 128Q	128I 和 128Q	128I 和 128Q	128I 和 128Q
内部通用继电器	256	256	256	256
计数器/定时器	256/256	256/256	256/256	256/256
字入/字出	无	16/16	32/32	32/32
顺序控制继电器	256	256	256	256
附加功能				
内置高速计数器	4H/2W(20kHz)	4H/2W(20kHz)	6H/4W(20kHz)	6H/4W(20kHz)
模拟量调节电位器	1	1	2	2
高速脉冲输出	2(20 kHz,DC)	2(20 kHz,DC)	2(20 kHz,DC)	2(20 kHz,DC)
通信中断	1发送/2接受	1发送/2接受	1发送/2接受	1发送/2接受
硬件输入中断	4,输入滤波器	4,输入滤波器	4,输入滤波器	4,输入滤波器
定时中断	2(1-255ms)	2(1-255ms)	2(1-255ms)	2(1-255ms)
实时时钟	有(时钟卡)	有(时钟卡)	有(内置)	有(内置)
口令保护	有	有	有	有
通信功能				
通信口数量	1(RS-485)	1(RS-485)	1(RS-485)	2(RS-485)
支持协议 0号口 1号口	PPI,DP/T 自由口 N/A	PPI,DP/T 自由口 N/A	PPI,DP/T 自由口 N/A	PPI,DP/T 自由口 (同0号口)
PPI主站点到点	NETR/NETW	NETR/NETW	NETR/NETW	NETR/NETW

几种不同 S7-200CPU 如图 4-1 所示。

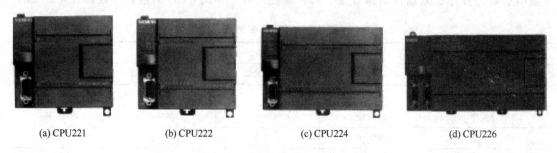

(a) CPU221 (b) CPU222 (c) CPU224 (d) CPU226

图 4-1 几种不同的 S7-200 CPU

4.1.2　S7-200 系列 PLC 的外部结构及接线

1. 外部结构及作用

S7-200 系列外部结构如图 4-2 所示，是典型的整体式 PLC，输入输出模块、CPU 模块、电源模块均装在一个机壳内，当系统需要扩展时，选用需要的扩展模块与基本单元连接。

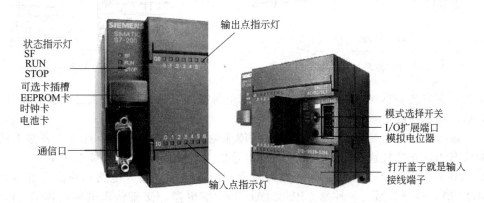

图 4-2　S7-200 系列 PLC 外部结构

（1）输入接线端子

输入接线端子用于连接外部控制信号。在底部端子盖下是输入接线端子和为传感器提供的 24V 直流电源。

（2）输出接线端子

输出接线端子用于连接被控设备。在顶部端子盖下是输出接线端子和 PLC 的工作电源。

（3）CPU 状态指示

CPU 状态指示灯有 SF、STOP、RUN 三个，作用如表 4-3 所示。

表 4-3　CPU 状态指示灯的作用

名　　　称		状态及作用	
SF	系统故障	亮	严重的出错或硬件故障
STOP	停止状态	亮	不执行用户程序,可以通过编程装置向 PLC 装载程序或进行系统设置
RUN	运行状态	亮	执行用户程序

（4）输入状态指示

输入状态指示用于显示是否有控制信号（如控制按钮、行程开关、接近开关、光电开关等数字量信息）接入 PLC。

（5）输出状态指示

输出状态指示用于显示 PLC 是否有信号输出到执行设备（如接触器、电磁阀、指示灯等）。

（6）扩展接口

扩展接口通过扁平电缆线连接数字量 I/O 扩展模块、模拟量 I/O 扩展模块、热电偶模块、通讯模块等。

（7）通信接口

通信接口支持 PPI、MPI 通信协议，有自由口通信能力，用于连接编程器（手持式或 PC 机）、文本图形显示器、PLC 网络等外部设备，如图 4-3 所示。

2. 给 S7-200 系列 PLC 供电

给 S7-200CPU 供电有直流供电和交流供电两种方式，如图 4-4 所示。

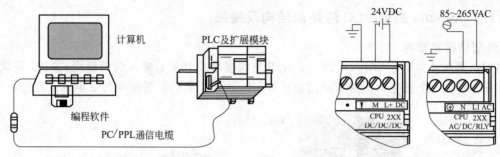

図 4-3　PC 机与 S7-200 的连接　　　　図 4-4　S7-200 系列 PLC 供电

注意：在安装和拆除 S7-200 之前，要确保电源被断开，以免造成人身损害和设备事故。

3. 输入输出接线

输入输出接口电路是 PLC 与被控对象间传递输入输出信号的接口部件。各输入输出点的通断状态用发光二极管（LED）显示，外部接线一般接在 PLC 的接线端子上。

S7-200 系列 CPU22X 主机的输入点为直流双向光电耦合输入电路。输出有继电器和直流（MOS 型）两种类型：一种是 CPU224AC/DC/继电器，交流输入电源，提供 24V 直流给外部元件（如传感器等），继电器方式输出，14 点输入，10 点输出；一种是 CPU224DC/DC/DC，直流 24V 输入电源，提供 24V 直流给外部元件（如传感器等），直流（晶体管）方式输出，14 点输入，10 点输出。用户可根据需要选用。

（1）输入接线

CPU224 的主机共有 14 个输入点（I0.0～I0.7，I1.0～I1.5）和 10 个输出点（Q0.0～Q0.7，Q1.0～Q1.1）。CPU224 输入电路接线如图 4-5 所示。系统设置 1M 为输入端子 I0.0～I0.7 的公共端，2M 为 I1.0～I1.5 输入端子的公共端。

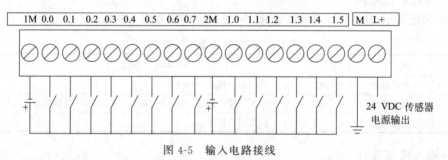

図 4-5　输入电路接线

（2）输出接线

CPU224 的输出电路有晶体管输出和继电器输出供用户选用。

在晶体管输出电路中，PLC 采用 24V 直流供电，负载采用了 MOSFET 功率驱动器件，所以只能用直流为负载供电。输出端将数字量输出分为两组，每组有一个公共端，共有 1L 和 2L 两个公共端，可接入不同电压等级的负载电源。CPU224 晶体管输出电路接线如图 4-6 所示。

在继电器输出电路中，PLC 由 220V 交流电源供电；负载采用了继电器驱动，所以既可以选用直流电源为负载供电，也可以采用交流电源为负载供电。在继电器输出电路中，数字量输出分为三组，每组的公共端为本组的电源供给端，Q0.0～Q0.3 共用 1L，Q0.4～Q0.6 共用 2L，Q0.7～Q1.1 共用 3L。各组之间可接入不同电压等级、不同电压性质的负载电源，如图 4-7 所示。

在 YL-335B 中的供料、加工、装配、分拣单元中，需要对电磁阀进行控制，所采用的 PLC 是继电器输出型 PLC。

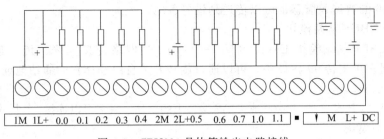

图 4-6 CPU224 晶体管输出电路接线

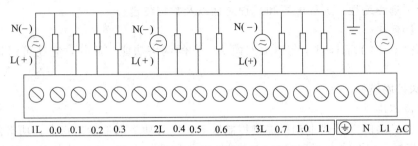

图 4-7 CPU224 继电器输出电路接线

在 YL-335B 输送单元中，由于需要输出高速脉冲驱动步进电机或伺服电机，PLC 采用晶体管输出型。

基于上述考虑，选用西门子 S7-200-226CN、DC/DC/DC 型 PLC。

4. 扩展模块

S7-200 系列 PLC 是模块式结构，可以通过配接各种扩展模块达到扩展功能、扩大控制能力以及提高输入和输出量的目的。目前 S7-200 主要有四大类扩展模块。

1）输入输出扩展模块

S7-200CPU 上已经集成了一定数量的数字量 I/O 点，但当用户需要更多 I/O 点时，必须对系统进行扩展。CPU221 无 I/O 扩展能力，CPU222 最多可连接两个扩展模块（数字量或模拟量），而 CPU224 和 CPU226 最多可连接七个扩展模块。

S7-200 系列 PLC 目前共提供五大类扩展模块，即数字量输入扩展板 EM221（8 路扩展输入）、数字量输出扩展板 EM222（8 路扩展输出）、数字量输入和输出混合扩展板 EM223（8 路输入/8 路输出，16 路输入/16 路输出，32 路输入/32 路输出）、模拟量输入扩展板 EM231（每个 EM231 可扩展 3 路模拟量输入通道，A/D 转换时间为 $25\mu s$，位数均为 12 位）、模拟量输入和输出混合扩展模板 EM235（每个 EM235 可同时扩展 3 路模拟输入和 1 路模拟量输出通道，其中 A/D 转换时间为 $25\mu s$，D/A 转换时间为 $100\mu s$，位数均为 12 位）。

基本单元通过其右侧的扩展接口用总线连接器（插件）与扩展单元左侧的扩展接口相连接。扩展单元正常工作需要 5V 直流工作电源，此电源由基本单元通过总线连接器提供；扩展单元的 24V 直流输入点和输出点电源可由基本单元的 24V 直流电源供电，但要注意基本单元提供最大电流的能力。

2）通信扩展模块

除了 CPU 集成通信口外，S7-200 还可以通过通信扩展模块连接成更大的网络。S7-200 系列目前有五种通信扩展模块。

（1）调制解调器

调制解调器 EM241 将 S7-200 与电话网络连接起来。这样就可以在全球范围内连接 S7-

200，而 S7-200 的数据和信息也可以传送到世界各地。

（2）PROFIBUS 从站模块

PROFIBUSDP 从站模块 EM277 将 S7-200 与 DP 网络连接起来。传送速度达到每秒 12Mb。母线最多可支持 99 台设备，可以通过旋转开关自由选择它们的站地址。

（3）AS 接口模块

AS 接口模块 CP243-2 使 S7-200 成为 AS 接口上的主站，最多可以连接 62 个 AS 接口从站。

（4）以太网模块

通过以太网模块 CP243-1 可将 S7-200 连接到工业以太网上。以太网端口连接 RJ45 插口。它实现了远程编程、远程配置和远程对话以及数据传送。

（5）工厂模块

IT 模块 CP243-1IT 提供了与以太网模块一样的网络功能。此外，它还可以扩展互联网的功能。

3）特殊扩展模块

（1）定位模块

定位模块 EM253 为步进电动机提供控制服务。它对功率部件发出指令，功率部件完成步进电动机的运转。EM253 每秒可发出 12～200000 个脉冲。它可以支持直线加速和直线减速。

（2）温度测量模块

温度测量模块存在于测量带阻抗温度的 RTD 模块或测量温差电偶的 TC 模块中，温度以 0.1℃ 为单位显示。

4.1.3　S7-200 系列 PLC 的内存结构

PLC 通过程序的运行实施控制的过程实质就是对存储器中数据进行操作或处理的过程。根据使用功能的不同，把存储器分为若干个区域和种类，这些由用户使用的每一个内部存储单元统称为软元件，各软元件有不同的功能，有固定的地址。软元件的数量决定了可编程控制器的规模和数据处理能力，每一种 PLC 的软元件是有限的。

1. S7-200 的内部软元件

为了方便理解，把 PLC 内部许多位地址空间的软元件定义为内部继电器（软继电器）。但要注意把这种继电器与传统电气控制电路中的继电器区别开来，这些软继电器的最大特点是线圈的通断实质就是其对应存储器位的置位与复位，在电路（梯形图）中使用其触点实质就是对其所对应的存储器位的读操作，因此其触点可以无限次使用。

编程时，用户只需要记住软元件的地址即可。每一软元件都有一个地址与之一一对应，其中软继电器的地址编排采用区域号加区域内编号的方式，即 PLC 内部根据软元件的功能不同，分成了许多区域，如输入/输出继电器、辅助继电器、定时器区、计数器区、顺序控制继电器、特殊标志继电器区等，分别用 I、Q、M、T、C、S、SM 等来表示。

（1）数字量输入继电器（I）

输入继电器也就是输入映像寄存器，每个 PLC 的输入端子都对应有一个输入继电器，它用于接收外部的开关信号。输入继电器的状态唯一地由其对应的输入端子的状态决定，在程序中不能出现输入继电器线圈被驱动的情况，只有当外部的开关信号接通 PLC 的相应输入端子的回路，则对应的输入继电器的线圈"得电"，在程序中其常开触点闭合，常闭触点断开。这些触点可以在编程时任意使用，使用数量（次数）不受限制。

所谓输入继电器的线圈"得电"，事实上并非真的有输入继电器的线圈存在，这只是一个存储器的操作过程。在每个扫描周期的开始，PLC 对各输入点进行采样，并把采样值存入输入映像寄存器。PLC在接下来的本周期各阶段不再改变输入映像寄存器中的值，直到下一个扫描周期的输入采样阶段。

需要特别注意的是，输入继电器的状态唯一的由输入端子的状态决定，输入端子接通则对应的输入继电器得电动作，输入端子断开则对应的输入继电器断电复位。在程序中试图改变输入继电器的状态的所有做法都是错误的。

数字量输入继电器用"I"表示，输入映像寄存器区属于位地址空间，范围为I0.0～I15.7，可进行位、字节、字、双字操作。实际输入点数不能超过这个数量，未用的输入映像寄存器区可以做其他编程元件使用，如可以当通用辅助继电器或数据寄存器，但这只有在寄存器的整个字节的所有位都未占用的情况下才可做他用，否则会出现错误执行结果。

（2）数字量输出继电器（Q）

输出继电器也就是输出映像寄存器，每个PLC的输出端子对应都有一个输出继电器。当通过程序使得输出继电器线圈"得电"时，PLC上的输出端开关闭合，它可以作为控制外部负载的开关信号。同时在程序中其常开触点闭合，常闭触点断开。这些触点可以在编程时任意使用，使用次数不受限制。

数字量输出继电器用"Q"表示，输出映像寄存器区属于位地址空间，范围为Q0.0～Q15.7，可进行位、字节、字、双字操作。实际输出点数不能超过这个数量，未用的输出映像区可做他用，用法与输入继电器相同。在PLC内部，输出映像寄存器与输出端子之间还有一个输出锁存器。在每个扫描周期的输入采样、程序执行等阶段，并不把输出结果信号直接送到输出锁存器，而只是送到输出映像寄存器，只有在每个扫描周期的末尾才将输出映像寄存器中的结果信号几乎同时送到输出锁存器，对输出点进行刷新。另外需要注意的是，不要把继电器输出型的输出单元中的真实的继电器与输出继电器相混淆。

（3）通用辅助继电器（M）

通用辅助继电器如同电气控制系统中的中间继电器，在PLC中没有输入输出端与之对应，因此通用辅助继电器的线圈不直接受输入信号的控制，其触点也不能直接驱动外部负载。所以，通用辅助继电器只能用于内部逻辑运算。

通用辅助继电器用"M"表示，通用辅助继电器区属于位地址空间，范围为M0.0～M31.7，可进行位、字节、字、双字操作。

（4）特殊标志继电器（SM）

有些辅助继电器具有特殊功能或存储系统的状态变量、有关的控制参数和信息，我们称为特殊标志继电器。用户可以通过特殊标志来沟通PLC与被控对象之间的信息，如可以读取程序运行过程中的设备状态和运算结果信息，利用这些信息用程序实现一定的控制动作。用户也可通过直接设置某些特殊标志继电器位来使设备实现某种功能。

特殊标志继电器用"SM"表示，特殊标志继电器区根据功能和性质不同具有位、字节、字和双字操作方式。其中SMB0、SMB1为系统状态字，只能读取其中的状态数据，不能改写，可以位寻址。系统状态字中部分常用的标志位说明如下：

SM0.0：始终接通；

SM0.1：首次扫描为1，以后为0，常用来对程序进行初始化；

SM0.2：当机器执行数学运算的结果为负时，该位被置1；

SM0.3：开机后进入RUN方式，该位被置1一个扫描周期；

SM0.4：该位提供一个周期为1min的时钟脉冲，30s为1，30s为0；

SM0.5：该位提供一个周期为1min的时钟脉冲，0.5s为1，0.5s为0；

SM0.6：该位为扫描时钟脉冲，本次扫描为1，下次扫描为0；

SM1.0：当执行某些指令，其结果为 0 时，将改位置 1；

SM1.1：当执行某些指令，其结果溢出或为非法数值时，将改位置 1；

SM1.2：当执行数学运算指令，其结果为负数时，将改位置 1；

SM1.3：试图除以 0 时，将该位置 1。

（5）变量存储器

变量存储器用来存储变量。它可以存放程序执行过程中控制逻辑操作的中间结果，也可以使用变量存储器来保存与工序或任务相关的其他数据。

变量存储器用"V"表示，变量存储器区属于位地址空间，可进行位操作，但更多的是用于字节、字、双字操作。变量存储器也是 S7-200 中空间最大的存储区域，所以常用来进行数学运算和数据处理，存放全局变量数据。

（6）局部变量存储器

局部变量存储器用来存放局部变量。局部变量与变量存储器所存储的全局变量十分相似，主要区别是全局变量是全局有效的，而局部变量是局部有效的。全局有效是指同一个变量可以被任何程序访问；而局部有效是指变量只和特定的程序相关联。

S7-200 PLC 提供 64 个字节的局部存储器，其中 60 个可以作暂时存储器或给子程序传递参数。主程序、子程序和中断程序在使用时都可以有 64 个字节的局部存储器可供使用。不同程序的局部存储器不能互相访问。机器在运行时，根据需要动态地分配局部存储器。在执行主程序时，分配给子程序或中断程序的局部变量存储区是不存在的，当子程序调用或出现中断时，需要为之分配局部存储器，新的局部存储器可以是曾经分配给其他程序块的同一个局部存储器。

局部变量存储器用"L"表示，局部变量存储器区属于位地址空间，可进行位操作，也可以进行字节、字、双字操作。

（7）顺序控制继电器（S）

顺序控制继电器用"S"表示，顺序控制继电器区属于位地址空间，可进行位操作，也可以进行字节、字、双字操作。

（8）定时器（T）

定时器的工作过程与继电器接触器控制系统的时间继电器基本相同。使用时要提前输入时间预置值。当定时器的输入条件满足后就开始计时，当前值从 0 开始按一定的时间单位增加，当定时器的当前值达到预置值时，定时器动作，此时它的常开触点闭合，常闭触点断开。

（9）计数器（C）

计数器用来累计内部事件的次数，它可以用来累计内部任何编程元件动作的次数，也可以通过输入端子累计外部事件发生的次数，是应用非常广泛的编程元件，经常用来对产品进行计数或进行特定功能的编程。使用时要提前输入它的设定值（计数的个数）。当输入触发条件满足时，计数器开始累计其输入端脉冲电位跳变（上升沿或下降沿）的次数；当计数器计数达到预定的设定值时，其常开触点闭合，常闭触点断开。

（10）模拟量输入映像寄存器（AI）和模拟量输出映像寄存器（AQ）

模拟量输入电路用以实现模拟量/数字量（A/D）之间的转换，而模拟量输出电路用以实现数字量/模拟量（D/A）之间的转换，PLC 处理的是其中的数字量。

在模拟量输入/输出映像寄存器中，数字量的长度为 1 字长（16 位），且从偶数号字节进行编址来存取转换前后的模拟量值，如 0、2.4、6.8。编址内容包括元件名称、数据长度和起始字节的地址，模拟量输入映像寄存器用 AI 表示、模拟量输出映像寄存器用 AQ 表示，如：AIW10，AQW4 等。

PLC 对这两种寄存器的存取方式不同的是，模拟量输入寄存器只能作读取操作，而对模拟量输出寄存器只能作写入操作。

（11）高速计数器（HC）

高速计数器的工作原理与普通计数器基本相同，它用来累计比主机扫描速率更快的高速脉冲。高速计数器的当前值为双字长（32 位）的整数，且为只读值。

高速计数器的数量很少，编址时只用名称 HC 和编号，如：HC2。

（12）累加器（AC）

S7-200PLC 提供 4 个 32 位累加器，分别为 AC0、AC1、AC2、AC3，累加器（AC）是用来暂存数据的寄存器，它可以用来存放数据如运算数据、中间数据和结果数据，也可用来向子程序传递参数，或从子程序返回参数，使用时只表示出累加器的地址编号，如 AC0。

几种常数形式分别如表 4-4 所示。注意表中的"＃"为常数的进制格式说明符，如果常数无任何格式说明符，则系统默认为十进制数。

表 4-4　几种常数形式

进制	书写格式	举　　例
十进制	十进制数值	2562
十六进制	16＃十六进制	16＃4E5F
二进制	2＃二进数值	2＃1010-0110-1101-0001
ASCⅡ码	"ASCⅡ码文本"	"Text"
实数	ANSI/IEEE 754-1985 标准	+1.175495E-38 到 +3.402823E+38
		+1.175495E-38 到 +3.402823E+38

2. S7-200 的 PLC 的寻址

（1）直接寻址

S7-200 将信息存储在存储器中，存储单元按字节进行编址，无论所寻址的是何种数据类型，通常应指出它所在存储区域内的字节地址，每个单元都有唯一的地址，这种直接指出元件名称的寻址方式称为直接寻址。

按位寻址时的格式为：Ax.y，使用时必须指定元件名称、字节地址和位号，如图 4-8 所示。

图 4-8　CPU 存储器中位数据表示方法（字节、位寻址）

存储区内另有一些元件是具有一定功能的器件，由于元件数量很少，所以不用指出它们的字节，而是直接写出其编号。这类元件包括：定时器（T）、计数器（C）、高速计数器（HC）和累加器（AC）。其中 T、C 和 HC 的地址编号中各包含两个相关变量信息，如 T10，既表示 T10 的定时器位状态，又表示此定时器的当前值。

还可以按字节编址的形式直接访问字节、字和双字数据，使用时需指明元件名称、数据类型和存储区域内的首字节地址。图 4-9 所示是以变量存储器为例分别存取 3 种长度数据的比较。

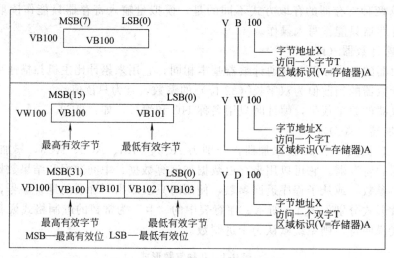

图 4-9 存取 3 种长度数据的比较

（2）间接寻址

间接寻址方式是指数据存放在存储器或寄存器，在指令中只出现所需数据所在单元的内存地址的地址。存储单元地址的地址又称为地址指针。这种间接寻址方式与计算机的间接寻址方式相同。间接寻址在处理内存连续地址中的数据时非常方便，而且可以缩短程序所生成的代码长度，使编程更加灵活。

可以用指针进行间接寻址的存储区有：输入继电器 I、输出继电器 Q、通用辅助继电器 M、变量存储器 V、顺序控制继电器 S、定时器 T 和计数器 C。其中 T 和 C 仅仅是当前值可以进行间接寻址，而对独立的位值和模拟量值不能进行间接寻址。

（3）本地 I/O 和扩展 I/O 的寻址

S7-200PLC 对 I/O 有规定的寻址原则。每一种 CPU 模块都具有固定数量的数字量 I/O，称为本地 I/O，本地 I/O 具有固定的地址，地址号分别从 I0.0 和 Q0.0 开始，连续编号。

表 4-5 所示为一个特定的系统配置中的 I/O 地址分配。在系统的扩展链中依次连接着 CPU224、EM223、EM221、EM235、EM222、EM235，如果扩展模块在扩展链中的先后位置发生变化，则其地址也跟着发生变化。

表 4-5 CPU 224 系统输入/输出组态状况

CPU 224		EM223 DI4/DO4		EM221 DI8	EM235 AI4/AO1		EM222 DO8	EM235 AI4/AO1	
I0.0	Q0.0								
I0.1	Q0.1								
I0.2	Q0.2								
I0.3	Q0.3			I3.0			Q3.0		
I0.4	Q0.4			I3.1			Q3.1		
I0.5	Q0.5	I2.0	Q2.0	I3.2	AIW 0	AQW0	Q3.2	AIW 8	AQW4
I0.6	Q0.6	I2.1	Q2.1	I3.3	AIW 2		Q3.3	AIW 10	
I0.7	Q0.7	I2.2	Q2.2	I3.4	AIW 4		Q3.4	AIW 12	
I1.0	Q1.0	I2.3	Q2.3	I3.5	AIW 6		Q3.5	AIW 14	
I1.1	Q1.1			I3.6			Q3.6		
I1.2				I3.7			Q3.7		
I1.3									
I1.4									
I1.5									

4.2 基本控制指令及其应用

SIMATIC S7-200 系列 PLC 的指令系统分为梯形图、语句表、功能块图三种形式。不论哪一种指令形式，都由某种图形符号或操作码以及操作数组成。

1. 梯形图（LAD）程序指令

梯形图程序指令的基本逻辑元素是触点、线圈、功能框和地址符。触点有常开、常闭等类型，用于代表输入控制信息，当一个常开触点闭合时，能流可从此触点流过；线圈代表输出，当线圈有能流流过时，输出便被接通；功能框代表一种复杂的操作，它可以使程序大大简化；地址符用于说明触点、线圈、功能框的操作对象。

2. 语句表（STL）程序指令

语句表程序指令由操作码和操作数组成，类似于计算机的汇编语言。它的图形显示形式即为梯形图程序指令，语句表程序指令则显示为文本格式。

3. 功能块图（FBD）程序指令

功能块图程序指令由功能框元素表示。"与"（AND）/"或"（OR）功能块图程序指令如同梯形图程序指令中的触点一样用于操作布尔信号；其他类型的功能块图与梯形图程序指令中的功能框类似。

三种程序指令的类型可以相互转换，如图 4-10 所示。

图 4-10 同一功能的梯形图、语句表、功能块图程序指令

4.2.1 基本位逻辑指令及其应用

位操作指令是 PLC 常用的基本指令，常用的基本位逻辑指令见表 4-6。

表 4-6 基本逻辑指令

指令格式	功能描述	梯形图举例与对应指令	操作数
LD bit	装载，常开触点逻辑运算的开始，对应梯形图则为在左侧母线或线路分支点处初始装载一个常开触点	I0.1　　　　LD　I0.1	I、Q、M、SM、T、C、V、S
LDN bit	取反后装载，常闭触点逻辑运算的开始，对应梯形图则为在左侧母线或线路分支点处初始装载一个常闭触点	I0.1　　　　LDN I0.1	
A bit	与操作，在梯形图中表示串联连接单个常开触点	I0.1　I0.2　　LD I0.1　A I0.2	
AN bit	与非操作，在梯形图中表示串联连接单个常闭触点	I0.1　I0.2　　LD I0.1　AN I0.2	
O bit	或操作，在梯形图中表示并联连接一个常开触点	I0.1　　LD I0.1　Q0.1　O Q0.1	
ON bit	或非操作，在梯形图中表示并联连接一个常闭触点	I0.1　　LD I0.1　Q0.1　ON Q0.1	

续表

指令格式	功能描述	梯形图举例与对应指令	操作数
= bit	输出指令与梯形图中的线圈相对应。驱动线圈的触点电路接通时,有"能流"流过线圈,输出指令指定的位对应的映像寄存器的值为1,反之为0。被驱动的线圈在梯形图中只能使用一次。"="可以并联使用任意次,但不能串联	I0.0　　Q0.0　　LD I0.0= ├─┤ ├─────( )　　Q0.0	Q、M、SM、T、C、V、S,但不能用于输入映像寄存器 I
EU ED	EU 指令─┤P├─:在 EU 指令前的逻辑运算结果有一个上升沿时(由 OFF→ON)产生一个宽度为一个扫描周期的脉冲,驱动后面的输出线圈 ED 指令─┤N├─:在 ED 指令前有一个下降沿时,产生一个宽度为一个扫描周期的脉冲,驱动其后线圈	网络1 I0.0　　　　　M0.0 ├─┤ ├──┤P├──( ) 网络2 M0.0　　　　　Q0.0 ├─┤ ├──────(S)　1 网络3 I0.1　　　　　M0.1 ├─┤ ├──┤N├──( ) 网络4 M0.1　　　　　Q0.0 ├─┤ ├──────(R)　1 I0.0 M0.0 ├─扫描周期 I0.1 M0.1 Q0.0 网络1 LD I0.0 EU =M0.0 网络2 LD M0.0 S Q0.0.1 网络3 LDI0.1　ED =M0.1 网络4 LD M0.1 R Q0.0.1	无操作数
S S-bit,N R S-bit,N	置位指令 S、复位指令 R,在使能输入有效后对从起始位 S-bit 开始的 N 位置"1"或置"0"并保持 对同一元件(同一寄存器的位)可以多次使用 S/R 指令(与"="指令不同) 由于是扫描工作方式,当置位、复位指令同时有效时,写在后面的指令具有优先权 置位复位指令通常成对使用,也可以单独使用或与指令盒配合使用	网络1 [I1.0接通M1.0,M0.0-M0.5将置为1] I0.0　　　M1.0 ├─┤ ├───(S)　1 　　　　　M0.0 　　　　　(S)　6 网络2 [I0.1接通M1.0,M0.0-M0.5将置为0] I0.1　　　M1.0 ├─┤ ├───(R)　1 　　　　　M0.0 　　　　　(R)　6 网络1 LD I0. 0S M1.0, 1S M0.0, 6 网络2 LD I0. 1R M1.0, 1R M0.0, 6	操作数 N:VB、IB、QB、MB、SMB、SB、LB、AC,常量,* VD、* AC、* LD。取值范围为 0~255 操作数 S-bit:I、Q、M、SM、T、C、V、S,L

实例 1:启动、保持、停止电路。

用 PLC 实现三相异步电动机连续运转控制,如图 4-11 所示,按图接线并输入程序调试。控制要求:①按下启动按钮,电动机连续运转,按下停止按钮电动机停止运转;②要求有过载保护、短路保护。

完成任务所需步骤如下。

(1)主电路和 PLC 外部接线图

如图 4-11 所示,输入端的电源利用 PLC 所提供的 24V 直流电源,实际接线也可以外接 24V 直流电源。输出负载的电源为 AC220V。

(2)列出 I/O 分配表

启动按钮 SB1-I0.0,停止按钮 SB2-I0.1;交流接触器 KM-Q0.0。

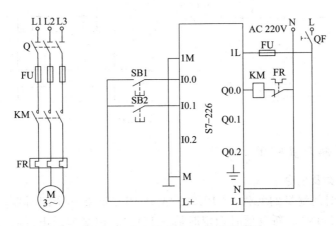

图 4-11　主电路和 PLC 外部接线图

（3）程序设计

电动机的连续运转控制可以利用启动、保持和停止电路来实现。（简称为"启保停"电路），如图 4-11 所示。由外部接线图可知，输入映像寄存器 I0.0 的状态与启动常开按钮 SB1 的状态相对应，输入映像寄存器 I0.1 的状态与停止常开按钮 SB2 的状态相对应。而程序运行结果写入输出映像寄存器 Q0.0，并通过输出电路控制负载。

（4）运行并调试程序

① 输入图 4-12 的程序。下载程序到 PLC，并对程序进行调试，按下按钮 SB1，观察 KM 的工作状态。再按下 SB2，观察 KM 的工作状态。

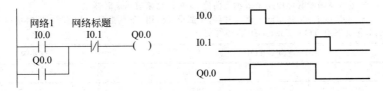

图 4-12　电动机启保停控制梯形图和时序图

② 调试过程用"程序状态"或"状态图"对元件的动作进行监控并记录。

③ 还可以用 S、R 指令设计出与其功能一致的梯形图，如图 4-13 所示。

实例 2：分频电路。

用 PLC 可以实现对输入信号的任意分频。图

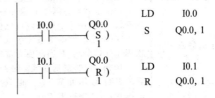

图 4-13　用 S、R 指令实现启保停控制

4-14 是一个二分频电路。将脉冲信号加到 I0.0 端，在第一个脉冲的上升沿到来时，M0.0 产生一个扫描周期的单脉冲，使 M0.0 的常开触点闭合，由于 Q0.0 的常闭触点闭合，Q0.0 线圈接通；下一个扫描周期中，Q0.0 的常闭触点断开，但 Q0.0 的常开触点闭合，此时，M0.0 的常闭触点闭合，Q0.0 保持接通状态。

直到第二个脉冲上升沿到来时，M0.0 又产生一个扫描周期的单脉冲，此时 Q0.0 的常开触点闭合，Q0.0 的常闭触点断开，Q0.0 线圈断开。

直至第三个脉冲上升沿到来时，Q0.0 的线圈又接通并且保持，以后循环往复。输出信号 Q0.0 是输入信号 I0.0 的二分频。

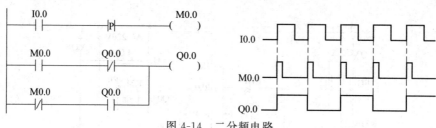

图 4-14　二分频电路

4.2.2　定时器及其应用

1. 定时器的种类及指令

定时器是累计时间增量的元件，CPU22X 系列 PLC 有 256 个定时器，按工作方式分有通电延时定时器（TON）、断电延时型定时器（TOF）、记忆型通电延时定时器（TONR）。有 1ms、10ms、100ms 三种时基标准，定时器号决定了定时器的时基，如表 4-7 所示。

表 4-7　定时器的种类及指令格式

定时器种类	TON-通电延时定时器		TOF-断电延时型定时器		TONR-记忆型通电延时定时器	
LAD	???? ——IN　TON ????-PT　???ms		???? ——IN　TOF ????-PT　???ms		???? ——IN　TONR ????-PT　???ms	
STL	TON Txx,PT		TOF Txx,PT		TONR Txx,PT	
定时器指令说明	·IN 是使能输入端,指令盒上方输入定时器的编号(Txx),范围为 T0～T255;PT 是预置值输入端,最大预置值为 32767,PT 的数据类型:INT ·PT 操作数有:IW、QW、MW、SMW、T、C、VW、SW、AC,常数 ·定时器编号既可以用来表示当前值,也可以用来表示定时器位 ·TOF 和 TON 共享同一组定时器,不能重复使用,即不能把一个定时器同时用作 TOF 和 TON,例如,不能既有 TON T32,又有 TOF T32					
工作方式	TON/TOF			TONR		
分辨率/ms	1	10	100	1	10	100
最大定时范围/s	32.767	327.67	3276.7	32.767	327.67	3276.7
定时器编号	T32,T96	T33～T36, T97～T100	T37～T63, T101～T255	T0,T64	T1～T4, T65～T68	T5～T31, T69～T95
定时器刷新方式	·1ms 定时器每隔 1ms 刷新一次,与扫描周期和程序处理无关,即采用中断刷新方式。因此当扫描周期较长时,在一个周期内可能被多次刷新,其当前值在一个扫描周期内不一定保持一致 ·10ms 定时器则由系统在每个扫描周期开始自动刷新,由于每个扫描周期内只刷新一次,故而每次程序处理期间,其当前值为常数 ·100ms 定时器则在该定时器指令执行时刷新下一条执行的指令,即可使用刷新后的结果,符合正常的思路,使用可靠方便。但应当注意,如果该定时器的指令不是每个周期都执行,定时器就不能及时刷新,可能导致出错					

每个定时器均有一个 16 位的当前值寄存器用以存放当前值（16 位符号整数）；一个 16 位的预置值寄存器用以存放时间的设定值；还有一位状态位，反映其触点的状态。最小计时单位为时基脉冲的宽度，又为定时精度；从定时器输入有效，到状态位输出有效，经过的时间为定时时间，即：定时时间＝预置值（PT）×时基。

2. 定时器的工作原理

（1）通电延时定时器（TON）

通电延时定时器用于单一间隔的定时。当 IN 端接通时，定时器开始计时，当前值从 0 开始递增，计时到设定值 PT 时，定时器状态位置 1，其常开触点接通，其后当前值仍增加，但不影响状态位。当前值的最大值为32767。当IN端断开时，定时器复位，当前值清0，状态位也清0。若IN端接通时间未到设定值就断开，定时器则立即复位，如图4-15所示。

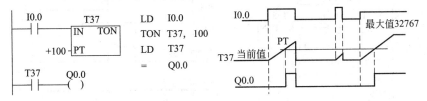

图4-15 通电延时定时器工作原理

（2）记忆型通电延时定时器（TONR）

记忆型通电延时定时器用于累计时间间隔的定时。当IN端接通后，定时器开始计时，当前值递增，当前值大于或等于预置值（PT）时，输出状态位置1。IN端断开时，当前值保持，IN端再次接通有效时，在原记忆值的基础上递增计时。注意：TONR记忆型通电延时型定时器采用线圈复位指令R进行复位操作，当复位线圈有效时，定时器当前位清零，输出状态位置0。如图4-16所示。

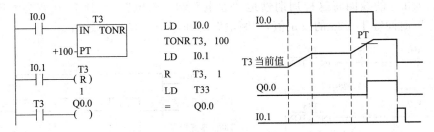

图4-16 记忆型通电延时定时器工作原理

（3）断电延时型定时器（TOF）

断电延时定时器用于故障事件发生后的时间延时。断电延时型定时器用来在输入断开，延时一段时间后，才断开输出。IN端输入有效时，定时器输出状态位立即置1，当前值复位为0。IN端断开时，定时器开始计时，当前值从0递增，当前值达到预置值时，定时器状态位复位为0，并停止计时，当前值保持。如果输入断开的时间，小于预定时间，定时器仍保持接通。IN再接通时，定时器当前值仍设为0。如图4-17所示。

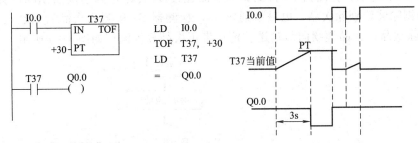

图4-17 断电延时型定时器工作原理

3. 定时器的应用

实例3：延时接通、断开电路

如图4-18所示，I0.0的常开触点接通后，T37始定时，9s后T37的常开触点接通，使Q0.1变为ON，I0.0为ON时其常闭触点断开，使T38复位。I0.0变为OFF后T38开始定时，7s后T38的常闭触点断开，使Q0.1变为OFF，T38亦被复位。

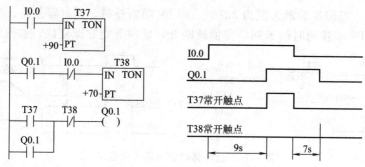

图 4-18　延时接通、断开电路

实例 4：闪烁电路

如图 4-19 所示，I0.0 的常开触点接通后，T37 的 IN 输入端为 1 状态，T37 开始定时。2s 后定时时间到，T37 的常开触点接通，使 Q0.0 变为 ON，同时 T38 开始计时。3s 后 T38 的定时时间到，它的常闭触点断开，使 T37 的 IN 输入端变为 0 状态，T37 的常开触点断开，Q0.0 变为 OFF，同时使 T38 的 IN 输入端变为 0 状态，其常闭触点接通，T37 又开始定时，以后 Q0.0 的线圈将这样周期性地"通电"和"断电"，直到 I0.0 变为 OFF。Q0.0 线圈"通电"时间等于 T38 的设定值，"断电"时间等于 T37 的设定值。

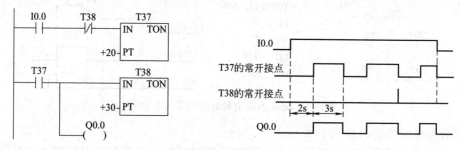

图 4-19　闪烁电路

实例 5：完成传送带正次品分拣系统的设计

控制要求如下。

① 使用启动和停止按钮控制传送带电动机 M 的运行和停止。

② 如图 4-20 所示，检测器 S1 检测到的次品经过 5s 传送，到达次品剔除位置，启动电磁铁 Y 驱动剔除装置剔除次品，电磁铁通电 1s，检测器 S2 检测到次品后，经过 3s 传送后启动 Y，剔除次品；正品继续向前输送。传送带正次品分拣流程如图 4-20 所示。

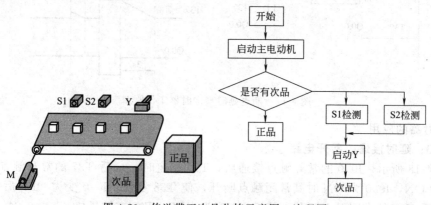

图 4-20　传送带正次品分拣示意图、流程图

完成任务所需步骤。

① 分析任务，根据控制要求设计 I/O 分配表，如表 4-8 所示。并绘制传送带正次品分拣系统的 PLC 外部接线图。

表 4-8　系统 I/O 分配表

输入信号			输出信号		
名称	代号	对应输入点	名称	代号	对应输入点
M 启动按钮	SB1	I0.0	传送带驱动电机	M	Q0.0
M 停止按钮	SB2	I0.1	次品剔除电磁铁	Y	Q0.1
检测开关 1	S1	I0.2			
检测开关 2	S2	I0.3			

② 按照所绘制的 PLC 外部接线图进行接线。

③ 根据控制要求设计程序，参考程序如图 4-21 所示。

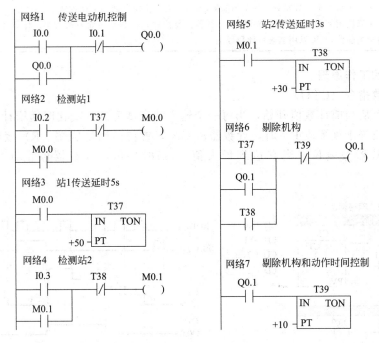

图 4-21　传送带正次品分拣参考程序

④ 下载程序到 PLC，并对程序进行调试。

4.2.3　计数器及其应用

1. 计数器的种类及格式

计数器用来累计输入脉冲的个数。主要由一个 16 位的预置值寄存器、一个 16 位的当前值寄存器和一位状态位组成。当前值寄存器用以累计脉冲个数，计数器当前值大于或等于预置值时，状态位置 1。S7-200 系列 PLC 有三类计数器：CTU—加计数器，CTUD—加/减计数器，CTD—减计数器。计数器的种类及指令格式如表 4-9 所示。

表 4-9　计数器的种类及指令格式

计数器种类	CTU	CTD	CTUD
LAD	???? CU　CTU R ????-PV	???? CD　CTD LD ????-PV	???? CU　CTUD CD R ????-PV
STL	CTU Cxxx,PV	CTD Cxxx,PV	CTUD Cxxx,PV
计数器指令 使用说明	·梯形图指令符号中,CU 为加计数脉冲输入端,CD 为减计数脉冲输入端;R 为加计数复位端;LD 为减计数复位端;PV 为预置值 ·Cxxx 为计数器的编号,范围为:C0～255 ·PV 预置值最大范围:32767;PV 的数据类型:INT;PV 操作数为:VW、IW、QW、MW、SMW、LW、AIW、AC、T、C、常量、* VD、* AC、* LD、SW ·CTU/CTUD/CTD 指令使用要点:STL 形式中 CU、CD、R、LD 的顺序不能错;CU、CD、R、LD 信号可为复杂逻辑关系 ·由于每一个计数器只有一个当前值,所以不要多次定义同一个计数器 ·当使用复位指令复位计数器时,计数器位复位并且计数器当前值被清零。计数器标号既可以用来表示当前值,又可以用来表示计数器位		

2. 计数器的工作原理

（1）加计数指令（CTU）

加计数指令从当前计数值开始，当每一个输入状态从低到高变化时递增计数。当 C×× 的当前值大于或等于预置值 PV 时，计数器位 C×× 置位。当复位端（R）接通或者执行复位指令后，计数器被复位。当它达到最大值（32767）后，计数器停止计数。如图 4-22 所示。

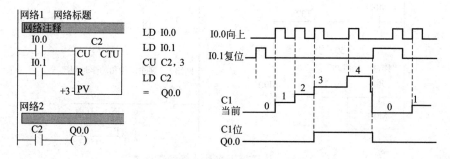

图 4-22　加计数器

（2）加/减计数指令（CTUD）

如图 4-23 所示，加/减计数指令（CTUD），在每一个加计数输入（CU）由低到高变化时增计数，在每一个减计数输入（CD）由低到高变化时减计数。计数器的当前值 C×× 保存当前计数值。在每一次计数器执行时，预置值 PV 与当前值作比较。当达到最大值（32767）时，在增计数输入处的下一个上升沿导致当前计数值变为最小值（−32768）。当达到最小值（−32768）时，在减计数输入端的下一个上升沿导致当前计数值变为最大值（32767）。当 C×× 的当前值大于或等于预置值 PV 时，计数器位 C×× 置位。否则，计数器位关断。当复位端（R）接通或者执行复位指令后，计数器被复位。

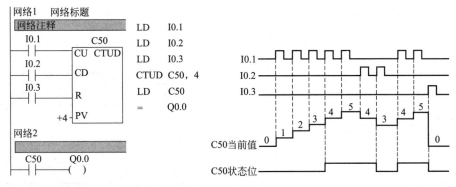

图 4-23 加/减计数指令

（3）减计数指令（CTD）

减计数指令从当前计数值开始，在每一个输入状态低到高变化时递减计数。当 C×× 的当前值等于 0 时，计数器位 C×× 置位。当装载输入端（LD）接通时，计数器位被复位，并将计数器的当前值设为预置值 PV。当计数值到 0 时，计数器停止计数，计数器位 C×× 接通。如图 4-24 所示。

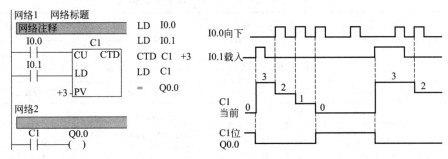

图 4-24 减计数指令

3. 计数器指令的基本应用

实例 6：计数器的扩展

S7-200PLC 的计数器最大的计数范围是 32767，若需更大的计数范围，则需要对其进行扩展，梯形图如图 4-25 所示，扩展的方法是计数脉冲从第一个计数器的计数脉冲输入端输入，将第一个计数器的状态位作为下一个计数器的脉冲输入，依次类推。在第一个计数器中如果将计数器位的常开触点作为复位输入信号，则可以实现循环计数。由于计数器扩展后构成一个新的计数器，因此每个计数器的复位端上应该有相同的复位信号，以保证所有的计数器能够同时复位。如果是手动复位可以在复位端上接上手动复位按钮对应的输入继电器的常开触点，若要求开机初始化复位则在复位端上接上特殊存储器位 SM0.1。

实例 7：计数器控制的单按钮起停电路

用一个按钮控制电动机的运行，按一次按钮电动机运行，再一次按钮电动机停止，如此循环，如图 4-26 所示。

4.2.4 基本功能指令及其应用

1. 数据传送指令

数据传送指令 MOV，用来传送单个的字节、字、双字、实数。指令格式及功能如表 4-10 所示。

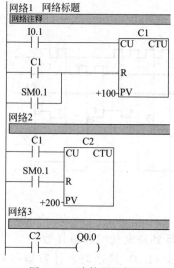

图 4-25　计数器的扩展

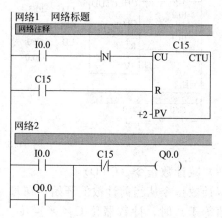

图 4-26　计数器控制的单按钮启停电路

表 4-10　单个数据传送指令 MOV 指令格式

	MOV_B	MOV_W	MOV_DW	MOV_R
LAD	EN ENO ????-IN OUT-????	EN ENO ????-IN OUT-????	EN ENO ????-IN OUT-????	EN ENO ????-IN OUT-????
STL	MOVB IN,OUT	MOVW IN,OUT	MOVD IN,OUT	MOVR IN,OUT
操作数及数据类型	IN：VB、IB、QB、MB、SB、SMB、LB、AC、常量 OUT：VB、IB、QB、MB、SB、SMB、LB、AC	IN：VW、IW、QW、MW、SW、SMW、LW、T、C、AIW、常量、AC OUT：VW、T、C、IW、QW、MW、SW、SMW、LW、AC、AQW	IN：VD、ID、QD、MD、SD、SMD、LD、HC、AC、常量 OUT：VD、ID、QD、MD、SD、SMD、LD、AC	IN：VD、ID、QD、MD、SD、SMD、LD、AC、常量 OUT：VD、ID、QD、MD、SD、SMD、LD、AC
	字节	字、整数	双字、双整数	实数
功能	使能输入有效时，即 EN=1 时，将一个输入 IN 的字节、字/整数、双字/双整数或实数送到 OUT 指定的存储器输出。在传送过程中不改变数据的大小，传送后，输入存储器 IN 中的内容不变。			

2. 移位指令

移位指令是对无符号数进行的处理，执行时只要考虑要移位的存储单元的每一位数字状态，而不管数据的值的大小。移位指令分为左、右移位和循环左、右移位及寄存器移位指令三大类。前两类移位指令按移位数据的长度又分字节型、字型、双字型 3 种。

（1）左移和右移指令

见表 4-11。

左移和右移指令将输入值 IN 左移或右移 N 位，并将结果装载到输出 OUT 中。对移出的位自动补零。如果位数 N 大于或等于最大允许值（对于字节操作为 8，对于字操作为 16，对于双字操作为 32），那么移位操作的次数为最大允许值。

如果移位次数大于 0，溢出标志位（SM1.1）上就是最近移出的位值。如果移位操作的结果为 0，零存储器位（SM1.0）置位。左、右移位指令格式及功能见表 4-11，左、右移位指令的使用如图 4-27 所示。

表 4-11　移位指令格式及功能

LAD	SHL_B / SHR_B	SHL_W / SHR_W	SHL_DW / SHR_DW
STL	SLB OUT,N SRB OUT,N	SLW OUT,N SRW OUT,N	SLD OUT,N SRD OUT,N
操作数及 数据类型	IN：VB、IB、QB、MB、SB、SMB、LB、AC,常量 　OUT：VB、IB、QB、MB、SB、SMB、LB、AC 数据类型:字节	IN：VW、IW、QW、MW、SW、SMW、LW、T、C、AIW,常量，AC 　OUT：VW、T、C、IW、QW、MW、SW、SMW、LW、AC 数据类型:字	IN：VD、ID、QD、MD、SD、SMD、LD、HC、AC,常量 　OUT：VD、ID、QD、MD、SD、SMD、LD、AC 数据类型:双字
	N：VB、IB、QB、MB、SB、SMB、LB、AC,常量;数据类型:字节;数据范围:N≤数据类型(B、W、D)对应的位数。		
功能	SHL:字节、字、双字左移 N 位;SHR:字节、字、双字右移 N 位。		

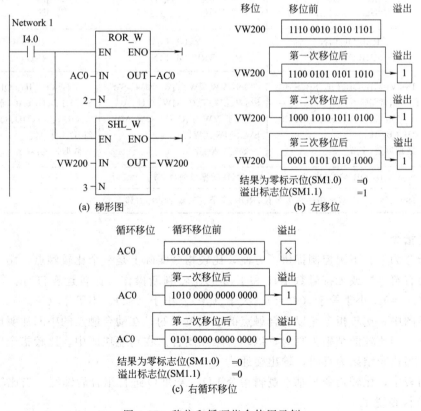

(a) 梯形图　　(b) 左移位

(c) 右循环移位

图 4-27　移位和循环指令使用示例

（2）循环左、右移位

循环移位指令将输入值 IN 循环右移或者循环左移 N 位，并将输出结果装载到 OUT 中。如果位数 N 大于或者等于最大允许值（对于字节操作为 8，对于字操作为 16，对于双字操作为 32），S7-200 在执行循环移位之前，会执行取模操作，得到一个有效的移位次数。移位次数的取模操作的结果，对于字节操作是 0 到 7，对于字操作是 0 到 15，而对于双字操作是 0 到 31。

如果移位次数为 0，循环移位指令不执行。如果循环移位指令执行，最后一位的值会复制到溢出标志位（SM1.1）。如果移位次数不是 8（对于字节操作）、16（对于字操作）和 32（对于双字操作）的整数倍，最后被移出的位会被复制到溢出标志位（SM1.1）。当要被循环移位的值是零时，零标志位（SM1.0）被置位。

循环移位指令的格式和功能见表 4-12。使用方法如图 4-27 所示。

表 4-12　循环左、右移位指令格式及功能

LAD	ROL_B / ROR_B	ROL_W / ROR_W	ROL_DW / ROR_DW
STL	RLB OUT,N RRB OUT,N	RLW OUT,N RRW OUT,N	RLD OUT,N RRD OUT,N
操作数及数据类型	IN：VB、IB、QB、MB、SB、SMB、LB、AC，常量 OUT：VB、IB、QB、MB、SB、SMB、LB、AC 数据类型：字节	IN：VW、IW、QW、MW、SW、SMW、LW、T、C、AIW，常量，AC OUT：VW、T、C、IW、QW、MW、SW、SMW、LW、AC 数据类型：字	IN：VD、ID、QD、MD、SD、SMD、LD、HC、AC，常量 OUT：VD、ID、QD、MD、SD、SMD、LD、AC 数据类型：双字
	N：VB、IB、QB、MB、SB、SMB、LB、AC，常量；数据类型：字节。		
功能	ROL：字节、字、双字循环左移 N 位；ROR：字节、字、双字循环右移 N 位。		

3. 比较指令

比较指令为上、下限控制提供了方便，比较指令实际上是一个比较触点，用于两个相同数据类型的有符号数或无符号数 IN1 和 IN2 的比较判断操作。比较运算符有：等于（＝）、大于等于（＞＝）、小于等于（＜＝）、大于（＞）、小于（＜）、不等于（＜＞）。

在梯形图中，比较指令是以动合触点的形式编程的，在动合触点的中间注明比较参数和比较运算符，当比较的结果为真时，该动合触点闭合。在功能块图中，比较指令以功能框的形式编程，当比较结果为真时，输出接通。

在语句表中，比较指令与基本逻辑指令 LD，A 和 O 进行组合后编程，当比较结果为真时，PLC 将栈顶置 1。

比较指令的类型有：字节（BYTE）比较、整数（INT）比较、双字整数（DINT）比较和实数（REAL）比较。操作数 IN1 和 IN2 的寻址范围如表 4-13 所示。

表 4-13　比较指令的操作数 IN1 和 IN2 的寻址范围

操作数	类型	寻 址 范 围
IN1 IN2	BYTE	VB、IB、QB、MB、SB、SMB、LB、AC，* VD、* AC、* LD 和常数
	INT	VW、IW、QW、MW、SW、SMW、LW、T、C、AIW、AC、* VD、* AC、* LD 和常数
	DINT	VD、ID、QD、MD、SD、SMD、LD、HC、AC、* VD、* AC、* LD 和常数
	REAL	VD、ID、QD、MD、SD、SMD、LD、AC、* VD、* AC、* LD 和常数

实例 8：数据比较指令应用

某轧钢厂的成品库可存放钢卷 2000 个，因为不断有钢卷进库、出库，需要对库存的钢卷数进行统计。当库存数低于下限 150 时，指示灯 HL1 亮；当库存数大于 1900 时，指示灯 HL2 亮；当达到库存上限 2000 时，报警器 Ha 响，停止进库。

分析：需要检测钢卷的进库、出库情况，可用增、减计数器进行统计。I1.0 作为进库检测，I1.1 作为出库检测，I1.2 作为复位信号，设定值为 2000。用 Q0.0 控制指示灯 HL1，Q0.1 控制指示灯 HL2，Q0.2 控制报警器 HA。控制系统的梯形图及语句表如图 4-28 所示。

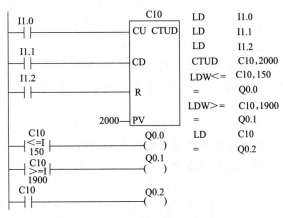

图 4-28　数据比较指令应用举例

4. 递增、递减指令

递增、递减指令用于对输入无符号数字节、符号数字、符号数双字进行加 1 或减 1 的操作。指令格式如表 4-14 所示。

表 4-14　递增、递减指令

LAD	INC_B EN ENO IN OUT	DEC_B EN ENO IN OUT	INC_W EN ENO IN OUT	DEC_W EN ENO IN OUT	INC_DW EN ENO IN OUT	DEC_DW EN ENO IN OUT
STL	INCB OUT	DECB OUT	INCW OUT	DECW OUT	INCD OUT	DECD OUT
操作数及数据类型	IN：VB、IB、QB、MB、SB、SMB、LB、AC，常量，* VD、* AC、* LD OUT：VB、IB、QB、MB、SB、SMB、LB、AC，* VD、* AC、* LD 数据类型：字节		IN：VW、IW、QW、MW、SW、SMW、LW、T、C、AIW、常量、AC、* VD、* AC、* LD OUT：VW、T、C、IW、QW、MW、SW、SMW、LW、AC、* VD、* AC、* LD 数据类型：整数		IN：VD、ID、QD、MD、SD、SMD、LD、HC、AC、常量、* VD、* AC、* LD OUT：VD、ID、QD、MD、SD、SMD、LD、AC，* VD、* AC、* LD 数据类型：双整数	
功能	递增字节和递减字节指令在输入字节（IN）上加 1 或减 1，并将结果置入 OUT 指定的变量中。递增和递减字节运算不带符号		递增节和递减字指令在输入字（IN）上加 1 或减 1，并将结果置入 OUT。递增和递减字运算带符号（16♯7FFF＞16♯8000）		递增双字和递减双字指令在输入双字（IN）上加 1 或减 1，并将结果置入 OUT。递增和递减双字运算带符号（16♯7FFFFFFF＞16♯80000000）	

4. 2. 5　顺序控制指令及其应用

所谓顺序控制，是使生产过程按工艺要求事先安排的顺序自动地进行控制。对于复杂的控制系统，由于内部联锁关系复杂，其梯形图冗长，用顺序控制指令编制的顺序控制程序清晰、明了，统一性强，

在 PLC 的程序设计中，经常采用顺序控制继电器来完成顺序控制和步进控制，顺序控制继电器指令也常常称为步进控制指令。顺序控制（SCR）指令包括 LSCR（程序段的开始）、SCRT（程序段的转换）、SCRE（程序段的结束）指令，从 LSCR 开始到 SCRE 结束的所有指令组成一个 SCR 程序段。一个 SCR 程序段对应顺序功能图中的一个顺序步，简称步。每个 SCR 都是一个相对稳定的状态，都有段开始、段结束和段转移。在 S7-200 中，有 3 条简单的 SCR 指令与之对应。

1. 段开始控制继电器指令（LSCR）

装载顺序控制继电器指令标记一个顺序控制继电器（SCR）程序段（或一个步）的开始，其操作数是状态继电器 Sx. y（如 S0.0）；Sx. y 是当前 SCR 段的标志位。当 Sx. y 为 1 时，允许该 SCR 段工作。

2. 顺序控制继电器转换指令（SCRT）

顺序控制继电器转换指令执行 SCR 程序段的转换，其操作数是下一个 SCR 段的标志位 Sx. y（如 S0.1）。当允许输入有效时，进行切换。SCRT 指令有两个功能：一方面使当前激活的 SCR 程序段的 S 位复位，以使该 SCR 程序段停止工作；另一方面使下一个将要执行的 SCR 程序段 S 位置位，以便下一个 SCR 程序段工作。

3. 顺序控制继电器结束指令（SCRE）

顺序控制继电器结束指令表示一个 SCR 程序段的结束，它使程序退出一个激活的 SCR 程序段，SCR 程序段必须由 SCRE 指令结束。在梯形图中，段开始控制继电器指令以功能框的形式编程，指令名称为 SCR，顺序控制继电器转换和结束指令以线圈形式编程。

在语句表中，SCR 的指令格式为：LSCR Sx. y

SCRT Sx. y

SCRE

指令说明：

① 每一个 SCR 程序段中均包含三个要素：

a.输出对象 在这一步序中应完成的动作；

b.转换条件 满足转换条件后，实现 SCR 段的转换；

c.转换目标 转换到下一个步序。

② 使用 SCR 指令注意事项：

a.SCR 指令的操作数（或编程元件）只能是状态继电器 Sx. y；反之，状态继电器 S 可应用的指令并不仅限于 SCR，它还可以应用其他指令；

b. 一个状态继电器 Sx. y 作为 SCR 段标志位，可以用于主程序、子程序或中断程序中，但是只能使用一次，不能重复使用；

c. 在一个 SCR 段中，禁止使用循环指令 FOR/NEXT、跳转指令 JMP/LBL 和条件结束指令 END。

实例 9：利用步进指令进行顺序控制运料小车往返运行。

控制要求：如图 4-29 所示，设小车在初始位置时停在左边，限位开关 I0. 2 为 1 状态。按下启动按钮 I0. 0 后，小车向右运动（简称右行），碰到限位开关 I0. 1 后，停在该处，3s

后开始左行，碰到 I0.2 后返回初始步，停止运动。

分析：根据 Q0.0 和 Q0.1 状态的变化，显然一个工作周期可以分为左行、暂停和右行三步，另外还应设置等待启动的初始步，并分别用 S0.0～S0.3 来代表这四步。启动按钮 I0.0 和限位开关的常开触点、T37 延时接通的常开触点是各步之间的转换条件。其控制程序如图 4-30 所示。

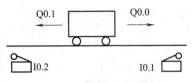

图 4-29　运料小车往返运行

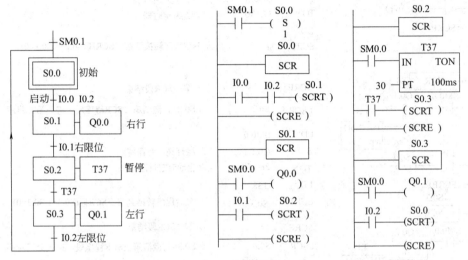

图 4-30　小车往返运动的控制程序

实例 10：控制红、绿、黄三色灯。

控制要求：红灯先亮，3s 后绿灯亮，再过 5s 后黄灯亮。当红、绿、黄灯全亮 2min 后，全部熄灭。试用 SCR 指令设计其控制程序。

SCR 指令的例程参考梯形图 4-31 所示。

4.2.6　中断指令及其应用

1. 中断事件

中断事件向 CPU 发出中断请求。S7-200 有 34 个中断事件，每一个中断事件都分配一个编号用于识别，叫做中断事件号。中断事件大致可以分为三大类：通信中断、I/O 中断和时间中断。

（1）通信中断

PLC 的自由通信模式下，通信口的状态可由程序控制。用户可以通过编程设置通信协议、波特率和奇偶校验。S7-200 系列 PLC 有 6 种通信口中断事件。

（2）I/O 中断

S7-200 对 I/O 点状态的各种变化产生中断，包括外部输入中断、高速计数器中断和脉冲串输出中断，这些中断可以对高速计数器、脉冲输出或输入的上升或下降状态作出响应。

外部输入中断是系统利用 I0.0～I0.3 的上升或下降沿产生中断，这些输入中断可用于连接某些一旦发生必须引起注意的外部事件。

（3）时间中断

时间中断包括定时中断和定时器 T32/T96 中断。定时中断用来支持周期性的活动。周

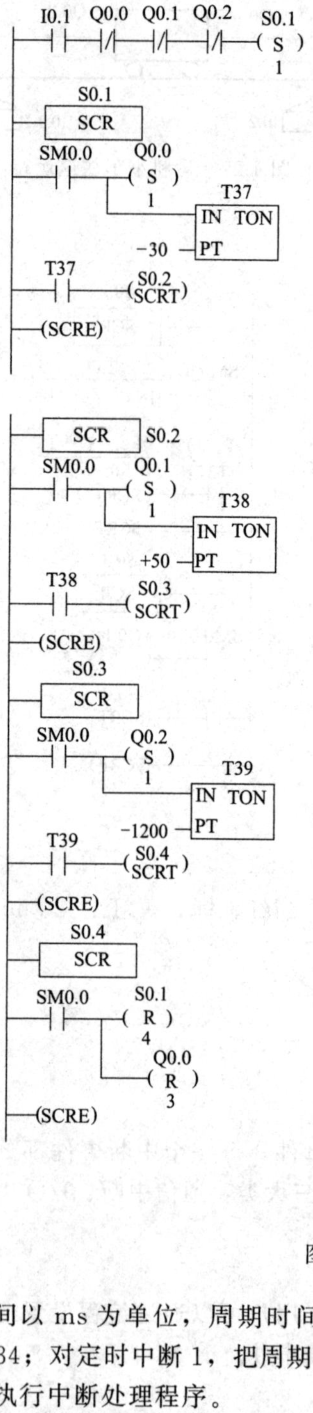

图 4-31　SCR 指令梯形图及指令表

右侧指令表内容如下：

```
LD    I0.1
AN    Q0.0
AN    Q0.1
AN    Q0.2
S     S0.1,1        // 在初始状态下启动,置S0.1=1
LSCR  S0.1          // S0.1=1,激活第一SCR程序段,进入第一步序
LD    SM0.0
S     Q0.0,1        // 红灯亮,并保持
TON   37,+30        // 启动3s定时器
LD    T37
SCRT  S0.2          // 3s后程序转换到第二SCR段(S0.2=1,S0.1=0)
SCRE                // 第一SCR段结束
LSCR  S0.2          // S0.2=1,激活第二SCR程序段,进入第二步序
LD    SM0.0
S     Q0.1,1        // 绿灯亮,并保持
TON   38,+50        // 启动5s定时器
LD    T38
SCRT  S0.3          // 5s后程序转换到第三SCR段(S0.3=1,S0.2=0)
SCRE                // 第二SCR段结束
LSCR  S0.3          // S0.3=1,激活第三SCR程序段,进入第三步序
LD    SM0.0
S     Q0.2,1        // 黄灯亮,并保持
TON   39,+1200      // 启动2min定时器
LD    T39
SCRT  S0.4          // 2min后程序转换到第四SCR段,(S0.4=1,S0.3=0)
SCRE                // 第三SCR段结束
LSCR  S0.4          // S0.4=1,激活第四SCR程序段,进入第四步序
LD    SM0.0
R     S0.1,4
R     Q0.0,3        // 红、绿、黄灯全灭
SCRE                // 第四SCR段结束
```

期时间以 ms 为单位，周期时间范围为 1～255ms。对于定时中断 0，把周期时间值写入 SMB34；对定时中断 1，把周期时间值写入 SMB35。当达到设定周期时间值时，定时器溢出，执行中断处理程序。

2. 中断优先级

S7-200CPU 规定的中断优先权由高到低依次是通信中断、I/O 中断和定时中断。每类中断又有不同的优先级。

CPU 响应中断有如下三个原则。

① 当不同优先级的中断源同时申请中断时，CPU 先响应优先级高的中断事件。

② 在相同优先级的中断事件中，CPU 按先来先服务的原则处理中断。

③ CPU 任何时刻只执行一个中断程序。当 CPU 正在处理某中断时，不会被别的中断程序甚至是更高优先级的中断程序所打断，一直执行到结束。新出现的中断事件需要排队，等待处理。

各个中断事件及优先级如表 4-15 所示。

表 4-15 中断事件及优先级

优先级分组	组内优先级	中断事件号	中断事件描述	中断事件类别
通信中断	0	8	通信口 0:接收字符	通信口 0
	0	9	通信口 0:发送完成	
	0	23	通信口 0:接收信息完成	
	1	24	通信口 1:接收信息完成	通信口 1
	1	25	通信口 1:接收字符	
	1	26	通信口 1:发送完成	
定时中断	0	10	定时中断 0	定时
	1	11	定时中断 1	
	2	21	定时器 T32 CT=PT 中断	定时器
	3	22	定时器 T96 CT=PT 中断	
I/O 中断	0	19	PTO 0 脉冲串输出完成中断	脉冲串输出
	1	20	PTO 1 脉冲串输出完成中断	
	2	0	I0.0 上升沿中断	外部输入
	3	2	I0.1 上升沿中断	
	4	4	I0.2 上升沿中断	
	5	6	I0.3 上升沿中断	
	6	1	I0.0 下降沿中断	
	7	3	I0.1 下降沿中断	
	8	5	I0.2 下降沿中断	
	9	7	I0.3 下降沿中断	
	10	12	HSC0 当前值=预置值中断	高速计数器
	11	27	HSC0 计数方向改变中断	
	12	28	HSC0 外部复位中断	
	13	13	HSC1 当前值=预置值中断	
	14	14	HSC1 计数方向改变中断	
	15	15	HSC1 外部复位中断	
	16	16	HSC2 当前值=预置值中断	
	17	17	HSC2 计数方向改变中断	
	18	18	HSC2 外部复位中断	
	19	32	HSC3 当前值=预置值中断	
	20	29	HSC4 当前值=预置值中断	
	21	30	HSC4 计数方向改变中断	
	22	31	HSC4 外部复位中断	
	23	33	HSC5 当前值=预置值中断	

3. 中断指令

中断指令格式和功能如表 4-16 所示。

表 4-16 中断指令格式和功能

梯形图程序	语句表程序	指令功能
——(ENI)	ENI	中断允许指令:全局性地允许所有被连接的中断事件
——(DISI)	DISI	禁止中断指令:全局性地禁止处理所有的中断事件
ATCH EN ENO ????-INT ????-EVNT	ATCH INT,EVNT	中断连接指令:用来建立中断事件(EVNT)与中断程序(INT)之间的联系
DTCH EN ENO ????-EVNT	DTCH EVNT	中断分离指令:用来断开中断事件(EVNT)与中断程序(INT)之间的联系
——(RETI)	CRETI	中断有条件返回:根据逻辑操作的条件,从中断程序有条件返回

说明:

① 多个中断事件可以调用同一个中断程序,但一个中断事件不能调用多个中断程序;

② 中断服务程序执行完毕后会自动返回。RETI 指令根据逻辑运算结果决定是否从中断程序返回。

实例 11:在 I0.1 上升沿通过中断使 Q0.0 和 Q0.1 置位;在 I0.2 下降沿通过中断使 Q0.0 和 Q0.1 复位。

通过查表 4-15 确定两个外部输入中断事件号分别为 2、5,其梯形图程序如图 4-32 所示。

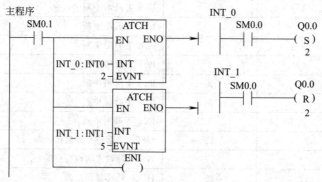

图 4-32 外部输入中断应用

实例 12:用定时中断 0 实现周期为 2s 的定时,并每隔 2s 将 QB0 加 1。

其梯形图程序如图 4-33 所示。

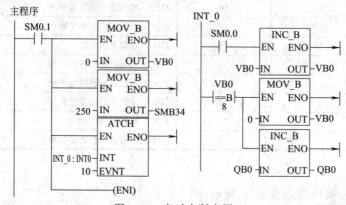

图 4-33 定时中断应用

4.3　运动控制指令及其应用

4.3.1　高速计数器指令及其应用

1. 认知高速计数器

普通计数器受 CPU 扫描速度的影响，是按照顺序扫描的方式进行工作。在每个扫描周期中对计数脉冲只能进行一次累加；当输入脉冲信号的频率比 PLC 的扫描频率高时，如果仍然采用普通计数器进行累加，必然会丢失很多输入脉冲信号。在 PLC 中，对比扫描频率高的输入信号的计数可使用高速计数器指令来实现。高速计数器可以对普通计数器无法完成的事件进行计数，计数频率取决于 CPU 的类型。CPU22x 系列最高计数频率为 30kHz，用于捕捉比 CPU 扫描速度更快的事件，并产生中断，执行中断程序，完成预定的操作。

高速计数器在现代自动控制的精确定位领域有重要的应用价值，高速计数器可连接增量旋转编码器等脉冲产生装置，用于检测位置和速度。

在 S7-200 的 CPU22x 中，高速计数器数量及其地址编号如表 4-17 所示。

表 4-17　高速计数器的数量及编号

CPU 类型	CPU221	CPU222	CPU224	CPU226
高速计数器数量	4		6	
高速计数器编号	HC0,HC3～HC5		HC0～HC5	

2. 高速计数器指令

高速计数器的指令包括：定义高速计数器指令 HDEF 和执行高速计数指令 HSC，如表 4-18 所示。

表 4-18　高速计数器指令

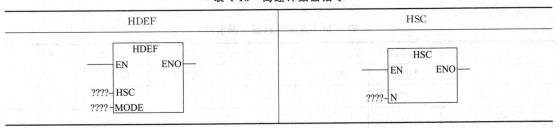

HDEF	HSC

（1）定义高速计数器指令 HDEF

HDEF 指令的功能是为某个要使用的高速计数器选定一种工作模式。每个高速计数器在使用前，都要用 HDEF 指令来定义工作模式，并且只能定义一次。

在梯形图中，定义高速计数器指令以功能框的形式编程，指令名称为 HDEF。它有 2 个数据输入端：HSC 为要使用的高速计数器编号，数据类型为字节型，数据范围为 0～5 的常数，分别对应 HC0～HC5；MODE 为高速计数器的工作模式，数据类型为字节型，数据范围为 0～11 的常数，分别对应 12 种工作模式。当允许输入 EN 有效时，为指定的高速计数器 HSC 定义工作模式 MODE。

在语句表中，定义高速计数器指令的指令格式为：HDEF HSC MODE。

（2）执行高速计数指令 HSC

HSC 指令是根据与高速计数器相关的特殊继电器确定的控制方式和工作状态使高速计数器的设置生效，按照指定的工作模式执行计数操作。

在梯形图中，执行高速计数指令是以功能框的形式编程，指令名称为 HSC。它有一个数据输入端 N。N 为高速计数器的编号，数据范围为 0～5，分别对应高速计数器 HC0～HC5。当允许输入 EN 有效时，启动 N 号高速计数器工作。

在语句表中，执行高速计数指令的指令格式为：HSC N。

3. 高速计数器的输入端

高速计数器的输入端不像普通输入端那样由用户自由定义，而是由系统指定的输入点输入信号。每个高速计数器对它所支持的脉冲输入端、方向控制、复位和启动都有专用的输入点，通过比较或中断控制完成预定的操作。每个高速计数器专用的输入点如表 4-19 所列。

表 4-19　高速计数器的输入点

高速计数器编号	输入点	高速计数器编号	输入点
HC0	I0.0、I0.1.I0.2	HC3	I0.1
HC1	I0.6.I0.7.I1.0、I1.1	HC4	I0.3.I0.4.I0.5
HC2	I1.2.I1.3.I1.4.I1.5	HC5	I0.4

在表 4-19 中所用到的输入点，如 I0.0～I0.3，既可以作为普通输入点使用，又可以作为边沿中断输入点，还可以在使用高速计数器时作为指定的专用输入点使用；但对于同一个输入点，同时只能作为上述其一个功能使用。如果不使用高速计数器，这些输入点可作为一般的数字量输入点，或者作为输入/输出中断的输入点。只要在使用高速计数器，相应输入点就分配给相应的高速计数器，实现由高速计数器产生的中断。也就是说，在 PLC 的实际应用中，每个输入点的作用是唯一的，不能对某一个输入点分配多个用途，因此要合理分配每一个输入点的用途。各个高速计数器引起的中断事件如表 4-20 所列。

表 4-20　高速计数器中断事件

高速计数器编号	当前值等于设定值中断		计数方向改变中断		外部信号复位中断	
	事件号	优先级	事件号	优先级	事件号	优先级
HC0	12	10	27	11	28	12
HC1	13	13	14	14	15	15
HC2	16	16	17	17	18	18
HC3	32	19	无	无	无	无
HC4	29	20	30	21	31	22
HC5	33	23	无	无	无	无

4. 高速计数器的状态字节

系统为每个高速计数器都在特殊寄存器区 SMB 提供了一个状态字节，为了监视高速计数器的工作状态，执行由高速计数器引起的中断事件，其格式如表 4-21 所列。只有执行高速计数器的中断程序时，状态字节的状态位才有效。

表 4-21　高速计数器的状态字节

HSC0	HSC1	HSC2	HSC3	HSC4	HSC5	含义
SM36.0	SM46.0	SM56.0	SM136.0	SM146.0	SM156.0	未用
SM36.1	SM46.1	SM56.1	SM136.1	SM146.1	SM156.1	
SM36.2	SM46.2	SM56.2	SM136.2	SM146.2	SM156.2	
SM36.3	SM46.3	SM56.3	SM136.3	SM146.3	SM156.3	
SM36.4	SM46.4	SM56.4	SM136.4	SM146.4	SM156.4	
SM36.5	SM46.5	SM56.5	SM136.5	SM146.5	SM156.5	当前计数方向状态位： 0＝减计数；1＝加计数
SM36.6	SM46.6	SM56.6	SM136.6	SM146.6	SM156.6	当前值等于预置值状态位： 0＝不等；1＝相等
SM36.7	SM46.7	SM56.7	SM136.7	SM146.7	SM156.7	当前值大于预置值状态位： 0＝小于或等于；1＝大于

5. 高速计数器的工作模式

高速计数器有 12 种不同的工作模式（0～11），分为 4 类。每个高速计数器都有多种工作模式，可以通过编程的方法，使用定义高速计数器指令 HDEF 来选定工作模式。

（1）各个高速计数器的工作模式

① 高速计数器 HC0 是一个通用的增/减计数器，共有 8 种模式，可通过编程来选择不同的工作模式，HC0 的工作模式如表 4-22 所示。

② 高速计数器 HC1 共有 12 种操作模式，如表 4-23 所列。

③ 高速计数器 HC2 共有 12 种操作模式，如表 4-24 所列。

④ 高速计数器 HC3 只有一种操作模式，如表 4-25 所列。

⑤ 高速计数器 HC4 共有 8 种操作模式，如表 4-26 所列。

⑥ 高速计数器 HC5 只有一种操作模式，如表 4-27 所列。

表 4-22　HC0 的工作模式

模式	描述		控制位	I0.0	I0.1	I0.2
0	内部方向控制的单向增/减计数器		SM37.3＝0,减	脉冲		
1			SM37.3＝1,增			复位
3	外部方向控制的单向增/减计数器		I0.1＝0,减	脉冲	方向	
4			I0.1＝1,增			复位
6	增/减计数脉冲输入控制的双向计数器		外部输入控制	增计数脉冲	减计数脉冲	
7						复位
9	A/B 相正交计数器	A 超前 B,增计数	外部输入控制	A 相脉冲	B 相脉冲	
10		B 超前 A,减计数				复位

表 4-23　HC1 的工作模式

模式	描述	控制位	I0.6	I0.7	I1.0	I1.1
0	内部方向控制的单向增/减计数器	SM47.3＝0,减 SM47.3＝1,增	脉冲			
1					复位	
2						启动

续表

模式	描述	控制位	I0.6	I0.7	I1.0	I1.1
3	外部方向控制的单向增/减计数器	I0.7=0,减 I0.7=1,增	脉冲	方向	复位	
4						
5						启动
6	增/减计数脉冲输入控制的双向计数器	外部输入控制	增计数脉冲	减计数脉冲	复位	
7						
8						启动
9	A/B相正交计数器 A超前B,增计数 B超前A,减计数	外部输入控制	A相脉冲	B相脉冲	复位	
10						
11						启动

表 4-24　HC2 的工作模式

模式	描述	控制位	I1.2	I1.3	I1.4	I1.5
0	内部方向控制的单向增/减计数器	SM57.3=0,减 SM57.3=1,增	脉冲		复位	
1						
2						启动
3	外部方向控制的单向增/减计数器	I1.3=0,减 I1.3=1,增	脉冲	方向	复位	
4						
5						启动
6	增/减计数脉冲输入控制的双向计数器	外部输入控制	增计数脉冲	减计数脉冲	复位	
7						
8						启动
9	A/B相正交计数器 A超前B,增计数 B超前A,减计数	外部输入控制	A相脉冲	B相脉冲	复位	
10						
11						启动

表 4-25　HC3 的工作模式

模式	描述	控制位	I0.1
0	内部方向控制的单向增/减计数器	SM137.3=0,减;SM137.3=1,增	脉冲

表 4-26　HC4 的工作模式

模式	描述	控制位	I0.3	I0.4	I0.5
0	内部方向控制的单向增/减计数器	SM147.3=0,减	脉冲		
1		SM147.3=1,增			复位
3	外部方向控制的单向增/减计数器	I0.1=0,减	脉冲	方向	
4		I0.1=1,增			复位
6	增/减计数脉冲输入控制的双向计数器	外部输入控制	增计数脉冲	减计数脉冲	
7					复位

续表

模式	描述		控制位	I0.3	I0.4	I0.5
8	A/B 相正交计数器	A 超前 B,增计数	外部输入控制	A 相脉冲	B 相脉冲	
9		B 超前 A,减计数				复位

表 4-27 HC5 的工作模式

模式	描述	控制位	I0.4
0	内部方向控制的单向增/减计数器	SM157.3＝0,减;SM157.3＝1,增	脉冲

（2）高速计数器的工作模式说明

从各个高速计数器的工作模式的描述中可以看到，6 个高速计数器所具有的功能不完全相同，最少只有一种工作模式，最多可能有 12 种工作模式，4 种类型。下面以 HC2 的工作模式为例，对高速计数器的工作模式加以说明。

① 内部方向控制的单向增/减计数器 在模式 0、模式 1 和模式 2 中，HC2 可作为内部方向控制的单向增/减计数器，它根据 PLC 内部的特殊寄存器 SM57.3 的状态值来确定计数方向的增或减，外部输入 I1.2 作为计数脉冲的输入端。在模式 1 和模式 2 中，I1.4 作为复位输入端。在模式 2 中，I1.5 作为启动输入端，其时序如图 4-34 所示。

② 外部方向控制的单向增/减计数器 在模式 3.模式 4 和模式 5 中，HC2 可作为外部方向控制的单向增/减计数器，它根据 PLC 外部输入点 I1.3 的状态值 1 或 0 来确定计数方向的增或减，外部输入 I1.2 作为计数脉冲的输入端。在模式 4 和模式 5 中，I1.4 作为复位输入端。在模式 5 中，I1.5 作为启动输入端，其时序如图 4-35 所示。

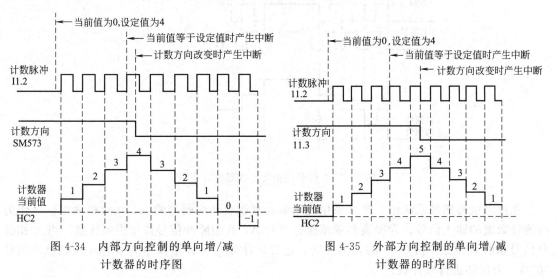

图 4-34 内部方向控制的单向增/减计数器的时序图

图 4-35 外部方向控制的单向增/减计数器的时序图

③ 增/减计数脉冲输入控制的双向计数器 在模式 6.模式 7 和模式 8 中，HC2 可作为增/减脉冲输入控制的双向计数器。它根据 PLC 外部输入点 I1.2 和 I1.3 的输入脉冲来确定计数方向的增或减，外部输入 I1.2 作为增计数脉冲的输入端，I1.3 作为减计数脉冲的输入端。在模式 7 和模式 8 中，I1.4 作为复位输入端。在模式 8 中，I1.5 作为启动输入端.其时序如图 4-36 所示。

如果增计数脉冲的上升沿与减计数脉冲的上升沿出现的时间间隔在 0.3ms 之内，CPU 会认为这 2 个计数脉冲是同时到来的。此时，计数器的当前值保持不变，也不会发出计数方

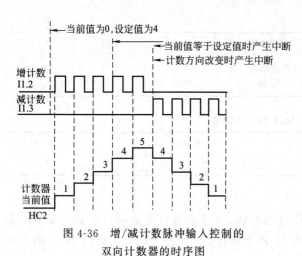

图 4-36 增/减计数脉冲输入控制的
双向计数器的时序图

向改变的信号。当增计数脉冲的上升沿
与减计数脉冲的上升沿出现的时间间隔
大于 0.3ms 时，高速计数器就可以分别
捕获到每一个独立事件。

④ A/B 相正交计数器 在模式 9、
模式 10 和模式 11 中，HC2 可作为 A/B
相正交计数器（所谓正交，是指 A，B
两相输入脉冲相差 90°）。外部输入 I1.2
为 A 相脉冲输入，I1.3 为 B 相脉冲输
入。在模式 10 和模式 11 中，I1.4 作为
复位输入信号。在模式 11 中，I1.5 作
为启动输入信号。当 A 相脉冲超前 B 相
脉冲 90°时，计数方向为递增计数；当 B

相脉冲超前 A 相脉冲 90°时，计数方向为递减计数。正交计数器有两种工作状态：一种是
输入 1 个计数脉冲时，当前值计 1 个数，此时的计数倍率为 1，其时序如图 4-37 所示。另
一种是输入 1 个计数脉冲时，当前值计 4 个数，此时计数倍率为 4，其时序如图 4-38
所示。

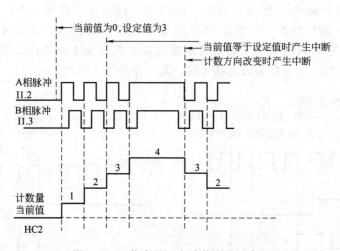

图 4-37 1 倍率的正交计数器的时序图

在许多位移测量系统中，常常采用光电编码盘或旋转编码器的 A，B 两相输出信号作为
高速计数器的输入信号。为提高测量精度，可对 A，B 相脉冲信号作 4 倍频计数。当 A 相脉
冲信号超前 B 相脉冲信号 90°时，为正转，进行增计数；当 B 相脉冲信号超前 A 相脉冲信号
90°时，为反转进行减计数。

6. 高速计数器的控制字节

系统为每个高速计数器都安排了一个特殊寄存器 SMB 作为控制字节，可以通过对控
制字节指定位的设置，确定高速计数器的工作方式。S7-200 在执行 HSC 指令前，首先要
检验与每个高速计数器相关的控制字节，在控制字节中设置了启动输入信号和复位输入
信号的有效电平，正交计数器的计数倍率，计数方向采用内部控制的有效电平，是否允
许改变计数方向，是否允许更新设定值，是否允许更新当前值，以及是否允许执行高速
计数指令，详见表 4-28。

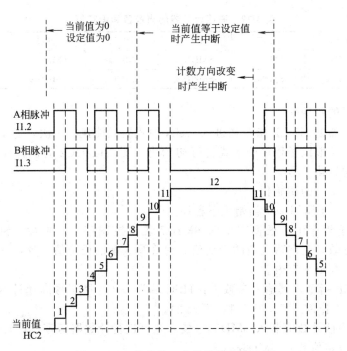

图 4-38　4 倍率的正交计数器的时序图

表 4-28　高速计数器的控制字节

HSC0	HSC1	HSC2	HSC3	HSC4	HSC5	含　义
SM37.0	SM47.0	SM57.0	SM137.0	SM147.0	SM157.0	复位信号有效电平： 0＝高电平有效；1＝低电平有效
SM37.1	SM47.1	SM57.1	SM137.1	SM147.1	SM157.1	启动信号有效电平： 0＝高电平有效；1＝低电平有效
SM37.2	SM47.2	SM57.2	SM137.2	SM147.2	SM157.2	正交计数器的倍率选择： 0＝4 倍率；1＝1 倍率
SM37.3	SM47.3	SM57.3	SM137.3	SM147.3	SM157.3	计数方向控制位： 0＝减计数；1＝加计数
SM37.4	SM47.4	SM57.4	SM137.4	SM147.4	SM157.4	向 HSC 写入计数方向： 0＝不更新；1＝更新
SM37.5	SM47.5	SM57.5	SM137.5	SM147.5	SM157.5	向 HSC 写入新的预置值： 0＝不更新；1＝更新
SM37.6	SM47.6	SM57.6	SM137.6	SM147.6	SM157.6	向 HSC 写入新的初始值： 0＝不更新；1＝更新
SM37.7	SM47.7	SM57.7	SM137.7	SM147.7	SM157.7	启用 HSC： 0＝关 HSC；1＝开 HSC

7. 高速计数器的当前值寄存器和设定值寄存器

　　每个高速计数器都有 1 个 32 位的经过值寄存器 HC0～HC5，同时每个高速计数器还有 1 个 32 位的当前值寄存器和 1 个 32 位的设定值寄存器，当前值和设定值都是有符号的整数。为了向高速计数器装入新的当前值和设定值，必须先将当前值和设定值以双字的数据类型装入如表 4-29 所列的特殊寄存器中。然后执行 HSC 指令，才能将新的值传送给高速计数器。

表 4-29　高速计数器的当前值和设定值

HSC0	HSC1	HSC2	HSC3	HSC4	HSC5	说　　明
SMD38	SMD48	SMD58	SMD138	SMD148	SMD158	新当前值
SMD42	SMD52	SMD62	SMD142	SMD152	SMD162	新设定值

8. 高速计数器的初始化

由于高速计数器的 HDEF 指令在进入 RUN 模式后只能执行 1 次，为了减少程序运行时间优化程序结构，一般以子程序的形式进行初始化。下面以 HC2 为例，介绍高速计数器的各个工作模式的初始化步骤。

(1) 模式 0、1、2 的初始化

① 利用 SM0.1 来调用一个初始化子程序。

② 在初始化子程序中，根据需要向 SMB57 装入控制字节。例如，SMB57＝16♯F8，其意义是：允许计数，允许写入新的当前值，允许写入新的设定值，计数方向为增计数，启动和复位信号均为高电平有效。

③ 执行 HDEF 指令，其输入参数为：HSC 端为 2（选择 2 号高速计数器），MODE 端为 0、1、2（对应工作模式 0、模式 1、模式 2）。

④ 将希望的当前计数值装入 SMD58（装入 0 可进行计数器清零操作）。

⑤ 将希望的设定值装入 SMD62。

⑥ 如果希望捕获当前值等于设定值的中断事件，编写与中断事件号 16 相关联的中断服务程序。

⑦ 如果希望捕获外部复位中断事件，编写与中断事件号 18 相关联的中断服务程序。

⑧ 执行 ENI（全局开中断）指令。

⑨ 执行 HSC 指令。

⑩ 退出初始化子程序。

(2) 模式 3，4，5 的初始化

① 利用 SM0.1 来调用一个初始化子程序。在初始化子程序中，根据需要向 SMB57 装入控制字节。例如，SMB57＝16♯F8，其意义是：允许计数，允许写入新的当前值，允许写入新的设定值，计数方向为增计数，启动和复位信号均为高电平有效。

② 执行 HDEF 指令，其输入参数为：HSC 端为 2（选择 2 号高速计数器），MODE 端为 3/4/5（对应工作模式 3，模式 4，模式 5）。

③ 将希望的当前计数值装入 SMD58（装入 0 可进行计数器清零操作）。

④ 将希望的设定值装入 SMD62。

⑤ 如果希望捕获当前值等于设定值的中断事件，编写与中断事件号 16 相关联的中断服务程序。

⑥ 如果希望捕获计数方向改变的中断，编写与中断事件号 17 相关联的中断复位程序。

⑦ 如果希望捕获外部复位中断事件，编写与中断事件号 18 相关联的中断服务程序。

⑧ 执行 ENI（全局开中断）指令。

⑨ 执行 HSC 指令。

⑩ 退出初始化子程序。

(3) 模式 6、7、8 的初始化

① 利用 SM0.1 来调用一个初始化子程序。在初始化子程序中，根据需要向 SMB57 装入控制字节。例如，SMB57＝16♯F8，其意义是：允许计数，允许写入新的当初值，允许写入新的设定值，计数方向为增计数，启动和复位信号均为高电平有效。

② 执行 HDEF 指令，其输入参数为：HSC 端为 2（选择 2 号高速计救器），MODE 端为 6、7、8（对应工作模式 6、模式 7、模式 8）。

③ 将希望的当前计数值装入 SMD58（装入 0 可进行计数器清零操作）。

④ 将希望的设定值装入 SMD62。

⑤ 如果希望捕获当前值等于设定值的中断事件，编写与中断事件号 16 相关联的中断服务程序。

⑥ 如果希望捕获计数方向改变的中断，编写与中断事件号 17 相关联的中断复位程序。

⑦ 如果希望捕获外部复位中断事件，编写与中断事件号 18 相关联的中断服务程序。

⑧ 执行 ENI（全局开中断）指令。

⑨ 执行 HSC 指令。

⑩ 退出初始化子程序。

（4）模式 9、10、11 的初始化

① 利用 SM0.1 来调用一个初始化子程序。在初始化子程序中，根据需要向 SMB57 装入控制字节。例如，SMB57＝16♯F8，其意义是：允许计数，允许写入新的当前值，允许写入新的设定值，计数方向为增计数，启动和复位信号均为高电平有效，计数频率为 4 倍频。如果 SMB47＝16♯FC，其意义是：允许计数，允许写入新的当前值，允许写入新的设定值，计数方向为增计数，启动和复位信号均为高电平有效，计数频率为 1 倍频。

② 执行 HDEF 指令.其输入参数为：HSC 端为 2（选择 2 号高速计数器），MODE 端为 9、10、11（对应工作模式 9、模式 10、模式 11）。

③ 将希望的当前计数值装入 SMD58（装入 0 可进行计数器清零操作）。

④ 将希望的设定值装入 SMD62。

⑤ 如果希望捕获当前值等于设定值中断，编写与中断事件号 16 相关联中断服务程序。

⑥ 如果希望捕获计数方向改变的中断，编写与中断事件号 17 相关联中断复位程序。

⑦ 如果希望捕获外部复位中断事件，编写与中断事件号 18 相关联的中断服务程序。

⑧ 执行 ENI（全局开中断）指令。

⑨ 执行 HSC 指令。

⑩ 退出初始化子程序。

实例 13：生产包装、喷码控制系统

控制要求：包装箱用传送带输送，当箱体到达检测传感器 A 时，开始计数。计数到 2000 个脉冲时，箱体刚好到达封箱机下进行封箱，此时传送带并没有停下，而是继续运转。则在封箱过程中，箱体还在前行。假设封箱过程共用 300 个脉冲，然后封箱机停止工作。继续前行，当计数脉冲又累加了 1500 个脉冲时，开始喷码，喷码机开始工作，假设喷码机时间共用 5s 钟进行喷码，喷码结束后，整个工作过程结束。箱体输送过程示意图如图 4-39 所示，控制系统 I/O 接线如图 4-40 所示。

其 PLC 控制梯形图程序如图 4-41 所示。

实例 14：某产品包装生产线应用高速计数器对产品进行累计和包装，每检测到 1000 个产品时，自动启动包装机进行包装，计数方向可由外部信号控制，采用 S7-200 的 CPU226。

设计步骤如下。

① 选择高速计数器，确定工作模式。

在本例题中，选择的高速计数器为 HC0。由于要求计数方向可由外部信号控制，且不要求复位信号输入，确定工作模式为模式 3。采用当前值等于设定值的中断事件，中断事件号为 12，启动包装机工作子程序。高速计数器的初始化采用子程序。

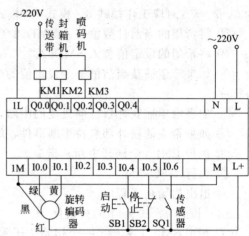

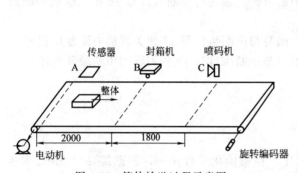

图 4-39 箱体输送过程示意图

图 4-40 控制系统 I/O 接线图

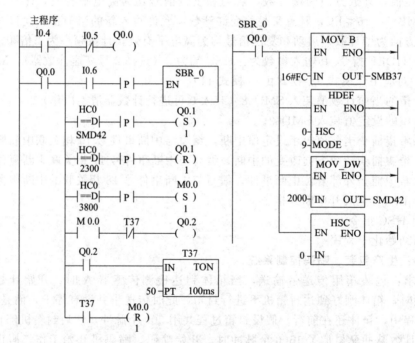

图 4-41 控制系统梯形图程序

② 用 SM0.1 调用高速计数器初始化子程序，子程序号为 SBR_0。

③ 向 SMB37 写入控制字，SMB57＝16♯F8。

④ 执行 HDEF 指令，输入参数：HSC 为 0，MODE 为 3。

⑤ 向 SMD38 写入当前值，SMD38＝0。

⑥ 向 SMD42 写入设定值，SMD42＝1000。

⑦ 执行建立中断连接指令 ATCH，输入参数：INT 为 INT_0，EVNT 为 12。

⑧ 编写中断服务程序 INT0，在本例题中为调用包装机控制子程序，子程序号为 SBR_1（本例中 SBR_1 略）。

⑨ 执行全局开中断指令 ENI。

⑩ 执行 HSC 指令，对高速计数器编程并投入运行。

梯形图程序如图 4-42 所示。

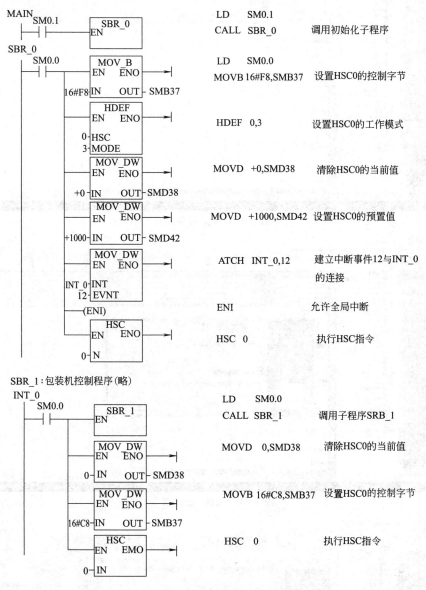

| LD | SM0.1 | |
| CALL | SBR_0 | 调用初始化子程序 |

| LD | SM0.0 | |
| MOVB | 16#F8,SMB37 | 设置HSC0的控制字节 |

| HDEF | 0,3 | 设置HSC0的工作模式 |

| MOVD | +0,SMD38 | 清除HSC0的当前值 |

| MOVD | +1000,SMD42 | 设置HSC0的预置值 |

| ATCH | INT_0,12 | 建立中断事件12与INT_0 |
| | | 的连接 |

| ENI | | 允许全局中断 |

| HSC | 0 | 执行HSC指令 |

SBR_1：包装机控制程序(略)

| LD | SM0.0 | |
| CALL | SBR_1 | 调用子程序SRB_1 |

| MOVD | 0,SMD38 | 清除HSC0的当前值 |

| MOVB | 16#C8,SMB37 | 设置HSC0的控制字节 |

| HSC | 0 | 执行HSC指令 |

图 4-42　高速计数器应用

　　高速计数器的编程方法有两种，一是采用梯形图或语句表进行正常编程，二是通过 STEP7-Micro/WIN 编程软件进行向导编程。不论哪一种方法，都先要根据计数输入信号的形式与要求确定计数模式，然后选择计数器编号，确定输入地址。

　　根据分拣单元旋转编码器输出的脉冲信号形式，容易确定所采用的计数模式为模式 9，选用的计数器为 HSC0，B 相脉冲从 I0.0 输入，A 相脉冲从 I0.1 输入，计数倍频设定为 4 倍频。分拣单元高速计数器编程要求较简单，不考虑中断子程序、预置值等。

　　使用向导编程，很容易自动生成符号地址为"HSC_INIT"的子程序，如图 4-43～图 4-49 所示。

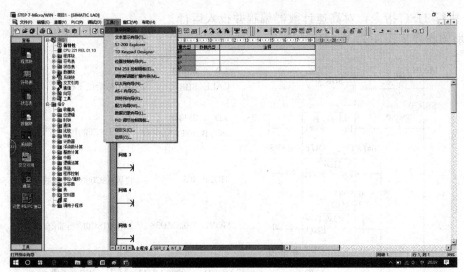

图 4-43　选择指令向导

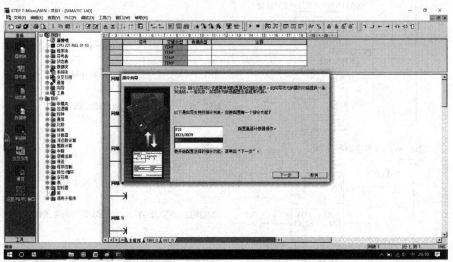

图 4-44　选择 HSC 指令

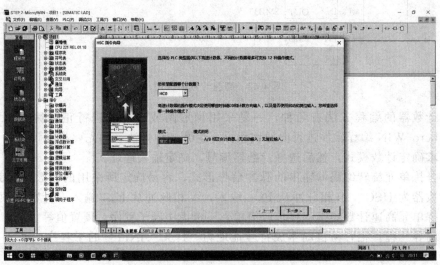

图 4-45　配置高速计数器模式

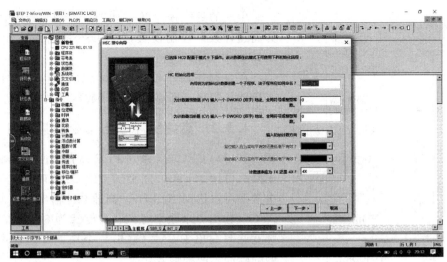

图 4-46　高速计数器初始化

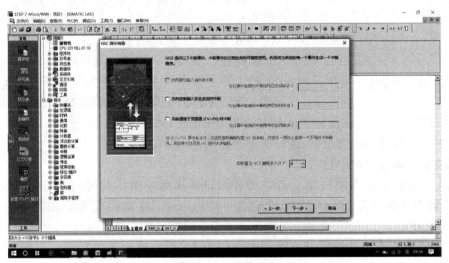

图 4-47　设置中断

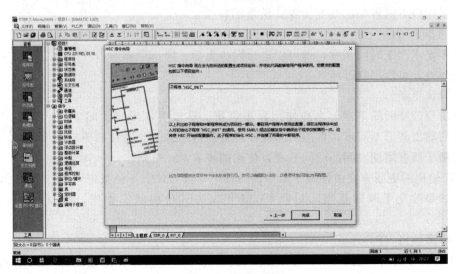

图 4-48　配置完成

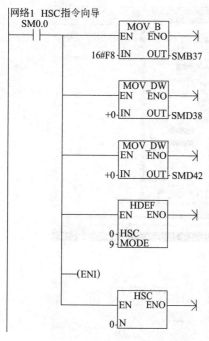

图 4-49　子程序 HSC _ INIT 清单

生成的具体程序清单如图 4-49 所示 其中 SMB37 为高速计数器控制设置，SMD38 中为当前计数初值，SMD42 中是预设值。

在主程序块中使用 SM0.1（上电首次扫描 ON）调用此子程序，即完成高速计数器定义并启动计数器。

4.3.2　高速脉冲输出指令及其应用

S7-200 CPU22x 系列 PLC 设有高速脉冲输出，输出频率可达 20kHz，新型的 CPU224XP 的高速脉冲输出频率可以达到 100kHz。高速脉冲输出有脉冲串输出 PTO（输出一个频率可调、占空比为 50％的脉冲）和脉宽调制输出 PWM（输出一个周期一定，占空比可调的脉冲）两种形式。

每个 CPU 有两个 PTO/PWM 发生器。一个发生器分配给输出端 Q0.0，另一个分配给输出端 Q0.1，用来驱动诸如步进电动机等负载，实现速度和位置的开环控制。当 Q0.0 或 Q0.1 设定为 PTO 或 PWM 功能时，其他操作均失效。不使用 PTO/PWM 发生器时，Q0.0 或 Q0.1 作为普通输出端子使用。通常在启动 PTO 或 PWM 操作之前，用复位 R 指令将 Q0.0 或 Q0.1 清零。

注：只有晶体管输出类型的 CPU 能够支持调整脉冲输出功能。

1. 脉宽调制输出（PWM）

PWM 功能可输出周期一定、占空比可调的高速脉冲串，其时间基准可以是微秒或毫秒，周期变化范围为 $10 \sim 65535\mu s$ 或 $2 \sim 65535ms$，脉宽的变化范围为 $0 \sim 65535\mu s$ 或 $0 \sim 65535ms$。

当指定的脉冲宽度大于周期值时，占空比为 100％，输出连续接通；当脉冲宽度为 0 时，占空比为 0％，输出断开。如果指定的周期小于两个时间单位，周期被默认为两个时间单位。可以用以下两种办法改变 PWM 波形的特性。

（1）同步更新

如果不要求改变时间基准，即可以进行同步更新。同步更新时，波形的变化发生在两个周期的交界处，可以平滑过渡。

（2）异步更新

如果需要改变时间基准，则应使用异步更新。异步更新瞬时关闭 PTO/PWM 发生器，与 PWM 的输出波形不同步，可能引起被控设备的抖动。为此通常不使用异步更新，而是选择一个适用于所有周期时间的时间基准，使用同步 PWM 更新。

PWM 输出的更新方式由控制字节中的 SM67.4 或 SM77.4 位指定，执行 PLS 指令使改变生效。如果改变了时间基准，不管 PWM 更新方式位的状态如何，都会产生一个异步更新。

2. 脉冲串输出（PTO）

PTO 功能可输出一定脉冲个数和占空比为 50％的方波脉冲。输出脉冲的个数在 $1 \sim 4294967295$ 范围内可调；输出脉冲的周期以微秒或毫秒为增量单位，变化范围分别是 $10 \sim$

65535 微秒或 2～65535 毫秒。

如果周期小于两个时间单位，周期被默认为两个时间单位。如果指定的脉冲数为 0，则脉冲数默认为 1。

PTO 功能允许多个脉冲串排队输出，从而形成流水线。流水线分为单段流水线和多段流水线。

单段流水线是指流水线中每次只能存储一个脉冲串的控制参数。初始 PTO 段一旦启动，必须按照对第二个波形的要求立即刷新特殊存储器，并再次执行 PLS 指令。在第一个脉冲串完成后，第二个脉冲串输出立即开始，重复这一步骤可以实现多个脉冲串的输出。单段流水线中的各段脉冲串可以采用不同的时间基准，但有可能造成脉冲串之间的不平稳过渡。输出多段高速脉冲时，编程复杂。

多段流水线是指在变量存储区 V 建立一个包络表（包络表 Profile 是一个预先定义的横坐标为位置、纵坐标为速度的曲线，是描述运动图形的）。包络表存放每个脉冲串的参数。执行 PLS 指令时，S7-200 系列 PLC 自动按包络表中的顺序及参数进行脉冲串输出。包络表中每段脉冲串的参数占用 8 个字节，由一个 16 位周期值（2 字节）、一个 16 位周期增量值 Δ（2 字节）和一个 32 位脉冲计数值（4 字节）组成。包络表的格式如表 4-30 所示。

表 4-30　包络表的格式

从包络表起始地址的字节偏移	段	说　明
VB_n		总段数(1～255)；数值 0 产生非致命错误，无 PTO 输出
VB_{n+1}	段 1	初始周期(2～65535 个时基单位)
VB_{n+3}		每个脉冲的周期增量 Δ（符号整数：−32768～32767 个时基单位）
VB_{n+5}		脉冲数(1～4 294 967 295)
VB_{n+9}	段 2	初始周期(2～65535 个时基单位)
VB_{n+11}		每个脉冲的周期增量 Δ（符号整数：−32768～32767 个时基单位）
VB_{n+13}		脉冲数(1～4 294 967 295)
VB_{n+17}	段 3	初始周期(2～65535 个时基单位)
VB_{n+19}		每个脉冲的周期增量 Δ（符号整数：−32768～32767 个时基单位）
VB_{n+21}		脉冲数(1～4 294 967 295)

多段流水线的特点是编程简单，能够通过指定脉冲的数量自动增加或减少周期。周期增量值 Δ 为正值会增加周期；周期增量值 Δ 为负值会减少周期；若 Δ 为零，则周期不变。在包络表中的所有的脉冲串必须采用同一时基。在多段流水线执行时，包络表的各段参数不能改变。多段流水线常用于步进电动机控制。

使用 STEP7Micro WIN 中的位控向导可以方便地设置 PTO/PWM 输出功能，使 PTO/PWM 的编程自动实现，大大减轻了用户编程负担。

3. PTO/PWM 寄存器

Q0.0 和 Q0.1 输出端子的高速输出功能通过对 PTO/PWM 寄存器的不同设置实现。PTO/PWM 寄存器由 SM66～SM85 特殊存储器组成。它们的作用是监视和控制脉冲输出（PTO）和脉宽调制（PWM）功能。各寄存器和位值的意义如表 4-31 所示。

表 4-31　PTO/PWM 寄存器和位值的意义

寄存器名称	Q0.0	Q0.1	说　明
脉冲串输出 状态寄存器	SM66.4	SM76.4	PTO 包络由于增量计算错误异常终止:0=无错;1=异常终止
	SM66.5	SM76.5	PTO 包络由于用户命令异常终止:0=无错;1=异常终止
	SM66.6	SM76.6	PTO 流水线溢出:0=无溢出;1=溢出
	SM66.7	SM76.7	PTO 空闲:0=运行中;1=PTO 空闲
PTO/PWM 输出 控制寄存器	SM67.0	SM77.0	PTO/PWM 刷新周期值:0=不刷新;1=刷新
	SM67.1	SM77.1	PWM 刷新脉冲宽度值:0=不刷新;1=刷新
	SM67.2	SM77.2	PTP 刷新脉冲计数值:0=不刷新;1=刷新
	SM67.3	SM77.3	PTO/PWM 时基选择:0=1μs;1=1ms
	SM67.4	SM77.4	PWM 更新方法:0=异步更新;1=同步更新
	SM67.5	SM77.5	PTO 操作:0=单段操作;1=多段操作
	SM67.6	SM77.6	PTO/PWM 模式选择:0=选择 PTO;1=选择 PWM
	SM67.7	SM77.7	PTO/PWM 允许:0=禁止;1=允许
周期值设定寄存器	SMW68	SMW78	PTO/PWM 周期时间值(范围:2~65535)
脉宽值设定寄存器	SMW70	SMW80	PWM 脉冲宽度值(范围:0~65535)
脉冲计数值设定寄存器	SMD72	SMD82	PTO 脉冲计数值(范围:1~4 294 967 295)
多段 PTO 操作 寄存器	SMB166	SMB176	段号,多段流水线 PTO 运行中的段的编号(仅用于多段 PTO操作)
	SMW168	SMW178	包络表起始位置用距离 V0 的字节偏移量表示(仅用于多段PTO 操作)

4. 高速脉冲输出指令

高速脉冲输出指令格式及功能如表 4-32 所示。

表 4-32　高速脉冲输出指令

梯形图程序	语句表程序	指令功能
PLS —EN　　ENO— ????—Q0.X	PLS X	当使能输入有效时,PLC 检测程序设置的特殊功能寄存器位,激活由控制位定义的脉冲操作,从 Q0.X 输出高速脉冲。

说明:

① 高速脉冲串输出 PTO 和脉宽调制输出 PWM 都由 PLS 指令激活;

② 操作数 X 指定脉冲输出端子,0 为 Q0.0 输出,1 为 Q0.1 输出;

③ 高速脉冲串输出 PTO 可采用中断方式进行控制,而脉宽调制输出 PWM 只能由指令PLS 激活。

实例 15：脉宽调制输出 PWM

控制要求：假定 PLC 运行后,通过 Q0.1 连续输出周期为 10000ms、脉冲宽度为5000ms 的脉宽调制输出波形,并利用 I0.1 上升沿中断实现脉宽的更新（每中断一次,脉冲宽度增加 10ms）。

　　分析：通过调用子程序设置 PWM 操作，通过中断程序改变脉宽。对应的梯形图如图 4-50 所示。

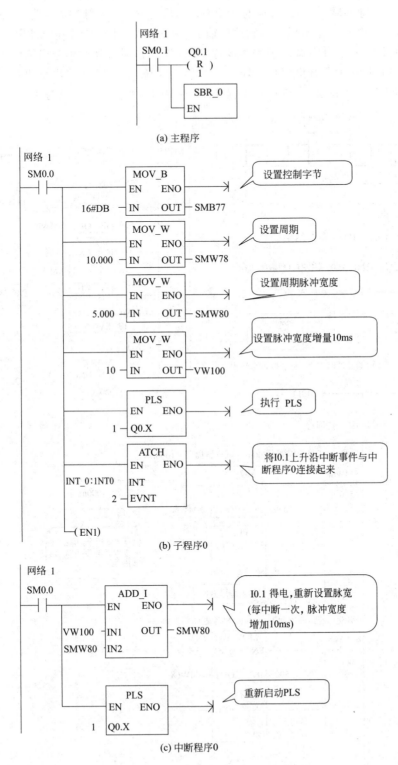

图 4-50　脉宽调制输出应用程序

实例 16：脉冲串输出 PTO

假定脉冲串通过 Q0.0 输出。脉冲串输出时，先输出 6 个脉冲周期为 500ms 的脉冲串，自动更新为输出 6 个脉冲周期为 1000ms 的脉冲串，然后再输出 6 个脉冲周期为 500ms 的脉冲串，不断循环输出。使用 I0.0 上升沿启动脉冲串输出，使用 I0.1 上升沿停止脉冲串输出。

分析：通过 I0.0 上升沿调用子程序设置 PTO 操作；通过脉冲串输出调用中断程序来改变脉冲周期；通过 I0.1 上升沿禁止中断，停止脉冲串输出。PTO 输出结果如图 4-51 所示。对应的梯形图主程序如图 4-52 所示，子程序 0 如图 4-53 所示，中断程序 0 如图 4-54 所示。

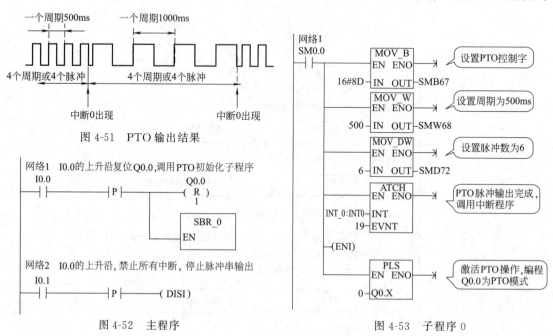

图 4-51　PTO 输出结果

图 4-52　主程序

图 4-53　子程序 0

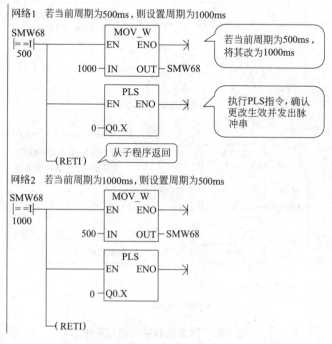

图 4-54　中断程序 0

4.3.3 开环位置控制

1. 高速脉冲输出

S7-200 有两个 PTO/PWM 发生器，它们可以产生一个高速脉冲串（PTO）或者一个脉宽调制（PWM）波形。一个发生器指定给数字输出点 Q0.0，另一个发生器指定给数字输出点 Q0.1。

当组态输出为 PTO 时，生成一个 50％占空比脉冲串，用于步进电机或伺服电机的速度和位置的开环控制。内置 PTO 功能提供了脉冲串输出，脉冲周期和数量可由用户控制，应用程序必须通过 PLC 内置 I/O 或扩展模块提供方向和限位控制。

为了简化用户应用程序中位控功能的使用，STEP7-Micro/WIN 提供的位控向导可以帮助用户在几分钟内全部完成 PWM、PTO 或位控模块的组态。该向导可以生成位控指令，用户可以用这些指令在应用程序中对速度和位置进行动态控制。

2. 开环位控用于步进电机或伺服电机的基本信息

借助位控向导组态 PTO 输出时，需要用户提供如下一些基本信息。

（1）最大速度（MAX_SPEED）和启动/停止速度（SS_SPEED）

图 4-55 所示是这两个概念的示意图。

① MAX_SPEED：该数值是应用中操作速度的最大值，它应在电机力矩能力的范围内。驱动负载所需的力矩由摩擦力、惯性以及加速/减速时间决定。

② SS_SPEED：输入该数值应满足电机在低速时驱动负载的能力，如果 SS_SPEED 的数值过低，电机和负载在运动的开始和结束时可能会摇摆或颤动。如果 SS_SPEED 的数值过高，电机会在启动时丢失脉冲，并且负载在试图停止时会使电机过载。通常，SS_SPEED 值是 MAX_SPEED 值的 5％至 15％。

（2）加速和减速时间

如图 4-56 所示：

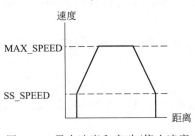

图 4-55 最大速度和启动/停止速度

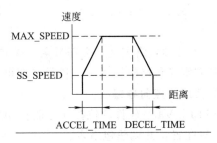

图 4-56 加速和减速时间

① ACCEL_TIME：电机从 SS_SPEED 速度加速到 MAX_SPEED 速度所需的时间，缺省值为 1000ms；

② DECEL_TIME：电机从 MAX_SPEED 速度减速到 SS_SPEED 速度所需要的时间。缺省值为 1000ms。

电机的加速和减速时间要经过测试来确定。开始时，应输入一个较大的值。逐渐减少这个时间值直至电机开始停止，从而优化应用中的这些设置。

（3）组态移动包络

一个包络是一个预先定义的移动描述，它包括一个或多个速度，影响着从起点到终点的移动。一个包络由多段组成，每段包含一个达到目标速度的加速/减速过程和以目标速度匀速运行的一串固定数量的脉冲。如果是单段运动控制或者是多段运动控制中的最后一段，还应该包括一个由目标速度到停止的减速过程。

（4）定义移动包络

位控向导提供移动包络定义，在这里可以为应用程序定义每一个移动包络。PTO 支持最大 100 个包络。定义一个包络，包括如下几点：选择操作模式；为包络的各步定义指标；为包络定义一个符号名。

① 选择操作模式 PTO 支持相对位置和单一速度的连续转动，如图 4-57 所示：相对位置模式指的是运动的终点位置是从起点侧开始计算的脉冲量。单速连续转动则不需要提供终点位置，PTO 一直持续输出脉冲，直至有其它命令发出，如到达原点要求停发脉冲。

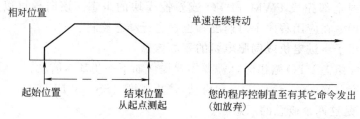

图 4-57 一个包络的两种操作模式

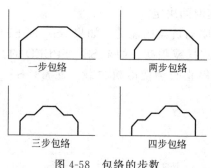

图 4-58 包络的步数

② 为每个包络的各步定义指标 一个步是工件运动的一个固定距离，包括加速和减速时间内的距离。PTO 每一包络最大允许 29 个步，而模块的每一包络最大允许 4 个步。要为每一步指定目标速度和结束位置或脉冲数量，且每次输入一步。如图 4-58 所示为一步、两步、三步和四步包络。

注意：一步包络只有一个常速段，两步包络有两个常速段，依次类推。步的数目与包络中常速段的数目一致。

③ 为移动包络定义一个符号名 位控向导中可以为每个移动包络定义一个符号名，其做法是在定义包络时输入一个符号名即可。

3. 使用位控向导编程

STEP7 V4.0 软件的位控向导能自动处理 PTO 脉冲的单段管线和多段管线、脉冲调制、SM 位置配置，并创建包络表。

表 4-33 为 YL-335B 上实现伺服（步进）电机运行所需的运动包络。

表 4-33 伺服（步进）电机运行的运动包络

运动包络	站　　点		脉冲量	移动方向
1	供料站→加工站	470mm	85600	
2	加工站→装配站	286mm	52000	
3	装配站→分拣站	235mm	42700	
4	分拣站→高速回零前	925mm	168000	DIR
5	低速回零		单速返回	DIR

使用位控向导编程的方法和步骤如下。

① 为 S7-200 PLC 选择选项组态内置 PTO/PWM 操作。在 STEP7 V4.0 软件命令菜单中选择"工具"→"位置控制向导"命令，并选择"配置 S7-200 PLC 内置 PTO/PWM 操作"，如图 4-59 所示。

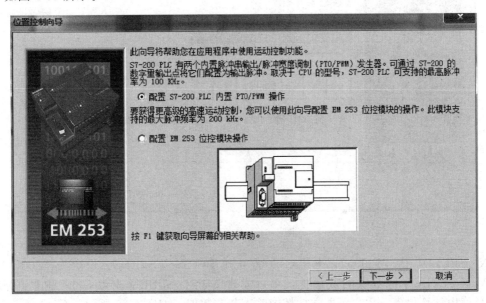

图 4-59　位控向导启动界面

② 单击"下一步"按钮，选择 Q0.0 或 Q0.1，再单击"下一步"按钮。如图 4-60 所示。

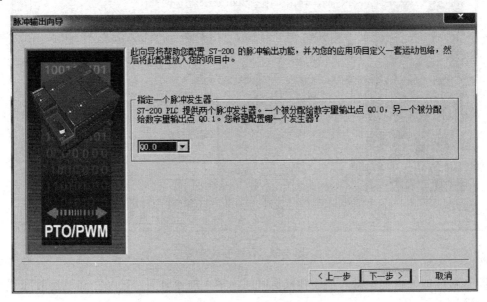

图 4-60　选择 PTO 的输出

③ 从下拉对话框中选择"线性脉冲串输出（PTO）"。如图 4-61 所示。若想监视 PTO产生的脉冲数目，单击复选框，选择使用高速计数器。

④ 在对应的编辑框中输入 MAX_SPEED 和 SS_SPEED 速度值。输入最高电机速度

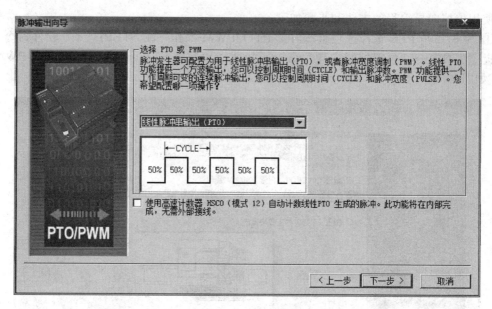

图 4-61　选择 PTO

（MAX ＿ SPEED）为"90000"，电机启动/停止速度（SS＿ SPEED）设定为"600"，这里单击 MIN ＿ SPEED 值对应的灰色框，可以发现 MIN ＿ SPEED 改为 600，注意：MIN ＿ SPEED 值由计算得出，用户不能在此域中输入其它数值。如图 4-62 所示。

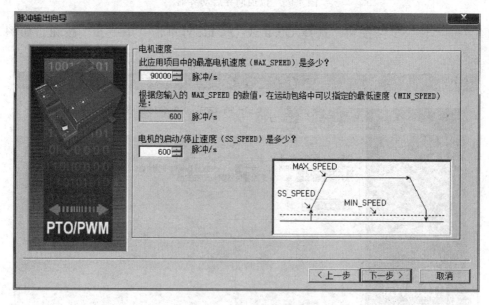

图 4-62　设定电机速度

⑤ 在对应的编辑框中输入加速和减速时间。输入加速时间"1500"和减速时间"200"。如图 4-63 所示。

⑥ 在运动包络定义界面，如图 4-64，单击"新包络"按钮允许定义包络：要求选择所需的"操作模式"，对于相对位置包络要求输入"目标速度"和"结束位置"（脉冲数）。然后，可以单击"绘制包络"按钮，查看移动的图形描述。（根据移动需要，可以定义多个包络和多个步。）包络设置相关参数如表 4-34 所示。

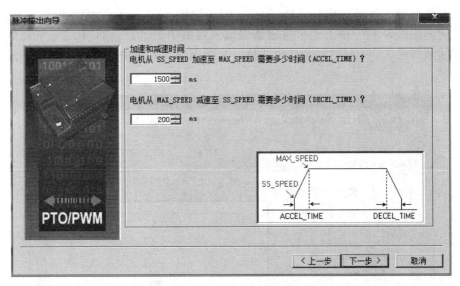

图 4-63　设定电机加速和减速时间

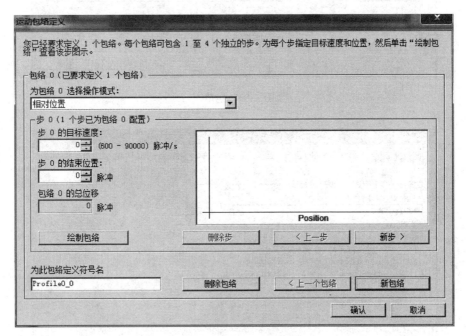

图 4-64　配置运动包络界面

表 4-34　包络设置相关参数

包络号	站点及距离		操作模式	脉冲量	目标速度/脉冲/s	移动方向
0	供料站→加工站	470mm	相对位置	85600	60000	
1	加工站→装配站	286mm	相对位置	52000	60000	
2	装配站→分拣站	235mm	相对位置	42700	60000	
3	分拣站→高速回零前	925mm	相对位置	168000	57000	DIR
4	低速回零		单速连续旋转	单速返回	20000	DIR

包络 0 的符号名按默认定义（Profile0 _ 0）。如图 4-65 所示，可以单击"新包络"按钮，按上述方法将表 4-35 中上 3 个位置数据输入包络中去。表 4-34 中最后一行低速回零，是单速连续运行模式，选择这种操作模式后，在所出现的界面中（见图 4-66），写入目标速度"20000"。

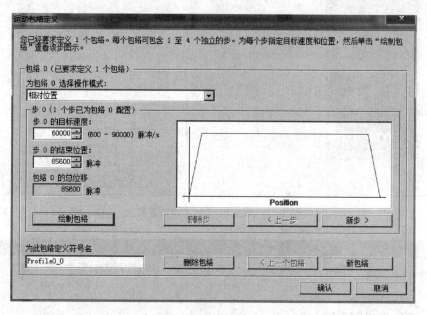

图 4-65　包络 0

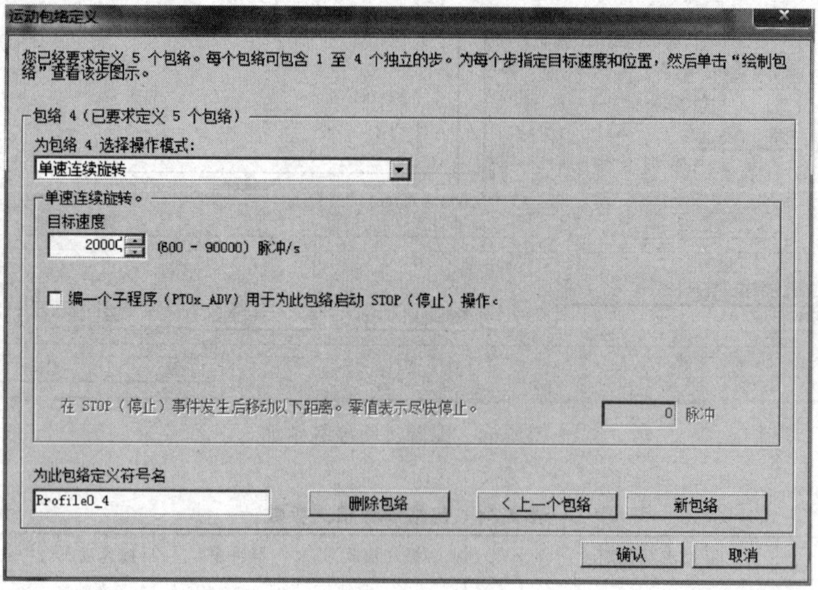

图 4-66　包络 4

⑦ 运动包络编写完成单击"确认"，向导会要求为运动包络指定 V 存储地址（建议地址为 VB75～VB300），默认这一建议（见图 4-67），单击"下一步"，选择完成结束向导，如图 4-68 所示。

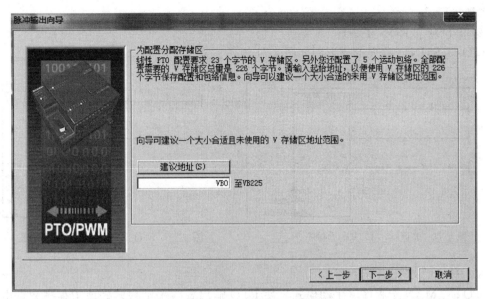

图 4-67　为运动包络指定 V 存储地址

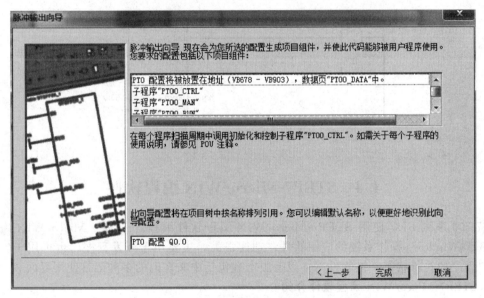

图 4-68　配置生成的项目组件

4. 项目组件

运动包络组态完成后，向导会为所选的配置生成三个项目组件（子程序），分别是 PTOx _ RUN 子程序（运行包络），PTOx _ CTRL 子程序（控制）和 PTOx _ MAN 子程序（手动模式）子程序。一个由向导产生的子程序就可以在程序中调用如图 4-69 所示。

（1）PTOx _ CTRL 子程序

如图 4-70 所示，PTOx _ CTRL 子程序用于步进电机或伺服电机的 PTO 输出。在程序中仅能使用该子程序一次，并保证每个扫描周期该子

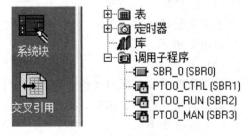

图 4-69　项目组件

程序都被执行。

（2）PTOx_RUN 子程序

PTOx_RUN 子程序的梯形图如图 4-71 所示。

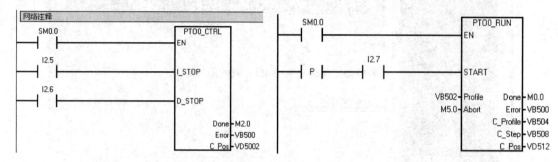

图 4-70　PTOx_CTRL 子程序　　　　　图 4-71　运行 PTOx_RUN 子程序

（3）PTOx_MAN 子程序

PTOx_MAN 子程序（手动模式）使 PTO 输出置为手动模式。该子程序允许电机以不同的速度启动、停止和运行。运行这一子程序的梯形图如图 4-72 所示。

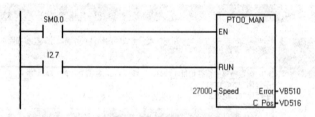

图 4-72　运行 PTOx_MAN 子程序

4.4　STEP7-Micro/WIN 编程软件

S7-200 系列 PLC 使用 STEP7-Micro/WIN 编程软件编程。STEP7-Micro/WIN 编程软件是基于 Windows 操作系统的应用软件，功能强大，主要用于开发程序，也可用于实时监控用户程序的执行状态。该软件 4.0 以上版本有包括中文在内的多种语言使用界面。

1. STEP7-Micro/WIN 编程软件介绍

STEP7-Micro/WIN 编程软件的主界面如图 4-73 所示。主界面一般可以分为以下几个部分：菜单条、工具条、浏览条、指令树、用户窗口、输出窗口和状态条。除菜单条外，用户可以根据需要通过检视菜单和窗口菜单决定其他窗口的取舍和样式的设置。

1）主菜单

主菜单包括文件、编辑、检视、PLC、调试、工具、窗口、帮助八个主菜单项。各主菜单项的功能如下。

（1）文件菜单

文件菜单主要包括对文件进行新建、打开、关闭、保存、另存、导入、导出、上载、下载、页面设置、打印、预览、退出等操作。

（2）编辑菜单

编辑菜单可以实现剪切、复制、粘贴、插入、查找、替换、转至等操作。

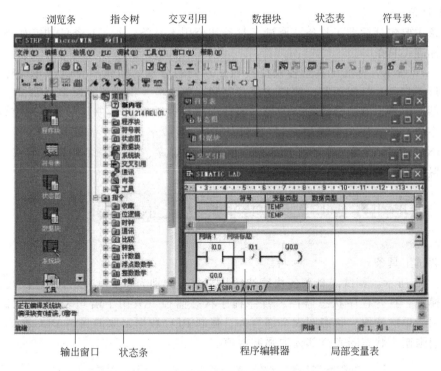

图 4-73　STEP7-Micro/WIN 编程软件的主界面

（3）检视菜单

检视菜单用于选择各种编辑器，如程序编辑器、数据块编辑器、符号表编辑器、状态表编辑器、交叉引用查看以及系统块和通讯参数设置等。检视菜单还可以控制程序注解、网络注解以及浏览条、指令树和输出视窗的显示与隐藏，可以对程序块的属性进行设置。

（4）PLC 菜单

PLC 菜单用于与 PLC 联机时的操作，如用软件改变 PLC 的运行方式（运行、停止），对用户程序进行编译，清除 PLC 程序，电源启动重置，查看 PLC 的信息，时钟、存储卡的操作，程序比较，PLC 类型选择等。其中对用户程序进行编译可以离线进行。

（5）调试菜单

调试菜单用于联机时的动态调试。调试时可以指定 PLC 对程序执行有限次数扫描（从 1 次扫描到 65535 次扫描）。通过选择 PLC 运行的扫描次数，可以在程序改变过程变量时对其进行监控。第一次扫描时，SM0.1 数值为 1（打开）。

（6）工具菜单

工具菜单提供复杂指令向导（PID、HSC、NETR/NETW 指令），使复杂指令编程时的工作简化；提供文本显示器 TD200 设置向导；定制子菜单可以更改 STEP7-Micro WIN 工具条的外观或内容以及在工具菜单中增加常用工具；选项子菜单可以设置三种编辑器的风格，如字体、指令盒的大小等样式。

（7）窗口菜单

窗口菜单可以设置窗口的排放形式，如层叠、水平、垂直。

（8）帮助菜单

帮助菜单可以提供 S7-200 的指令系统及编程软件的所有信息，并提供在线帮助、网上查询、访问等功能。

2）工具条

工具条主要包括标准工具条、调试工具条和公用工具条。各工具条的功能如下。

（1）标准工具条

如图 4-74 所示，标准工具条各快捷按钮从左到右分别为新建项目、打开现有项目、保存当前项目、打印、打印预览、剪切选项并复制至剪贴板、将选项复制至剪贴板、在光标位置粘贴剪贴板内容、撤销最后一个条目、编译程序块或数据块（任意一个现用窗口）、全部编译（程序块、数据块和系统块）、将项目从 PLC 上载至 STEP7-Micro/WIN、从 STEP7-Micro/WIN 下载至 PLC、符号表名称列按照 A～Z 排序、符号表名称列按照 Z～A 排序、选项（配置程序编辑器窗口）。

图 4-74　标准工具条

（2）调试工具条

如图 4-75 所示，调试工具条各快捷按钮从左到右分别为将 PLC 设为运行模式、将 PLC 设为停止模式、打开程序状态监控、暂停程序状态监控（只用于语句表）、图状态打开/关闭、状态图表单次读取、状态图表全部写入、强制 PLC 数据、取消强制 PLC 数据、状态图表全部取消强制、状态图表全部读取强制数值。

图 4-75　调试工具条

（3）公用工具条

如图 4-76 所示，公用工具条各快捷按钮从左到右分别为插入网络、删除网络、程序注解显示/隐藏、网络注解、检视/隐藏每个网络的符号信息表、切换书签、下一个书签、前一个书签、清除全部书签、在项目中应用所有的符号、建立表格未定义符号、常量说明符打开/关闭之间切换等。程序注解、网络注解、符号信息表等如图 4-77 所示。

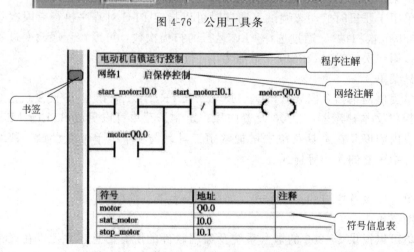

图 4-77　程序注解、网络注解、符号信息表等

（4）LAD 指令工具条

LAD 指令工具条如图 4-78 所示，从左到右分别为插入向下直线、插入向上直线、插入左行、插入右行、插入接点、插入线圈、插入指令盒。

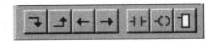

图 4-78   LAD 指令工具条

3）浏览条

浏览条为编程提供按钮控制，可以实现窗口的快速切换，即对编程工具执行直接按钮存取，包括程序块、符号表、状态图表、数据块、系统块、交叉引用和通讯。单击上述任意按钮，则主窗口切换成此按钮对应的窗口。

4）指令树

指令树以树形结构提供编程时用到的所有快捷操作命令和 PLC 指令，可分为项目分支和指令分支。项目分支用于组织程序项目；指令分支用于输入程序，打开指令文件夹并选择指令。

5）用户窗口

可同时或分别打开 6 个用户窗口，分别为交叉引用、数据块、状态图表、符号表、程序编辑器、局部变量表。

（1）交叉引用

在程序编译成功后，可用下面的方法之一打开"交叉引用"窗口：

① 用菜单命令"检视"→"交叉引用"；

② 单击浏览条中的"交叉引用"按钮。

如图 4-79 所示，交叉引用表列出在程序中使用的各操作数所在的 POU、网络或行位置以及每次使用各操作数的语句表指令。通过交叉引用表还可以查看哪些内存区域已经被使用，作为位还是作为字节使用。在运行方式下编辑程序时，可以查看程序当前正在使用的跳变信号的地址。交叉引用表不下载到可编程控制器，在程序编译成功后，才能打开交叉引用表。在交叉引用表中双击某操作数，可以显示出包含该操作数的那一部分程序。

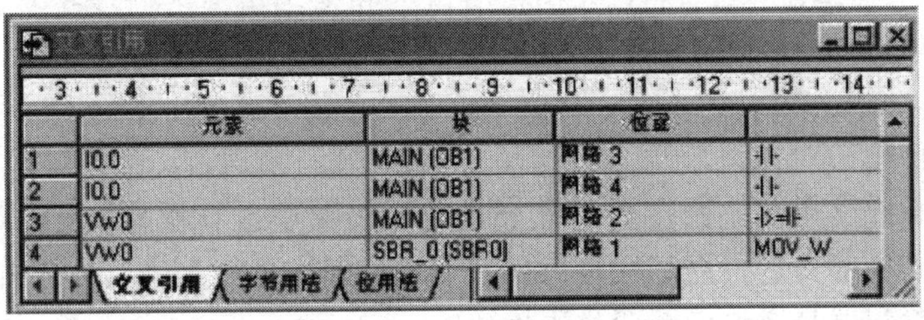

	元素	块	位置	
1	I0.0	MAIN (OB1)	网络 3	⊣⊢
2	I0.0	MAIN (OB1)	网络 4	⊣⊢
3	VW0	MAIN (OB1)	网络 2	⊦>=⊦
4	VW0	SBR_0 (SBR0)	网络 1	MOV_W

交叉引用 / 字节用法 / 位用法 /

图 4-79   交叉引用表

（2）数据块

数据块可以设置和修改变量存储器的初始值和常数值，并加必要的注释说明。可用下面的方法之一打开"数据块"窗口：

① 单击浏览条上的"数据块"按钮；

② 用菜单命令"检视"→"元件"→"数据块"；

③ 单击指令树中的"数据块"图标。

（3）状态表

将程序下载至 PLC 之后，可以建立一个或多个状态表。在联机调试时，进入状态表监控状态，可监视各变量的值和状态。状态表不下载到 PLC，只是监视用户程序运行的一种工具。用下面的方法之一可打开状态表：

① 单击浏览条上的"状态表"按钮；

② 用菜单命令"检视"→"元件"→"状态表"；

③ 打开指令树中的"状态表"文件夹，然后双击"状态表"图标。

若在项目中有一个以上状态表，使用位于"状态表"窗口底部的标签在状态表之间切换。

（4）符号表

符号表是程序员用符号编址的　种工具表。在编程时不采用元件的直接地址作为操作数，而用有实际含义的自定义符号名作为编程元件的操作数，这样可使程序更容易理解。符号表则建立了自定义符号名与直接地址编号之间的关系。程序被编译后下载到可编程控制器时，所有的符号地址被转换成绝对地址，符号表中的信息不下载到可编程控制器。用下面的方法之一可打开符号表：

① 单击浏览条中的"符号表"按钮；

② 用菜单命令"检视"→"符号表"；

③ 打开指令树中的符号表或全局变量文件夹，然后双击一个表格图标。

（5）程序编辑器

用下面的方法之一可打开"程序编辑器"窗口：

① 单击浏览条中的"程序块"按钮，打开程序编辑器窗口，单击窗口下方的主程序、子程序、中断程序标签，可自由切换程序窗口；

② 指令树→程序块→双击主程序图标、子程序图标或中断程序图标。

用下面的方法之一可对程序编辑器进行设置：

① 用菜单命令"工具"→"选项"→"程序编辑器"标签，设置编辑器选项；

② 使用选项快捷按钮→设置"程序编辑器"选项。

（6）指令语言的选择

选择指令语言的方法如下：

① 用菜单命令"检视"→LAD、FBD、STL，更改编辑器类型；

② 用菜单命令"工具"→"选项"→"一般"标签，可更改编辑器（LAD、FBD 或STL）和编程模式（SIMATIC 或 IEC1131-3）。

（7）局部变量表

程序中的每个程序块都有自己的局部变量表，局部变量存储器（L）有 64 个字节。局部变量表用来定义局部变量，局部变量只在建立该局部变量的程序块中才有效。在带参数的子程序调用中，参数就是通过局部变量表传递的。

在用户窗口将水平分隔条下拉即可显示局部变量表，将水平分隔条拉至程序编辑器窗口的顶部，局部变量表不再显示，但仍旧存在。

6）输出窗口

输出窗口用来显示 STEP7-Micro/WIN 程序编译的结果，如编译结果有无错误、错误编码和位置等。通过菜单命令"检视"→"帧"→"输出窗口"，可打开或关闭输出窗口。

7）状态条

状态条提供在 STEP7-Micro/WIN 中操作的相关信息。

2. STEP7-Micro/WIN 主要编程功能

1）编程元素及项目组件

STEP7-Micro/WIN 的一个基本项目包括程序块、数据块、系统块、符号表、状态表、交叉引用表。程序块、数据块、系统块需下载到 PLC，而符号表、状态表、交叉引用表无须下载到 PLC。

程序块由可执行代码和注释组成。可执行代码由一个主程序和可选子程序或中断程序组成。程序代码被编译并下载到 PLC，程序注释被忽略。在"指令树"中右击"程序块"图标可以插入子程序和中断程序。

数据块由数据（包括初始内存值和常数值）和注释两部分组成。数据被编译后，下载到 PLC，注释被忽略。

系统块用来设置系统的参数，包括通讯口配置信息、保存范围、模拟和数字输入过滤器、背景时间、密码表、脉冲截取位和输出表等选项。单击"浏览栏"上的"系统块"按钮，或者单击"指令树"内的"系统块"图标，可查看并编辑系统块。系统块的信息需下载到 PLC，为 PLC 提供新的系统配置。

2）梯形图程序的输入

（1）建立项目

通过菜单命令"文件"→"新建"或单击工具栏中"新建"快捷按钮，可新建一个项目。此时，程序编辑器将自动打开。

（2）输入程序

在程序编辑器中使用的梯形图元素主要有触点、线圈和功能块。梯形图的每个网络必须从触点开始，以线圈或没有 ENO 输出的功能块结束。线圈不允许串联使用。

在程序编辑器中输入程序有以下方法：在指令树中选择需要的指令，拖曳到需要位置；将光标放在需要的位置，在指令树中双击需要的指令；将光标放到需要的位置，单击工具栏指令按钮，打开一个通用指令窗口，选择需要的指令；使用功能键 F4（接点）、F6（线圈）和 F9（功能块），打开一个通用指令窗口，选择需要的指令。当编程元件图形出现在指定位置后，再点击编程元件符号的"???"，输入操作数。红色字样显示语法出错。当把不合法的地址或符号改正为合法值时，红色消失。若数值下面出现红色的波浪线，表示输入的操作数超出范围或与指令的类型不匹配。

在梯形图 LAD 编辑器中可对程序进行注释。注释级别共有程序注释、网络标题、网络注释和程序属性四种。

"属性"对话框中有"一般"和"保护"两个标签。选择"一般"可为子程序、中断程序和主程序块重新编号和重新命名，并为项目指定一个作者。选择"保护"则可以选择一个密码保护程序，以使其他用户无法看到该程序，并在下载时加密。若用密码保护程序，则选择"用密码保护该 POU"复选框，输入一个 4 个字符的密码并核实该密码。

（3）编辑程序

① 剪切、复制、粘贴或删除多个网络。通过用 SHIFT 键＋鼠标单击，可以选择多个相邻的网络，进行剪切、复制、粘贴或删除等操作。

注意：不能选择网络中的一部分，只能选择整个网络。

② 编辑单元格、指令、地址和网络。用光标选中需要进行编辑的单元，单击右键，弹出快捷菜单，可以进行插入或删除行、列、垂直线或水平线的操作。删除垂直线时把方框放在垂直线左边单元上，删除时选"行"或按 DEL 键。进行插入编辑时，先将方框移至欲插入的位置，然后选"列"。

（4）程序的编译

程序编译操作用于检查程序块、数据块及系统块是否存在错误。程序经过编译后，方可下载到 PLC。单击"编译"按钮或选择菜单命令"PLC"→"编译"，编译当前被激活的窗口中的程序块或数据块；单击"全部编译"按钮或选择菜单命令"PLC"→"全部编译"，编译全部项目元件（程序块、数据块和系统块）。使用"全部编译"与哪一个窗口是活动窗口无关。编译的结果显示在主窗口下方的输出窗口中。

　　3）程序的下载、上传

　　（1）下载

　　如果已经成功地在运行 STEP7-Micro/WIN 的个人计算机和 PLC 之间建立了通讯，就可以将编译好的程序下载至该 PLC，PLC 中已有内容将被覆盖。单击工具条中的"下载"按钮或用菜单命令"文件"→"下载"。出现"下载"对话框。根据默认值，在初次发出下载命令时，"程序代码块"、"数据块"和"CPU配置"（系统块）复选框都被选中。如果不需要下载某个块，可以清除该复选框。单击"确定"，开始下载程序。如果下载成功，将出现一个确认框会显示以下信息：下载成功。下载成功后，单击工具条中的"运行"按钮，或"PLC"→"运行"，PLC 进入 RUN（运行）工作方式。

　　（2）上传

　　可用下面的几种方法从 PLC 将项目文件上传到 STEP7-Micro/WIN 程序编辑器：单击"上载"按钮；选择菜单命令"文件"→"上载"；按快捷键组合 Ctrl＋U。执行的步骤与下载基本相同，选择需上传的块（程序块、数据块或系统块），单击"上传"按钮，上传的程序将从 PLC 复制到当前打开的项目中，随后即可保存上传的程序。

　　4）选择工作方式

　　PLC 有运行和停止两种工作方式。单击工具栏中的"运行"按钮或"停止"按钮可以进入相应的工作方式。

　　5）程序的调试与监控

　　在 STEP7-Micro/WIN 编程设备和 PLC 之间建立通讯并向 PLC 下载程序后，可使 PLC 进入运行状态，进行程序的调试和监控。

　　（1）程序状态监控

　　在程序编辑器窗口显示希望测试的部分程序和网络，将 PLC 置于 RUN 工作方式，单击工具栏中"程序状态"按钮或用菜单命令"调试"→"程序状态"，进入梯形图程序监控状态。在梯形图程序监控状态，用高亮显示位操作数的线圈得电或触点通断状态。触点或线圈通电时，该触点或线圈高亮显示。运行中梯形图程序内的各元件状态将随程序执行过程连续更新变换。

　　（2）状态表监控

　　单击浏览条上的"状态表"按钮或使用菜单命令"检视"→"元件"→"状态表"，可打开状态表编辑器，在状态表地址栏输入要监控的数字量地址或数据量地址，点击工具栏中"状态表"按钮，可进入"状态表"监控状态。在此状态，可通过工具栏强制 I/O 点的操作，观察程序的运行情况；也可通过工具栏对内部位及内部存储器进行"写"操作改变其状态，进而观察程序的运行情况。

项目 5 触摸屏技术在自动生产线中应用

  PLC 具有很强的功能，能够完成各种控制任务。但是 PLC 无法显示数据，没有漂亮的界面，不能像计算机那样能够以图形方式显示数据，设备操作也很简单。

  借助智能终端设备，即人机界面（Human Machine Interface），通过人机界面设备提供的组态软件能够很方便地设计出用户所要求的界面，也可以直接在人机界面设备上操作设备。

  人机界面设备提供了人机交换的方式，是操作人员与 PLC 进行对话的接口设备。人机界面设备以图形方式显示所连接的 PLC 的状态、当前过程数据以及故障信息。工业触摸屏已经成为现代工业控制系统中不可缺少的人机界面设备之一。

  YL-335B 采用了昆仑通泰研发的 TPC7062K，通过触摸屏可以观察、掌握和控制自动生产线以及 PLC 的工作状况，如图 5-1 所示。

这就是人机界面设备：触摸屏

图 5-1   YL-335B 生产线及人机界面 TPC7062K

5.1   触摸屏硬件系统连接

5.1.1   认知 TPC7062K 人机界面和 MCGS 嵌入式工控组态软件

  TPC7062K 是一套以嵌入式低功耗 CPU 为核心的高性能嵌入式一体化工控机。该产品设计采用了 7 英寸高亮度 TFT 液晶显示屏（分辨率 800×480），四线电阻式触摸屏（4096×4096），同时还预装了微软嵌入式实时多任务操作系统 WinCE. NET（中文版）和 MCGS 嵌入式组态软件（运行版）。

  MCGS（Montior and Control Generated System，监视与控制通用系统）嵌入版组态软件是昆仑通泰公司专门开发的用于 mcgsTpc 系列人机界面设备的组态软件，主要完成现场数据的采集与监测、前端数据的处理与控制。

1. TPC7062K 的简单使用

图 5-2 是 TPC7062K 的正视和背视图。TPC7062K 人机界面的电源进线、各种通讯接口均在其背面。

图 5-2　触摸屏 TPC7062K 的正视和背视图

（1）接口说明（表 5-1）

TPC7062K 的背板图如图 5-3 所示。

表 5-1　TPC7062K 接口说明

项目	TPC7062K
LAN(RJ45)	以太网接口
串口(DB9)	1×RS232,1×RS485
USB1	主口,USB1.1 兼容
USB2	从口,用于下载工程
电源接口	24V DC±20%

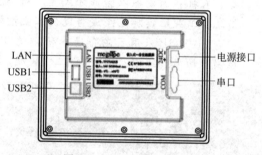

图 5-3　TPC7062K 背板图

（2）串口引脚定义（表 5-2）

串口引脚图如图 5-4 所示。

表 5-2　串口引脚定义

接口	PIN	引脚定义
COM1	2	RS232 RXD
	3	RS232 TXD
	5	GND
COM2	7	RS485＋
	8	RS485－

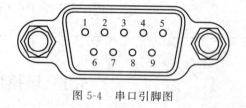

图 5-4　串口引脚图

（3）电源插头示意图及引脚定义

电源插头示意图及引脚定义如图 5-5 所示。

（4）TPC7062K 启动

使用 24V 直流电源给 TPC7062K 供电，开机启动后屏幕出现"正在启动"提示进度条，此时不需要任何操作系统将自动进入工程运行界面，如图 5-6 所示。

2. 认知 MCGS 嵌入式组态软件

MCGS 嵌入版组态软件与其他相关的硬件设备结合，可以快速、方便的开发各种用于现场采集、数据处理和控制的设备。如可以灵活组态各种智能仪表、数据采集模块，无纸记录仪、无人值守的现场采集站、人机界面等专用设备。

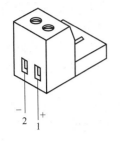

图 5-5　电源插头示意图

图 5-6　TPC7062K 启动及运行界面

（1）MCGS 嵌入版组态软件的主要功能

① 简单灵活的可视化操作界面：采用全中文、可视化的开发界面，符合中国人的使用习惯和要求。

② 实时性强、有良好的并行处理性能：是真正的 32 位系统，以线程为单位对任务进行分时并行处理。

③ 丰富、生动的多媒体画面：以图像、图符、报表、曲线等多种形式，为操作员及时提供相关信息。

④ 完善的安全机制：提供了良好的安全机制，可以为多个不同级别用户设定不同的操作权限。

⑤ 强大的网络功能：具有强大的网络通讯功能。

⑥ 多样化的报警功能：提供多种不同的报警方式，具有丰富的报警类型，方便用户进行报警设置。

⑦ 支持多种硬件设备。

总之，MCGS 嵌入版组态软件具有与通用组态软件一样强大的功能，并且操作简单，易学易用。

（2）MCGS 嵌入版组态软件的组成

MCGS 嵌入版生成的用户应用系统，由主控窗口、设备窗口、用户窗口、实时数据库和运行策略五个部分构成，如图 5-7 所示。

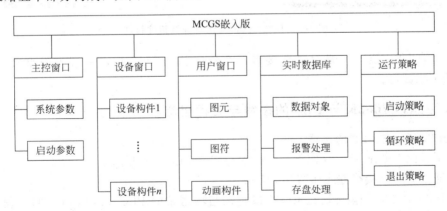

图 5-7　MCGS 嵌入版组态软件的组成图

主控窗口构造了应用系统的主框架，主控窗口确定了工业控制中工程作业的总体轮廓，以及运行流程、特性参数和启动特性等项内容，是应用系统的主框架。

设备窗口是 MCGS 嵌入版系统与外部设备联系的媒介，设备窗口专门用来放置不同类型和功能的设备构件，实现对外部设备的操作和控制。设备窗口通过设备构件把外部设备的数据采集进来，送入实时数据库，或把实时数据库中的数据输出到外部设备。

用户窗口实现了数据和流程的"可视化"，用户窗口中可以放置三种不同类型的图形对象：图元、图符和动画构件。通过在用户窗口内放置不同的图形对象，用户可以构造各种复杂的图形界面，用不同的方式实现数据和流程的"可视化"。

实时数据库是 MCGS 嵌入版系统的核心，实时数据库相当于一个数据处理中心，同时也起到公共数据交换区的作用。从外部设备采集来的实时数据送入实时数据库，系统其它部分操作的数据也来自于实时数据库。

运行策略是对系统运行流程实现有效控制的手段。运行策略本身是系统提供的一个框架，其里面放置由策略条件构件和策略构件组成的"策略行"，通过对运行策略定义，使系统能够按照设定的顺序和条件操作，实现对外部设备工作过程的精确控制。

（3）嵌入式系统的体系结构

嵌入式组态软件的组态环境和模拟运行环境相当于一套完整的工具软件，可以在 PC 机上运行。

嵌入式组态软件的运行环境则是一个独立的运行系统，它按照组态工程中用户指定的方式进行各种处理，完成用户组态设计的目标和功能。运行环境本身没有任何意义，必须与组态工程一起作为一个整体，才能构成用户应用系统。一旦组态工作完成，并且将组态好的工程通过 USB 口下载到嵌入式一体化触摸屏的运行环境中，组态工程就可以离开组态环境而独立运行在 TPC 上。从而实现了控制系统的可靠性、实时性、确定性和安全性。TPC7062K 与组态计算机连接如图 5-8 所示。

图 5-8　TPC7062K 与组态计算机连接图

将普通的 USB 线，一端为扁平接口，查到电脑的 USB 口，一端为微型接口，插到 TPC 端的 USB2 口。

5.1.2　TPC7062K 与 PLC 的接线与工程组态

1. TPC7062K 与 PLC 的接线

认识了 TPC7062K 后，我们首先了解它与三款 PLC——西门子 S7-200、三菱 FX 系列、欧姆龙的通信方式，接线方式如图 5-9 所示。

在 YL-335B 中，触摸屏通过 COM 口直接与输送站的 PLC（PORT1）的编程口连接。所使用的通信线采用西门子 PC-PPI 电缆，PC-PPI 电缆把 RS232 转为 RS485。PC-PPI 电缆 9 针母头插在屏侧，9 针公头插在 PLC 侧，见图 5-9（a）。

为了实现正常通信，除了正确进行硬件连接，尚须对触摸屏的串行口 0 属性进行设置，这将在设备窗口组态中实现，设置方法将在后面的工作任务中详细说明。

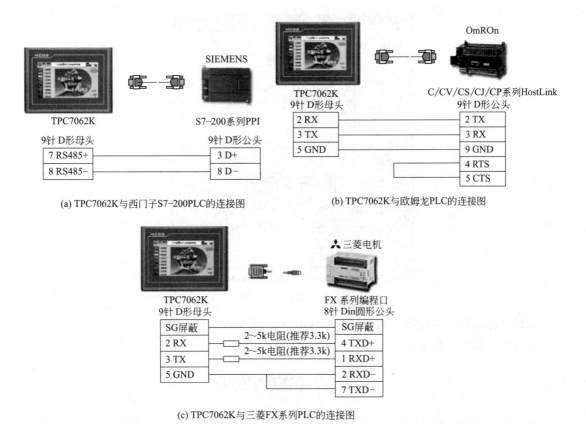

(a) TPC7062K与西门子S7-200PLC的连接图

(b) TPC7062K与欧姆龙PLC的连接图

(c) TPC7062K与三菱FX系列PLC的连接图

图 5-9　TPC7062K 与三款 PLC 的通讯方式

2. MCGS 嵌入版与西门子 S7-200PLC 连接的组态

MCGS 嵌入版组态软件安装完成后，计算机桌面上添加了图 5-10 所示的两个快捷方式图标，分别用于启动 MCGS 嵌入版组态环境和模拟运行环境：

图 5-10　MCGS 嵌入版组态环境和模拟运行环境图标

下面简要介绍 MCGS 嵌入版与西门子 S7-200PLC 连接的组态过程。

双击桌面上的组态环境快捷方式，可打开嵌入版组态软件，然后按如下步骤建立通信工程。

① 单击"文件"菜单中"新建工程"选项，弹出"新建工程设置"对话框（见图 5-11），TPC 类型选择为"TPC7062K"，单击"确认"按钮。

② 单击"文件"菜单中"工程另存为"选项，弹出"文件保存"窗口。

③ 在"文件名"一栏内输入"TPC 通信控制工程"，单击"保存"按钮，工程创建完毕。

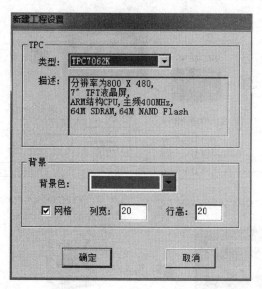

图 5-11　选择 TPC 类型

工程组态的操作步骤略，具体可查阅《MCGS 嵌入版用户手册》。

最后即可进行工程下载及运行。

5.2　工程应用案例

本节通过实例介绍 MCGS 嵌入版组态软件中建立同西门子 S7-200 通信的步骤，实际操作地址是 Q0.0、Q0.1、Q0.2、VW0 和 VW2。

1. 设备组态

① 在工作台中激活设备窗口，双击 进入设备组态画面，单击工具条中的 打开"设备工具箱"，见图 5-12。

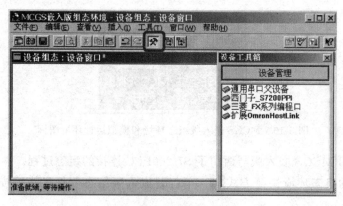

图 5-12　设备工具箱

② 在设备工具箱中，按顺序先后双击"通用串口父设备"和"西门子_S7200PPI"，添加至组态画面窗口，如图 5-13 所示，系统提示是否使用西门子默认通讯参数设置父设备，见图 5-14，选择"是"。

所有操作完成后关闭设备窗口，返回工作台。

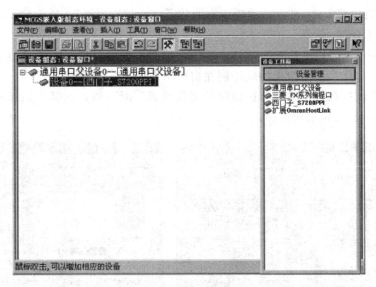

图 5-13　设备窗口

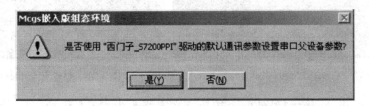

图 5-14　提示是否使用默认通信参数设置父设备

2. 窗口组态

① 在工作台中激活用户窗口，单击"新建窗口"按钮，建立新画面"窗口 0"，如图 5-15 所示。

② 接下来单击"窗口属性"按钮，弹出"用户窗口属性设置"对话框，在基本属性页，将"窗口名称"修改为"西门子 200 控制画面"，单击确认进行保存。如图 5-16 所示。

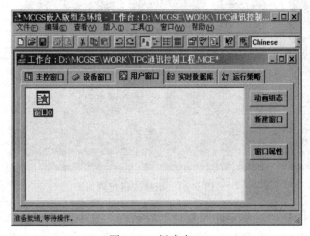

图 5-15　新建窗口

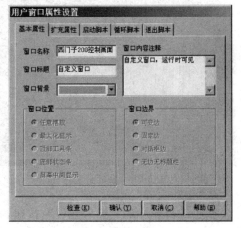

图 5-16　用户窗口属性设置

③ 在用户窗口双击![icon]进入"动画组态西门子 200 控制画面",单击![icon]打开"工具箱"。

④ 建立基本元件：

从工具箱中单击"标准按钮"构件，在窗口编辑位置按住鼠标左键拖放出一定大小后，松开鼠标左键，这样一个按钮构件就绘制在窗口中。如图 5-17 所示。

接下来双击该按钮打开"标准按钮构件属性设置"对话框，在基本属性页中将"文本"修改为 Q0.0，单击确认按钮保存，如图 5-18 所示。

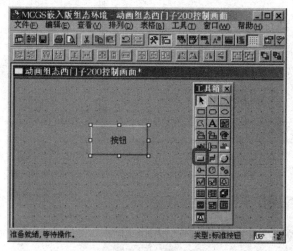

图 5-17 绘制按钮构件　　　　　　　　　　　图 5-18 标准按钮构件属性设置

按照同样的操作分别绘制另外两个按钮，文本修改为 Q0.1 和 Q0.2，完成后如图 5-19 所示。

按住键盘的 ctrl 键，然后单击鼠标左键，同时选中三个按钮，使用工具栏中的等高宽、左（右）对齐和纵向等间距对三个按钮进行排列对齐，如图 5-20 所示。

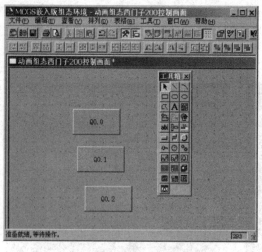
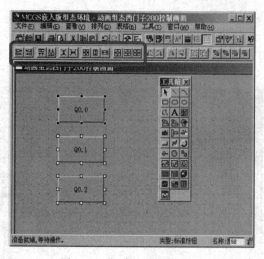

图 5-19 增添两个按钮　　　　　　　　　　　图 5-20 新建按钮排列对齐

单击工具箱中的"插入元件"按钮，打开"对象元件库管理"对话框，选中图形对象库指示灯中的一款，点击确认添加到窗口画面中。并调整到合适大小，同样的方法再添加两个指示灯，摆放在窗口中按钮旁边的位置，见图 5-21。

单击选中工具箱中的"标签"构件，在窗口按住鼠标左键，拖放出一定大小"标签"，如图 5-22。然后双击该标签，弹出"标签动画组态属性设置"对话框，在扩展属性页，在"文本内容输入"中输入 VW0，点击确认，见图 5-23。

同样的方法，添加另一个标签，文本内容输入 VW2，见图 5-24。

单击工具箱中的"输入框"构件，在窗口按住鼠标左键，拖放出两个一定大小的"输入框"，分别摆放在 VW0、VW2 标签的旁边位置，见图 5-25。

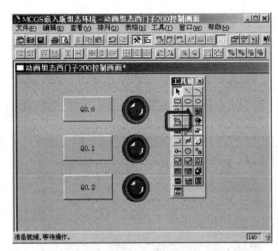

图 5-21　增添三个指示灯

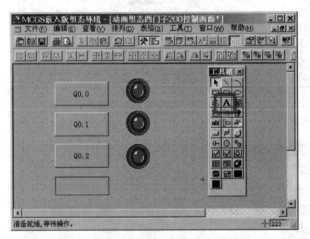

图 5-22　增添标签构件

图 5-23　输入标签内容

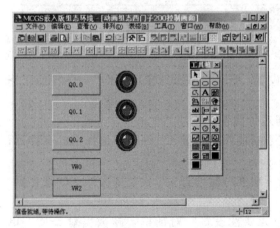

图 5-24　增添另一个标签构件

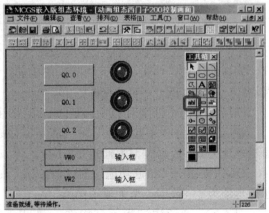

图 5-25　增添输入框构件

⑤ 建立数据链接

双击 Q0.0 按钮，弹出"标准按钮构件属性设置"对话框，见图 5-26，在操作属性页，默认"抬起功能"按钮为按下状态,勾选"数据对象值操作",选择"清 0",单击 ![icon]，弹出"变量选择"对话框,选择"根据采集信息生成",通道类型选择"Q 寄存器",通道地址为"0",数据类型选择"通道第 00 位",读写类型选择"读写"。见图 5-28,设置完成后单击"确认"按钮。

在 Q0.0 按钮抬起时,对西门子 200 的 Q0.0 地址"清 0",见图 5-27。

图 5-26　标准按钮构件属性设置 1

图 5-27　标准按钮构件属性设置 2

图 5-28　变量选择

同样的方法,单击"按下功能"按钮进行设置,选择"数据对象值操作"→"置 1"→"设备 0 _ 读写 Q000 _ 0",见图 5-29。

同样的方法,分别对 Q0.1 和 Q0.2 的按钮进行设置。

Q0.1 按钮→"抬起功能"时"清 0";"按下功能"时"置 1"→变量选择→Q 寄存器,通道地址为 0,数据类型为通道第 01 位。

Q0.2 按钮→"抬起功能"时"清 0";"按下功能"时"置 1"→变量选择→Q 寄存器,通道地址为 0,数据类型为通道第 02 位。

双击 Q0.0 旁边的指示灯构件,弹出"单元属性设置"对话框,在数据对象页,单击 ![icon]选择数据对象"设备 0 _ 读写 Q000 _ 0",见图 5-30。同样的方法,将 Q0.1 按钮和 Q0.2 按钮旁边的指示灯分别连接变量"设备 0 _ 读写 Q000 _ 1"和"设备 0 _ 读写 Q000 _ 2"。

图 5-29　按钮按下功能属性设置　　　　　　　图 5-30　单元属性设置

　　双击 VW0 标签旁边的输入框构件，弹出"输入框构件属性设置"对话框，在操作属性页，单击 ⁇ 进入"变量选择"对话框，选择"根据采集信息生成"，通道类型选择"V 寄存器"；通道地址为"0"；数据类型选择"16 位无符号二进制"；读写类型选择"读写"，见图 5-31，设置完成后单击"确认"按钮。

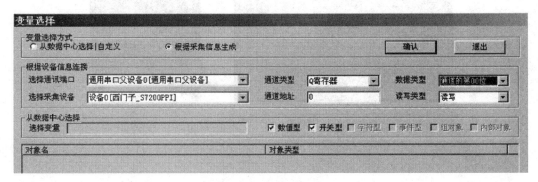

图 5-31　变量选择设置

　　同样的方法，双击 VW2 标签旁边的输入框进行设置，在操作属性页，选择对应的数据对象：通道类型选择"V 寄存器"；通道地址为"2"；数据类型选择"16 位无符号二进制"；读写类型选择"读写"。

3. 工程下载及运行效果

　　组态完成后，单击工具条中的下载按钮 🔃，进行下载配置（见图 5-32）。选择"连机运行"，连接方式选择"USB 通讯"，然后单击"通讯测试"按钮，通讯测试正常后，单击"工程下载"（见图 5-33）。

　　图 5-34 是 TPC7062K 控制西门子 S7-200PLC 的运行效果图。PLC 的 Q 寄存器 Q0.0、Q0.1、Q0.2 的指示灯会随着按钮的操作而变化。

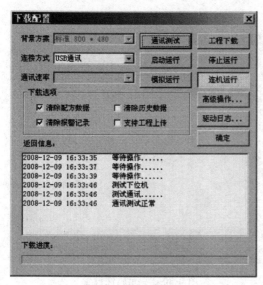

图 5-32　下载配置

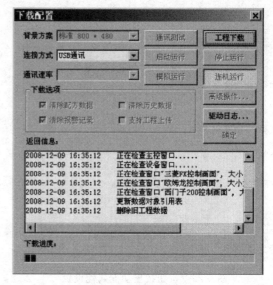

图 5-33　工程下载

图 5-34　运行效果

模块 2　YL-335B自动生产线安装与调试

工业自动化生产线简称自动生产线，是按工艺路线排列的若干自动机械用自动输送装置连成一个整体，并用控制系统按要求控制，具有自动操纵产品输送、加工、检测等综合能力。

YL_335B自动生产线装置是在铝合金导轨式实训台上安装送料、加工、装配、输送、分拣等工作单元，构成一个典型的自动生产线平台。它综合应用了多种技术，如机械技术、气动控制技术、传感器技术、伺服位置控制技术、PLC控制及组网技术等。利用YL_335B，可以模拟一个与实际生产情况十分接近的控制过程，使学习者得到一个非常接近于实际的教学设备环境，从而缩短理论教学与实际应用之间的距离。

项目 6　YL-335B 自动生产线的认知

通过本项目学习，了解工业自动化设备组成及各部分作用，了解自动生产线的组成、自动生产线的典型应用及自动生产线的发展趋势；认识 YL_335B 自动生产线基本组成以及供料、加工、装配、输送、分拣等五个工作站的基本结构和功能。

6.1　典型自动化设备及生产线的构成

6.1.1　工业自动化设备的一般组成

一般来说，工业自动化设备是由以下五部分构成的：

① 机械本体部分；

② 检测及传感器部分；

③ 控制部分；

④ 执行机构部分；

⑤ 动力源部分。

6.1.2　工业自动化设备各部分的作用

1. 机械本体

机械本体包括机壳、机架、机械传动部件以及各种连杆机构、凸轮机构、联轴器、离合器等，其功能包括：

① 连接固定的功能，如数控机床的床身和壳体；

② 实现特定的功能，如数控机床可加工机械零件，其性能的好坏直接影响工业自动化设备的性能。由于工业自动化设备具有高速、高精度和高生产率的特点，因此，其机械本体应稳定、精密、可靠、轻巧、实用和美观。

2. 检测及传感器部分

各种检测元件及传感器用来检测各种信号，把检测到的信号经过放大、变换后送到控制部分，进行分析和处理。

3. 控制部分

控制部分的作用是处理各种信息并做出相应的判断、决策并发送指令。

4. 执行机构部分

执行机构部分的作用是执行各种指令，完成预期的动作，它由传动机构和执行元件组成，能实现给定的运动，能传递足够的动力，具有良好的传动性能，可完成上料、下料、定量和传送等功能。执行部分有伺服电动机、调速电动机、步进电动机、变频器、电磁阀或气动阀门体内的阀心、接触器等。

5. 动力源部分

动力源部分的作用是向工业自动化设备供应能量，以驱动它们进行各种运动和操作。常用的有电力源及其他动力源（如液压源、气压源、用于激光加工的大功率激光发生器等）。

6.2　自动生产线的组成及其设备选型

随着轻工业生产的发展和工厂规模的日益扩大，产品的产量不断提高，原来的单机生产已经不能满足现代生产需求。现代化的大规模工厂将由电子计算机、智能机器人、各种高级自动化机械以及由智能型检测、控制、调节装置等按产品生产工艺的要求而组合成的全自动生产系统进行生产，如啤酒灌装自动线、纸板纸箱自动生产线、香皂自动成形包装生产线等。

6.2.1　自动生产线的组成

利用输送装置将自动机、辅助设备按产品的生产顺序组合，并以一定的节拍完成生产，物料由一端不断送入，生产材料在相应工位加入，经过各工序的加工后，产品从末端输出。这种生产设备的组合系统称为生产流水线。

在生产流水线的基础上，再配以必要的自动检测、控制、调整补偿装置及自动供送料装置，使物品在无需人工直接参与操作情况下自动完成供送、生产的全过程，并取得各机组间的平衡协调，这种工作系统就称为自动生产线。

自动生产线除了具有生产流水线的一般特征外，还具有更严格的生产节奏和协调性。自动生产线主要由基本设备、运输储存装置和控制系统三大部分组成，如图 6-1 所示。

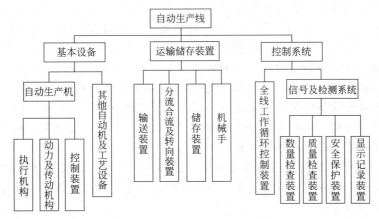

图 6-1　自动生产线组成图

其中自动生产机是最基本的工艺设备，而运输储存装置则是必要的辅助装置，它们都依靠自动控制系统来完成确定的工作循环。所以，运输储存装置和自动控制系统，乃是区别流水线和自动生产线的重要标志。

当今出现的自动生产线，采用系统论、信息论、控制论和智能论等现代工程基础科学，应用各种新技术来检测生产质量和控制生产工艺过程的各环节。

自动生产线的建立已为产品生产过程的连续化、高速化奠定了基础。今后不但要求有更多的不同产品和规格的生产自动线，并且还要实现产品生产过程的综合自动化，即向自动化生产车间和自动化生产工厂的方向发展。通常，在自动生产线的终端，由人驾驶运输工具（如铲车）将生产成品运往仓库或集装箱运输车上，个别的也有设置移动式堆码机来完成最后这一道工序的。

6.2.2　自动生产线的设备选型

1. 设备选型的基本原则

设备选型就是从多种可以满足需要的不同型号、规格的设备中，经过技术经济分析、评价和比较，选择出一种最佳的型号，合理选择设备能使有限的投资发挥更大的经济效益。

设备选型的基本原则是：生产上适用，技术上先进，经济上合理。

所谓生产上适用，是指设备适合企业现在所生产的产品及未来将开发的产品的生产工艺的需要。只有生产上适用的设备才能发挥其良好的投资效益。技术先进必须以生产上适用为前提，既不可脱离我国的国情和企业的实际需要，片面地追求所谓技术上先进，也要往前看，考虑到企业未来产品更新换代的需要，防止选择技术上即将落后或将被淘汰的设备。最后还要把生产上适用、技术上先进和经济上合理统一起来，以获得最大经济效益。

通常技术上先进的生产设备其生产能力和产品质量都较高，但某些生产设备技术上非常先进，自动化程度很高，适用于大批量连续生产，如果在生产量不够大的情况下使用，往往造成负荷不足，不能充分发挥设备的能力。并且，这类生产机的价格通常都很高，维持费用也很大，从总的经济效益上来看并不合算。所以在选择生产设备时应将适用性、先进性和经济性综合权衡，选择最佳方案。

2. 设备选型应考虑的因素

① 设备的技术先进性。随着科学技术的迅猛发展，各种高新技术不断进入生产的各个领域，生产机械也在向着高速、自动控制和多功能的方向发展，全自动生产线及机器人、机械手等都得到广泛的应用。产品更新换代速度加快，要求生产设备对产品的变化有更强的适应性。生产机的能力不仅应满足现有生产条件的要求，同时也应顾及到产品的更新换代要求。所以，设备选型时，在生产适用的前提下，应尽可能地根据企业发展的实际情况选择技术先进、生产能力较高的新型设备。一般来说，大批量生产的企业，如啤酒、饮料、卷烟等行业，应选择自动化程度较高、生产能力配套的自动生产线，同时注意对产品变化的适应性。多品种、产品变化快企业，如食品厂等，应按照经济合理的原则，积极采用适应范围广的组合生产机，以适应生产工艺变化的要求。可以说，产品批量的大小和产品生产工艺技术要求是选择生产设备时的基本依据和具体因素。

② 设备的可靠性。设备的可靠性是保证产品的生产质量、保持设备生产能力的先决条件。人们都希望生产设备能无故障工作，以达到预期的生产目的，因此，设备选型时应要求新设备具有足够的可靠性。

可靠性的定量表示是可靠度。可靠度就是指系统、机器或零部件在规定条件下，规定时间内无故障地执行规定机能的概率。这里规定条件是指环境、负荷、操作、运行及养护方法等；规定时间是指设计年限；故障是指系统、机器及零部件丧失其规定机能。

可靠性很大程度上取决于设备的设计，因此，在选择生产机时必须考虑生产机的设计质量。首先是设备结构的合理性，如生产机的结构设计、机构选择、构件尺寸、比例、材料选择、磨损等。还要考虑设备的自身防护性，如防振、防污染、过载保护、自动补偿、误操作防止、润滑结构等，以及控制部分的合理性。

一般来说，设备的可靠性愈高，设备费用（设置费用和维持费用）也愈高。如果为此降低对设备可靠性的要求，只考虑设备的输出能力而忽视设备的有效利用率，或只强调设备投资少，片面追求设备数量而忽视设备可靠性，都将造成设备的停机损失和维修费用增加，这是不经济的。

③ 设备的消耗性。生产机的选择还应注意设备对能源及原材料的消耗情况。在能源消耗方面，要执行国家能源政策规定标准，在保证产品生产的前提下，设备的能源消耗越低越好。同时要注意选择可以使用低品位、低价能源及可使能源再生的新能源设备。另外还要注意，设备所使用的能源应是本企业、本地区能够保证供应的。这样可使能源的管理费用大为降低。在原材料消耗方面，应注意对生产材料的有效利用率，并尽力减少对生产物品的损耗。

④ 设备的操作性。设备的操作性包括操作方便和操作可靠两个方面。操作方便就是要求生产机的操作结构设计符合人体工程学的要求，符合人的能力和习惯，使操作人员的动作尽可能简单方便，最大程度减轻操作者的负担。操作的可靠性是指能避免误操作发生的可能性。设备的操作性可从以下几个方面考虑。

一是生产机的操作结构应符合人的形体尺寸要求。操作装置的结构、尺寸应使操作人员在操作过程中容易触及并便于操作。特别是选择进口设备时，更要注意适合我国人体尺寸要求。二是生产机的操作系统要符合人的生理特点。包括人体承受负荷能力、耐久性、动作节奏、动作速度等，生产机的操作要求不可超出规定限度。三是生产机的操作显示系统应能减轻操作人员神经系统负担。提示信号应符合人的心理和生理的感受，尽可能采用音响信号，以减轻人的视觉负担。尽量减少信号的频率和密度。显示系统直观、准确，尽可能采用微机、中心控制，以减轻人的劳动强度。

⑤ 设备的成套性。这是形成生产能力的重要标志。它主要包括：a. 单机配套。指随机

工具、附件、部件、备件配套；b.机组配套。指主机、辅机、控制设备配套；c.项目配套。指项目所需设备的成套配套，如工艺、动力、输送及其他设施的配套。

⑥ 设备的灵活性。设备的灵活性主要指：a.适应性，即能适应不同的工作环境条件，适应生产能力的波动变化；b.通用性，即能适应不同规格产品的生产工艺要求；c.结构紧凑，体积小，重量轻。

⑦ 劳保、安全性。选择生产机时还应注意生产设备本身所具有的劳动保护装置和技术安全措施。对于高温、高压、高噪声、强振、强光、辐射、污染等条件下从事生产的工作人员的健康和安全，必须放到重要位置加以考虑，要求设备有可靠、严格的防范措施。决不允许选择不符合国家劳动保护、技术安全和环境保护政策、法令和法规的设备，以免给企业和社会带来后患和损失。

⑧ 设备的维修性。设备的维修性又称适修性、可维修性、易维修性，它表示系统、机器、零部件等在维修过程中的难易程度，可以用维修度、平均修复时间或修理费来衡量维修性的好坏。

维修度是指能够修理的系统、机器及零部件在按规定条件进行修理时，在规定时间内完成维修的概率。选择生产机时，对设备的维修性可从以下几方面衡量：a.结构合理，生产机结构总体布局符合可达性原则、各零部件和结构就易于接近，便于检查、维修；b.结构简单，在满足相同使用需要的前提下结构简单，需维修的零部件越少越好并且要易于拆装，能迅速更换易损件，无需高级维修工；c.结构先进，生产机应尽可能采用参数自动调整，磨损自动补偿；d.标准性，设备应尽可能多地采用标准零部件和元器件的，以便于维修、更换；e.组合性，设备容易被拆成几个独立的部件、装置和组件，并且无需用特殊手段即可装配成为整机；f.状态监测与故障诊断能力，利用设备上的仪器、仪表、传感器和配套仪器，监测生产机各部位的温度、压力、电流、电压、振动频率、功率变化、成品检测等各项参数的动态，以判断生产机运行的技术状态及故障部位；g.从设计上考虑无维修或减少维修度的可能性，如目前许多电器产品都是采用无维修设计，大量选用维修性好的设备，将大大减少停机时间，节约维修费用，减少停机损失。

⑨ 设备的经济性。进行设备投资的根本目的是为了获得良好的经济效益，但不能脱离生产工艺对设备的技术要求片面追求经济性。

衡量生产机的经济性，应以设备的寿命周期费用为依据，不能只看原始价格。应在寿命周期费用最合理的基础上追求投资的最佳效益。因此，选择生产机时，对设备的经济性评价要从两个方面进行：一方面要对选型方案作寿命周期费用比较；另一方面要运用工程经济学知识作选型方案的投资效益分析比较，以选择经济上最为合理的方案。

6.2.3　自动生产线的发展趋势

目前，国内外自动生产线的主要发展趋势呈现出了以下特点。

1. 高速化

提高自动机与自动线速度是提高劳动生产率的主要途径。据报道，在国外，卷烟机速度达到4000支/min，糖果包装机达1200粒/min，工业缝纫机达7500r/min，而我国现有水平分别为1000支/min、300m/min、500粒/min和3000r/min。由此可见，高速化是提高单机生产率的主要途径之一。

2. 综合自动化

生产过程自动化是现代生产的重要标志。在自动化机械中，采用机、电、液、气相结合的综合自动化，可使自动化轻工机械的结构进一步简化。另外，采用电子自控技术，不仅能自动完成加工工艺操作和辅助操作，而且能自动检测、自动判断记忆、自动发现和排除故障、自动分选和剔除废品，可大大提高自动机械的自动化程度。

近年来包装工业得到了较大的发展，逐渐发展成为独立的工业部门。而现代包装进一步的自动化不只是单纯包装操作，已发展成为包括包装容器的制作、包装物品的计量、包装材料商标图案的印刷、包装产品的检测以及执行包装操作的多种工艺任务的综合自动化。

3. 广泛采用工业机械手和工业机器人

工业机械手包括通用型和专用型两种。通用型机械手能改变工作程序以适应产品的改变。当前国外工业机械手已发展到利用微型计算机进行控制，使机械手具有所谓"视觉"和"触觉"等功能。已经有工业机器人应用在轻工自动机与自动线上。

6.3　YL-335B 自动生产线

6.3.1　YL-335B 自动生产线的基本组成

亚龙 YL-335B 型自动生产线由安装在铝合金导轨式实训台上的供料单元、加工单元、装配单元、输送单元和分拣单元 5 个单元组成。其外观如图 6-2 所示。

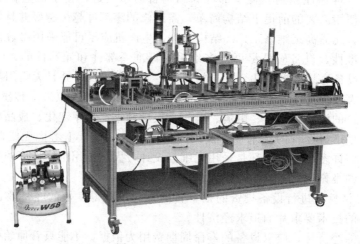

图 6-2　YL-335B 外观图

其中，每一工作单元都可自成一个独立的系统，同时也都是一个机电一体化的系统。各个单元的执行机构基本上以气动执行机构为主，但输送单元的机械手装置整体运动则采取伺服电机驱动、精密定位的位置控制，该驱动系统具有长行程、多定位点的特点，是一个典型的一维位置控制系统。

在 YL-335B 设备上应用了多种类型的传感器，分别用于判断物体的运动位置、物体通过的状态、物体的颜色及材质等。

在控制方面，YL-335B 采用了基于 RS485 串行通信的 PLC 网络控制方案，每一工作单元由一台 PLC 承担其控制任务，各 PLC 之间通过 RS485 串行通讯实现互联的分布式控制方式。用户可根据需要选择不同厂家的 PLC，组建成一个小型的 PLC 网络。

6.3.2　YL-335B 各单元的基本功能

YL-335B 各工作单元在实训台上的分布如图 6-3 的俯视图所示。
各个单元的基本功能如下。

① 供料单元的基本功能供料单元是 YL-335B 中的起始单元，在整个系统中，起着向系统中的其他单元提供原料的作用。具体的功能是：按照需要将放置在料仓中待加工工件（原料）自动地推出到物料台上，以便输送单元的机械手将其抓取，输送到其他单元。图 6-4 所示为供料单元实物的全貌。

② 加工单元的基本功能把该单元物料台上的工件（工件由输送单元的抓取机械手装置送来）送到冲压机构下面，完成一次冲压加工动作，然后再送回到物料台上，待输送单元的抓取机械手装置取出。图 6-5 所示为加工单元实物的全貌。

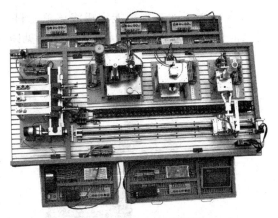

图 6-3　YL-335B 俯视图

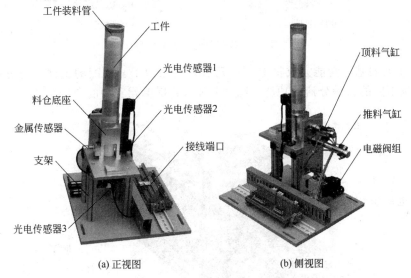

(a) 正视图　　　　　　(b) 侧视图

图 6-4　YL-335B 供料单元实物的全貌

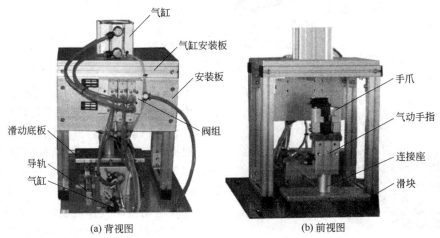

(a) 背视图　　　　　　(b) 前视图

图 6-5　加工单元实物的全貌

③ 装配单元的基本功能完成将该单元料仓内的黑色或白色小圆柱工件嵌入到已加工的工件中的装配过程。装配单元总装实物图见图 6-6。

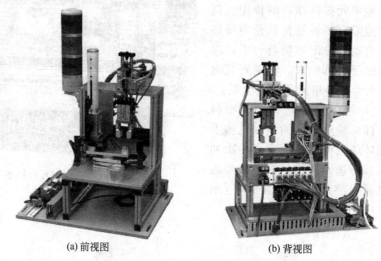

(a) 前视图   (b) 背视图

图 6-6 装配单元总装实物图

④ 分拣单元的基本功能完成将上一单元送来的已加工、装配的工件进行分拣，使不同颜色的工件从不同的料槽分流的功能。图 6-7 所示分拣单元实物的全貌。

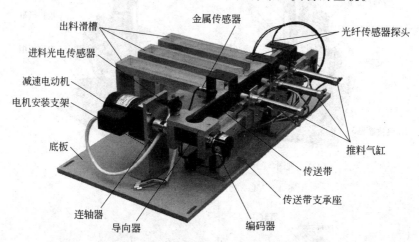

图 6-7 分拣单元实物的全貌

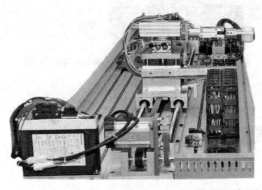

图 6-8 输送单元外观图

⑤ 输送单元的基本功能该单元通过直线运动传动机构驱动抓取机械手装置到指定单元的物料台上精确定位，并在该物料台上抓取工件，把抓取到的工件输送到指定地点然后放下，实现传送工件的功能。输送单元的外观如图 6-8 所示。

直线运动传动机构的驱动器可采用伺服电机或步进电机，YL-335B 的标准配置为伺服电机。

6.3.3　YL-335B 的电气系统组成

1. YL-335B 工作单元的结构特点

YL-335B 设备中的各工作单元的结构特点是机械装置和电气控制部分相对分离。每一工作单元机械装置整体安装在底板上，而控制工作单元生产过程的 PLC 装置则安装在工作台两侧的抽屉板上。因此，工作单元机械装置与 PLC 装置之间的信息交换是一个关键的问题。YL-335B 的解决方案是：机械装置上的各电磁阀和传感器的引线均连接到装置侧的接线端口上。PLC 的 I/O 引出线则连接到 PLC 侧的接线端口上。两个接线端口间通过多芯信号电缆互连。图 6-9 和图 6-10 分别是装置侧的接线端口和 PLC 侧的接线端口。

图 6-9　装置侧接线端口　　　　　　　图 6-10　PLC 侧接线端口

装置侧的接线端口的接线端子采用三层端子结构，上层端子用以连接 DC24V 电源的＋24V 端，底层端子用以连接 DC24V 电源的 0V 端，中间层端子用以连接各信号线。

PLC 侧的接线端口的接线端子采用两层端子结构，上层端子用以连接各信号线，其端子号与装置侧的接线端口的接线端子相对应。底层端子用以连接 DC24V 电源的＋24V 端和 0V 端。

装置侧的接线端口和 PLC 侧的接线端口之间通过专用电缆连结。其中 25 针接头电缆连接 PLC 的输入信号，15 针接头电缆连接 PLC 的输出信号。

2. YL-335B 的控制系统

YL-335B 的每一工作单元都可自成一个独立的系统，同时也可以通过网络互连构成一个分布式的控制系统。

当工作单元自成一个独立的系统时，其设备运行的主令信号以及运行过程中的状态显示信号，来源于该工作单元按钮指示灯模块。按钮指示灯模块如图 6-11 所示。模块上的指示灯和按钮的端脚全部引到端子排上。

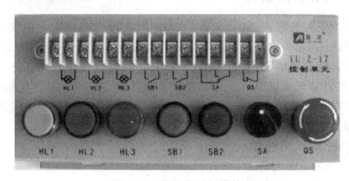

图 6-11　按钮指示灯模块

模块盒上器件包括：

① 指示灯（24VDC）：黄色（HL1）、绿色（HL2）、红色（HL3）各一只；

② 主令器件：绿色常开按钮 SB1 一只、红色常开按钮 SB2 一只、选择开关 SA（一对转换触点）、急停按钮 QS（一个常闭触点）。

当各工作单元通过网络互连构成一个分布式的控制系统时，对于采用 S7-200 系列 PLC 的设备，YL-335B 的标准配置是采用了 PPI 协议通信方式。设备出厂的控制方案如图 6-12 所示。

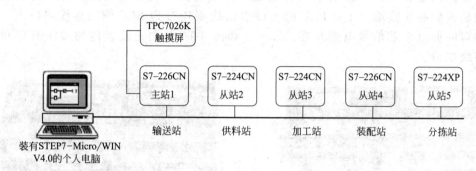

图 6-12　YL-335B 的通信网络

各工作站 PLC 配置如下：

① 供料单元：S7-200-224 AC/DC/RLY 主单元，共 14 点输入，10 点继电器输出；

② 加工单元：S7-200-224 AC/DC/RLY 主单元，共 14 点输入，10 点继电器输出；

③ 装配单元：S7-200-226 AC/DC/RLY 主单元，共 24 点输入，16 点继电器输出；

④ 分拣单元：S7-200-224XP AC/DC/RLY 主单元，共 14 点输入，10 点继电器输出；

⑤ 输送单元：S7-200-226 DC/DC/DC 主单元，共 24 点输入，16 点晶体管输出。

系统运行的主令信号（复位、启动、停止等）通过触摸屏人机界面给出。同时，人机界面上也显示系统运行的各种状态信息。

人机界面是在操作人员和机器设备之间做双向沟通的桥梁。使用人机界面能够明确指示并告知操作员机器设备目前的状况，使操作变得简单，并且可以减少操作上的失误，即使是新手也可以很轻松地操作整个机器设备。使用人机界面还可以使机器的配线标准化、简单化，同时也能减少 PLC 控制器所需的 I/O 点数，降低生产的成本，同时由于面板控制的小型化及高性能，相对提高了整套设备的附加价值。

6.3.4　YL-335B 供电系统

外部供电电源为三相五线制 AC 380V/220V，图 6-13 为供电电源模块一次回路原理图。图中，总电源开关选用 DZ47LE-32/C32 型三相四线漏电开关。系统各主要负载通过自动开关单独供电。其中，变频器电源通过 DZ47C16/3P 三相自动开关供电；各工作站 PLC 均采用 DZ47C5/2P 单相自动开关供电。此外，系统配置 4 台 DC24V6A 开关稳压电源分别用作供料、加工和分拣单元，及输送单元的直流电源。图 6-14 为配电箱设备安装图。

操作实施步骤：

① 接通 YL-335B 的供电电源、气源；

② 供料单元（单站）运行体验；

③ 加工单元（单站）运行体验；

④ 装配单元（单站）运行体验；

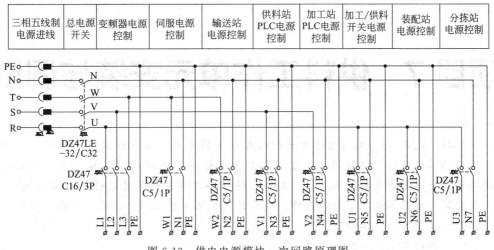

图 6-13　供电电源模块一次回路原理图

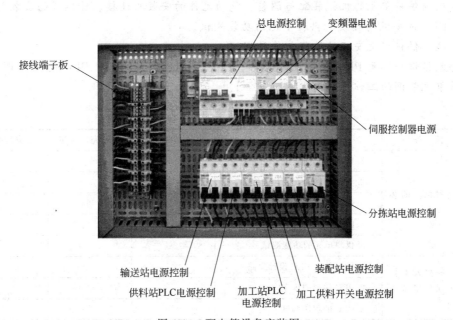

图 6-14　配电箱设备安装图

⑤ 分拣单元（单站）运行体验；

⑥ 输送单元（单站）运行体验；

⑦ YL＿335B 生产线触摸屏体验；

⑧ YL＿335B 生产线整机运行体验。

项目7　供料工作单元安装与调试

供料单元是 YL-335B 自动生产线的起始工作单元，负责提供加工原料，以便其他工作单元使用。供料单元除了可以独立工作外，还可以协同其它工作单元联动，形成自动生产线的整体运行。本项目的主要工作任务是对供料单元实施机械、电气安装、编程调试及运行等操作，其目的是锻炼学生识图、安装、布线、编程和装调的综合能力。具体如下。

（1）供料单元的装配与测试

包括供料单元的机械装配与调整、气动元件的安装与连接、传感器的安装与接线、PLC 的安装与接线、供料单元的功能测试。

（2）供料单元安装的编程与单站调试

包括供料单元 PLC 程序设计思路、PLC 梯形图程序设计、PLC 的程序调试。供料单元装调的工作计划内容参照表 7-1。

表 7-1　供料单元装调的工作计划

任　　务	工作内容	计划时间	实际完成时间	完成情况
供料单元的装配与测试	1.供料单元的机械装配与调整			
	2.气动元件的安装与连接			
	3.传感器的安装与接线			
	4.PLC 的安装与接线			
	5.供料单元的功能测试			
供料单元安装的编程与单站调试	1.供料单元 PLC 设计思路			
	2.PLC 梯形图程序			
	3.PLC 的程序调试			

7.1　供料工作单元结构

供料单元的主要结构组成包括工件装料管、工件推出装置、支撑架、阀组、端子排组件，PLC、急停按钮和启动/停止按钮、走线槽、底板等。机械部分结构组成如图 7-1 所示。其中管形料仓和工件推出装置用于储存工件原料，并在需要时将料仓中最下层的工件推出到出料台上，它主要由管形料仓、推料气缸、顶料气缸、磁感应接近开关、漫射式光电传感器组成。

供料操作如图 7-2 所示，工件垂直叠放在料仓中，推料缸处于料仓的底层，并且其活塞杆可从料仓的底部通过。当活塞杆在退回位置时，它与最下层工件处于同一水平位置，而顶料气缸则与次下层工件处于同一水平位置。在需要将工件推出到物料台上时，首先使夹紧气

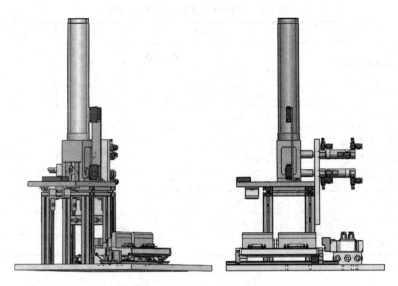

图 7-1　供料单元的主要结构组成

缸的活塞杆推出，压住次下层工件；然后使推料气缸活塞杆推出，从而把最下层工件推到物料台上。在推料气缸返回并从料仓底部抽出后，再使夹紧气缸返回，松开次下层工件。这样，料仓中的工件在重力的作用下，就自动向下移动一个工件，为下一次推出工件做好准备。

在底座和管形料仓第 4 层工件位置，分别安装一个漫射式光电开关。它们的功能是检测料仓中有无储料或储料是否足够。若该部分机构内没有工件，则处于底层和第 4 层位置的两个漫射式光电接近开关均处于常态；若仅在底层起有 3 个工件，则底层处光电接近开关动作而第 4 层处光电接近开关常态，表明工件已经快用完了。这样，料仓中有无储料或储料是否足够，就可用这两个光电接近开关的信号状态反映出来。

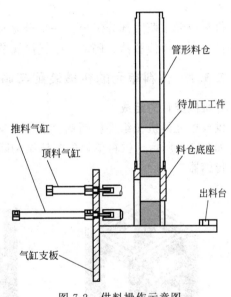

图 7-2　供料操作示意图

推料缸把工件推出到出料台上。出料台面开有小孔，出料台下面设有一个圆柱形漫射式光电接近开关，工作时向上发出光线，从而透过小孔检测是否有工件存在，以便向系统提供本单元出料台有无工件的信号。在输送单元的控制程序中，就可以利用该信号状态来判断是否需要驱动机械手装置来抓取此工件。

7.2　供料工作单元设备清单

供料单元主要设备清单如表 7-2 所示。

表7-2 供料单元设备主要设备清单

序号	名称	型号/规格/编号	单位	数量	链接
1	可编程控制器 PLC	S7-200-224CN AC/DC/RLY I14/O10 AC220V 供电	台	1	
2	双作用气缸	PB-10＊30(80)-S-U-LB	只	2	
3	单向节流阀	JSC4-M5	只	4	
4	电磁换向阀	4V110-M5-B	只	2	
5	电磁阀组	100M-2F	套	1	
6	过滤减压阀	AFR2000	只	1	
7	磁性开关	CS1-G-020	只	4	
8	电感式(金属)接近开关	LJ12A3-4-Z/BY	只	1	
9	光电接近开关	CX-441	只	2	

7.3 供料工作单元的装配与测试

供料单元由两大部分组成：一部分是由机械组件、气动元件构成的机械整体结构部分，另一部分则是由传感器、PLC、电气接线端子排组件构成的电气控制部分。

7.3.1 供料单元的机械装配与调整

1. 机械组件的组成

供料单元的机械组件包括铝合金型材支撑架组件、物料台及料仓底座组件、推料机构组件。如图7-3所示。供料单元的整体结构除了机械组件外，还有一些配合机械动作的气动元件和传感器。

铝合金型材支撑架　　　　　物料台及料仓底座　　　　　推料机构

图7-3 供料单元的机械组件

2. 机械组件的安装方法

机械组件的安装是供料单元的基础，在安装过程中应按照"零件—组件—组装"的顺序进行安装。用螺栓把装配好的组件连接为整体，再用橡胶锤把装料管敲入料仓底座中；然后在相应的位置上安装传感器（磁性开关、光电开关、光纤传感器和金属接近开关）；最后把电磁阀组件、PLC组件和电气接线端子排组件安装在底板上。

（1）铝合金型材支撑架组件的安装方法

铝合金型材支撑架组件的安装示意图如图 7-4 所示。

① 注意安装的顺序，以免先安装部分对后安装部分产生机械干涉，导致无法安装，从而因返工耽误装配的时间。

② 一定要计算好铝合金型材支撑架各处所用螺母的个数，并在相应位置的 T 形槽内预先放置个数足够的螺母，否则将造成无法安装或安装不可靠。

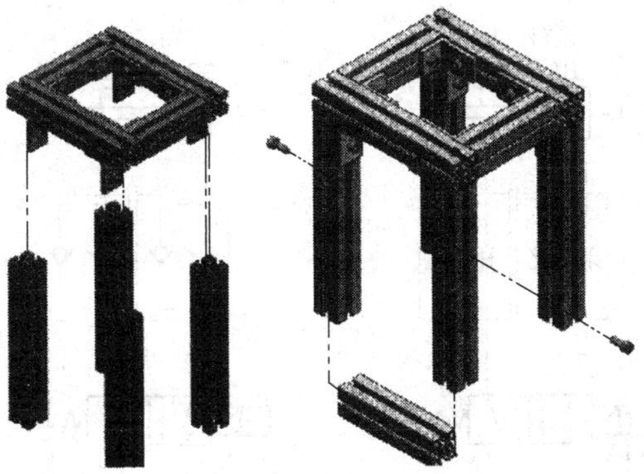

③ 装配铝合金型材支撑架时，注意调整好各条边的平行度及垂直度，然后再旋紧螺母。

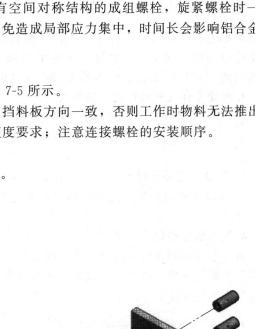

图 7-4　铝合金型材支撑架组件的安装示意

④ 铝合金型材支撑架上的螺栓一般是具有空间对称结构的成组螺栓，旋紧螺栓时一定要按成组螺栓的"对角线"顺序进行装配，以免造成局部应力集中，时间长会影响铝合金型材的形状。

（2）物料台及料仓底座组件的安装方法

物料台及料仓底座组件的安装示意图如图 7-5 所示。

安装时，需要注意出料口的方向向前且与挡料板方向一致，否则工作时物料无法推出甚至会破坏气缸；注意物料台及料仓底座的垂直度要求；注意连接螺栓的安装顺序。

（3）推料机构组件的安装方法

推料机构组件的安装示意图如图 7-6 所示。

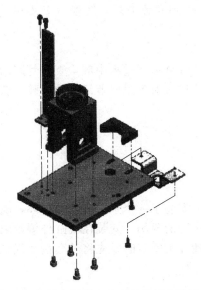

图 7-5　物料台及料仓底座组件的安装示意

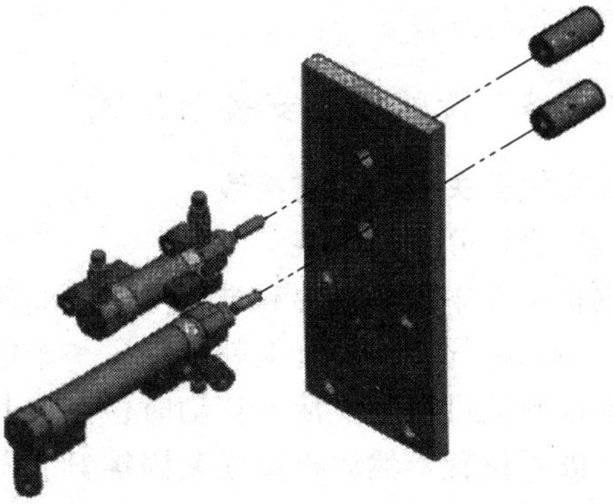

图 7-6　推料机构组件的安装示意图

安装时，需要注意出料口的方向向前且与挡料板方向一致，要手动调整推料气缸和挡料板位置螺栓。

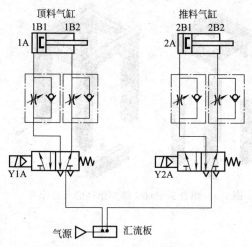

图 7-7　供料单元的气路控制原理图

7.3.2　气动元件的安装与连接

1.气动系统的组成

主要包括气源、气动汇流板、气缸、换向阀、单向节流阀、消声器、快插接头、气管等，它们的主要作用是完成顶料和工件推出。

2.气路控制原理图

供料单元的气路控制原理如图 7-7 所示。供料单元的气动执行元件由 2 个双作用气缸组成，其中，1B1、1B2 为安装在顶料气缸上的 2 个位置检测传感器（磁性开关）；2B1、2B2 为安装在推料气缸上的 2 个位置检测传感器（磁性开关）。

单向节流阀用于气缸调速，气动汇流板用于组装单电控换向阀及附件。气源经汇流板分给 2 个换向阀的进气口，气缸 1A、2A 的两个工作口与电磁阀工作口之间均安装了单向节流阀，通过尾气节流来调整气缸伸出、缩回的速度。排气口安装的消声器可减小排气的噪声。

3.气动元件（气路）的连接方法

① 单向节流阀应分别安装在气缸的工作口上，并缠绕好密封带，以免运行时漏气。

② 单电控换向阀的进气口和工作口应安装好快插接头，并缠绕好密封带，以免运行时漏气。

③ 气动汇流板的排气口应安装好消声器，并缠绕好密封带，以免运行时漏气。

④ 气动元件对应气口之间用塑料气管进行连接，做到安装美观，气管不交叉并保持气路畅通。

4.气路系统的调试方法

通过手动控制单向换向阀，观察气缸的动作情况。气缸运行过程中应检查各管路的连接处是否有漏气现象，是否存在气管不畅通现象。同时，通过对各单向节流阀的调整，获得稳定的气缸运行速度。

7.3.3　传感器的安装与接线

1.磁性开关的安装与接线

（1）磁性开关的安装

供料单元中顶料气缸和推料气缸的非磁性体活塞上安装了一个永久磁铁的磁环，随着气缸的移动，在气缸的外壳上就提供了一个能反映气缸位置的磁场，安装在气缸外侧极限位置上的磁性开关可在气缸活塞移动时检测出其位置。磁性开关安装时，先将其套接在气缸上并定位在极限位置，然后再旋紧紧固螺钉。

（2）磁性开关的接线

磁性开关的输出为 2 线（棕色＋，蓝色-)，连接时蓝色线与直流电源的"－"相连，棕色线与 PLC 的输入点相连。

2.光电开关的安装与接线

（1）光电开关的安装

供料单元中的光电开关主要用在出料检测、物料不足或没有物料时。安装时应注意其机械位置，特别是出料检测传感器安装时，应注意与工件中心透孔的位置错开，避免因光的穿透无反射信号而导致信号错误。

（2）光电开关的接线

光电开关的输出为 3 线（棕色＋，蓝色-，黑色 NO 输出），棕色线与直流电源的"＋"连接，蓝色线与直流电源的"-"连接，黑色线与 PLC 的输入点连接。

3. 金属接近开关的安装与接线

（1）金属接近开关的安装

供料单元中配有金属接近开关，安装在物料台上，当有金属工件推出时，便发出感应信号，安装时应注意传感器与工件的位置。

（2）金属接近开关的接线

金属接近开关的接线与光电开关的接线相同。

7.3.4　PLC 的安装与接线

1. 供料单元电气控制原理图

供料单元中的 PLC 选用西门子 S7-200 系列产品，其型号是 CPU224 AC/DC/RLY，共 14 点输入和 10 点继电器输出，工作电源为 AC220V，输入输出电源均采用直流 24V，其 PLC 控制原理图如图 7-8 所示。

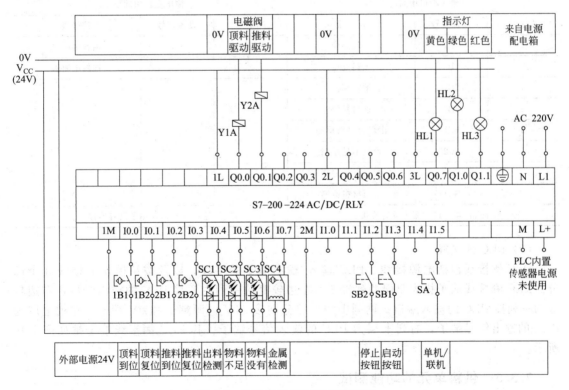

图 7-8　供料单元 PLC 控制原理图

2. 供料单元电气接线

供料单元电气接线包括装置侧接线和 PLC 侧接线。

（1）装置侧接线

装置侧接线，一是把供料单元各传感器信号线、电源线、0 V 线按规定接至装置侧左边较宽的接线端子排，二是把供料单元电磁阀的信号线接至装置侧右边较窄的接线端子排。其装置侧接线如图 7-9 所示，其信号线与端子排号的分配见表 7-3。

图 7-9　供料单元装置侧接线示意图

1—25 针通信端口；2—15 针通信端口；3—传感器 24V 电源端子；4—传感器信号端子；
5—传感器 0V 端子；6—电磁阀 24V 端子；7—电磁阀信号端子；8—电磁阀 0V 电源端子

表 7-3　供料单元装置侧信号线与端子排号的分配表

输入端口中间层			输出端口中间层		
端子号	设备符号	信号线	端子号	设备符号	信号线
2	1B1	顶料到位	2	Y1A	顶料电磁阀
3	1B2	顶料复位	3	Y2A	推料电磁阀
4	2B1	推料到位			
5	2B2	推料复位			
6	SC1	出料台物料检测	—	—	—
7	SC2	物料不足检测			
8	SC3	物料有无检测			
9	SC4	金属材料检测			
注：10#～17#端子没有连接			注：4#～14#端子没有连接		

（2）PLC 侧接线

PLC 侧接线包括电源接线、PLC 输入/输出端子的接线，以及按钮模块的接线 3 个部分。PLC 侧接线端子排为双层两列端子，左边较窄的一列主要接 PLC 的输出端口，右边较宽的一列接 PLC 的输入端口。两列中的下层分别接 24V 电源端子和 0V 端子。左列上层为 PLC 的输出信号端子，右列上层为 PLC 的输入信号端子。其 PLC 侧接线端子排如图 7-10 所示。

7.3.5　供料单元的功能测试

1. 传感器的功能测试

（1）磁性开关功能测试

供料单元通电、通气，用手拉动顶料气缸（伸出/缩回）和推料气缸（伸出/缩回），观察 PLC I0.0、I0.1、I0.2、I0.3 的 LED 是否亮，若不亮应检查磁性开关及连接线。

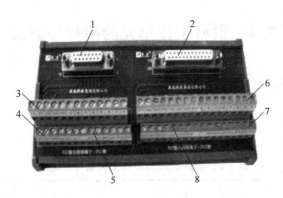

图 7-10 供料单元 PLC 侧接线示意图

1—15 针通信端口；2—25 针通信端口；3—PLC 输出信号端子；4—24V 电源端子；

5—0V 端子；6—PLC 输入信号端子；7—0V 电源端子；8—24V 端子

（2）光电开关功能测试

供料单元通电、通气，模拟出料检测、物料不足、没有物料等现象，观察 PLC I0.4、I0.5、I0.6 的 LED 是否亮，若不亮应检查光电开关及连接线。

（3）金属接近开关功能测试

供料单元通电、通气，用金属工件接近金属接近开关，观察 PLC I0.7 的 LED 是否亮，若不亮应检查金属接近开关及连接线。

2. 按钮/指示灯的功能测试

（1）按钮功能测试

供料单元通电、通气，用手按动停止按钮、启动按钮、单机/联机开关，观察 PLC 的 I1.2、I1.3、I1.5 的 LED 是否亮，若不亮应检查对应按钮及连接线。

（2）指示灯功能测试

供料单元通电、通气，进入 STEP 7Micro/WIN SP5 编程软件，利用强制功能，分别强制 PLC Q0.7、Q1.0、Q1.1 接通，观察 PLC Q0.7、Q1.0、Q1.1 的 LED 是否亮，外部指示灯黄色、绿色、红色是否亮，若不亮应检查指示灯及连接线。

3. 气动元件的功能测试

（1）顶料电磁阀 Y1A 功能测试

供料单元通电、通气，进入 STEP 7 Micro/WIN SP5 编程软件，利用强制功能，强制 PLC Q0.0 接通/断开一次，观察 PLC Q0.0 的 LED 是否亮，外部顶料气缸是否执行伸出/缩回动作，若不执行应检查顶料气缸 1A、顶料电磁阀 Y1A 的气路连接部分及顶料电磁阀 Y1A 的接线。

（2）推料电磁阀 Y2A 功能测试

供料单元通电、通气，进入 STEP 7 Micro/WIN SP5 编程软件，利用强制功能，强制 PLC Q0.1 接通/断开一次，观察 PLC Q0.1 的 LED 是否亮，外部推料气缸是否执行伸出/缩回动作，若不执行应检查推料气缸 2A、推料电磁阀 Y2A 的气路连接部分及推料电磁阀 Y2A 的接线。

4. PLC 的功能测试

PLC 的功能测试主要是对供料单元测试程序（用户随意编写）进行上传与下载、监控功能的调试。

7.4 供料工作单元的编程与调试

7.4.1 供料单元PLC程序设计思路

1.供料单元PLC I/O信号分配表

根据供料单元PLC原理图配置PLC I/O信号分配表,见表7-4。

表7-4 供料单元PLC的I/O信号分配表

输入信号				输出信号			
序号	PLC输入点	信号名称	信号来源	序号	PLC输出点	信号名称	信号来源
1	I0.0	顶料气缸伸出到位		1	Q0.0	顶料电磁阀	装置侧
2	I0.1	顶料气缸缩回到位		2	Q0.1	推料电磁阀	
3	I0.2	推料气缸伸出到位		3	Q0.2		
4	I0.3	推料气缸缩回到位		4	Q0.3		
5	I0.4	出料台物料检测	装置侧	5	Q0.4		
6	I0.5	供料不足检测		6	Q0.5		
7	I0.6	缺料检测		7	Q0.6		
8	I0.7	金属工件检测		8	Q0.7	正常工作指示	按钮/指示灯模块
9	I1.0			9	Q1.0	运行指示	
10	I1.1			10	Q1.1		
11	I1.2	停止按钮					
12	I1.3	启动按钮	按钮/指示灯模块				
13	I1.4	急停按钮(未用)					
14	I1.5	工作方式选择					

2.控制程序结构设计

供料单元的控制程序可按照3个部分进行设计:供料控制主程序、供料控制子程序和状态显示子程序。

3.控制程序顺序控制功能图

整个程序的结构包括主程序、供料控制子程序和状态显示子程序。主程序是一个周期循环扫描的程序。通电后先进行初态检查,即检查顶料气缸、推料气缸是否处于复位状态,料仓内的工件是否充足。这三个条件中的任一条件不满足,初态均不能通过,也就是不能起动供料站使之运行。如果初态检查通过,则说明设备准备就绪,允许起动。起动后,系统就处于运行状态,此时主程序每个扫描周期调用供料控制子程序和状态显示子程序。主程序顺序功能图如图7-11所示。

供料控制子程序是一个步进程序,可以采用置位复位方法来编程,也可以用顺序继电器指令(SCR指令)来编程。如果料仓有料且料台无料,则依次执行顶料、推料操作,然后再执行推料复位、顶料复位操作,延时100ms后返回子程序入口处开始下一个周期的工作。供料控制子程序顺序功能图如图7-12所示。

状态显示子程序根据任务描述用经验设计法来编写程序。

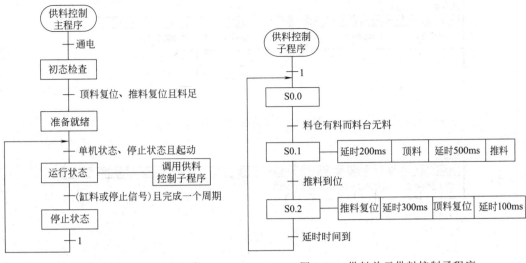

图 7-11　供料单元供料控制主程序
顺序控制功能图

图 7-12　供料单元供料控制子程序
顺序控制功能图

7.4.2　供料单元 PLC 梯形图程序设计

1. 主程序

主程序梯形图如图 7-13～图 7-19 所示。

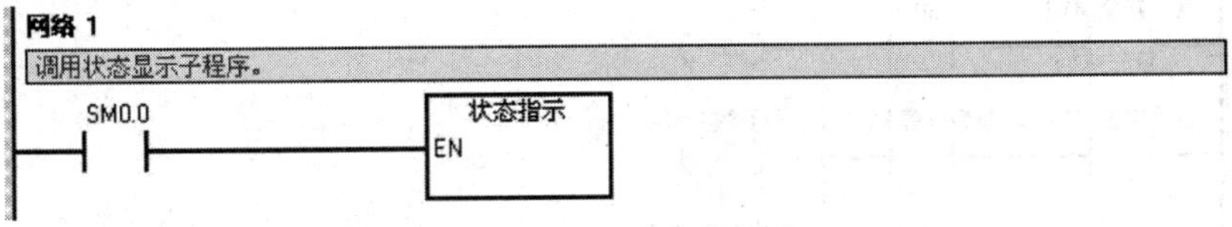

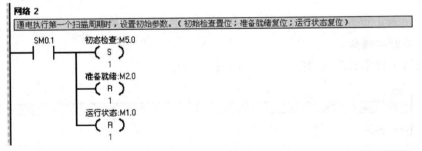

图 7-13　调用状态显示子程序

图 7-14　PLC 初次上电初始参数设置

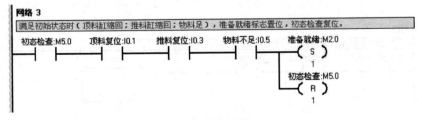

图 7-15　准备就绪标志置位

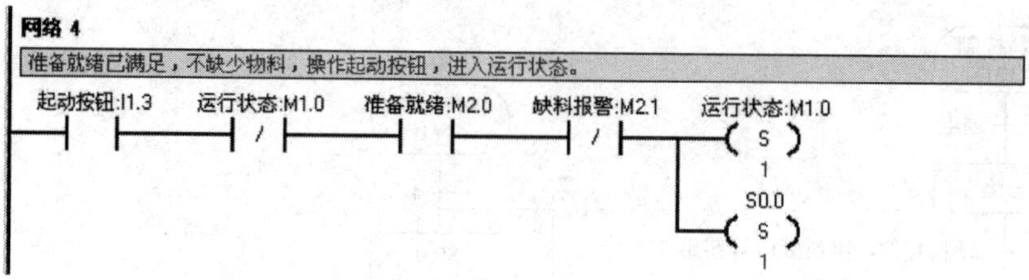

网络 4

准备就绪已满足，不缺少物料，操作起动按钮，进入运行状态。

起动按钮:I1.3　运行状态:M1.0　准备就绪:M2.0　缺料报警:M2.1　运行状态:M1.0
　　┤├─────┤／├─────┤├─────┤／├──────(S)
　　　　　　　　　　　　　　　　　　　　　　　　　1
　　　　　　　　　　　　　　　　　　　　　　　　　S0.0
　　　　　　　　　　　　　　　　　　　　　　　　(S)
　　　　　　　　　　　　　　　　　　　　　　　　　1

图 7-16　起动运行状态

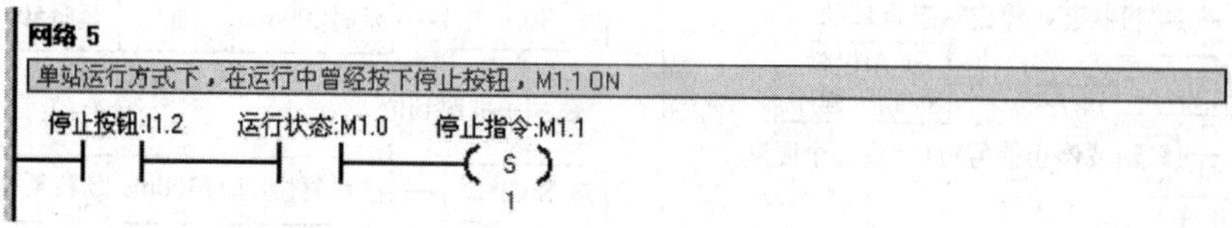

网络 5

单站运行方式下，在运行中曾经按下停止按钮，M1.1 ON

停止按钮:I1.2　运行状态:M1.0　停止指令:M1.1
　　┤├─────┤├──────(S)
　　　　　　　　　　　　　　　1

图 7-17　停止标志

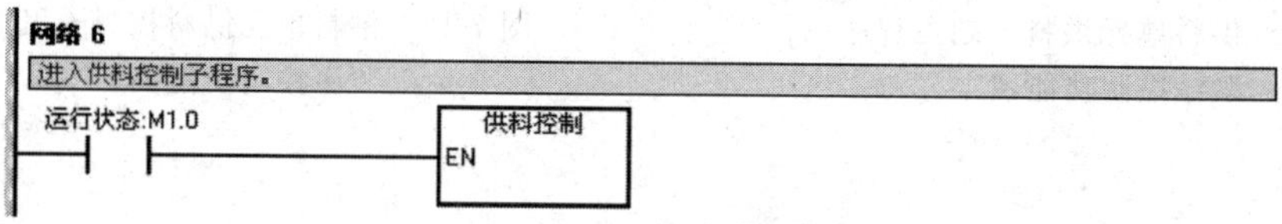

网络 6

进入供料控制子程序。

运行状态:M1.0　　　　　供料控制
　　┤├─────────EN

图 7-18　调用供料控制子程序

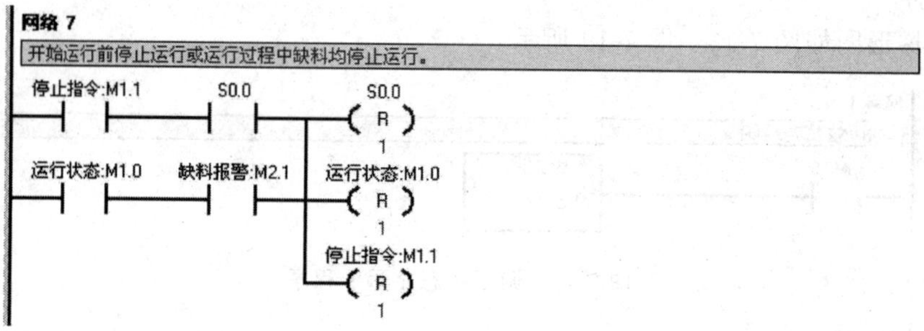

网络 7

开始运行前停止运行或运行过程中缺料均停止运行。

停止指令:M1.1　S0.0　　　　S0.0
　　┤├─────┤├──────(R)
　　　　　　　　　　　　　　　1
运行状态:M1.0　缺料报警:M2.1　运行状态:M1.0
　　┤├─────┤├──────(R)
　　　　　　　　　　　　　　　1
　　　　　　　　　　　　停止指令:M1.1
　　　　　　　　　　　　　(R)
　　　　　　　　　　　　　　1

图 7-19　运行状态（顺序控制初始位）复位

2. 供料控制子程序

供料控制子程序梯形图如图 7-20～图 7-34 所示。

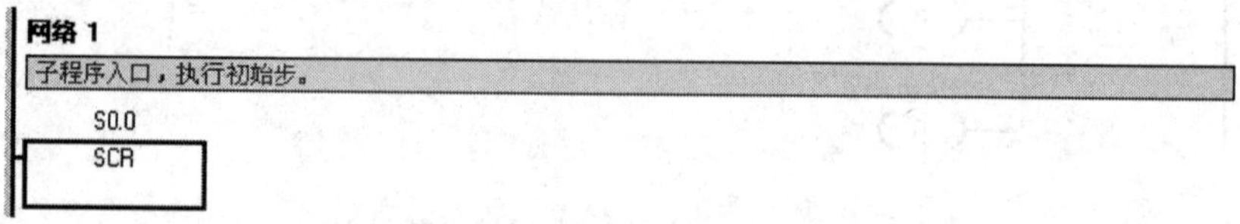

网络 1

子程序入口，执行初始步。

　S0.0
　SCR

图 7-20　进入子程序并执行初始步

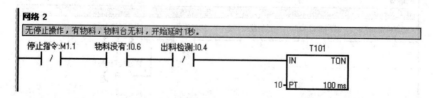

网络 2

无停止操作，有物料，物料台无料，开始延时1秒。

停止指令:M1.1　物料没有:I0.6　出料检测:I0.4　　　　T101
　　┤／├─────┤├─────┤／├──────IN　　TON
　　　　　　　　　　　　　　　　　　　10─PT　　100 ms

图 7-21　物料台无料时开始延时

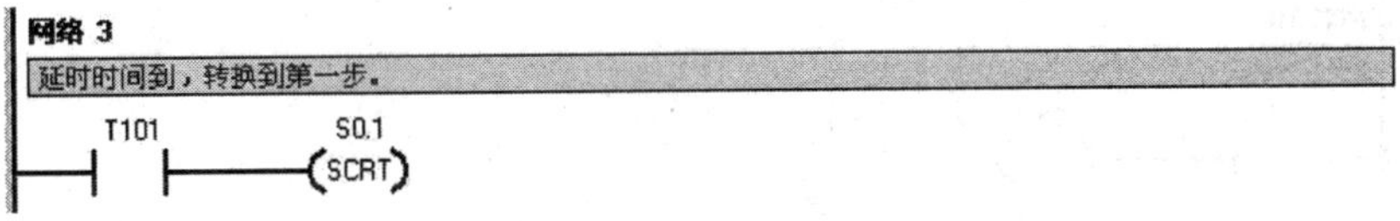

网络 3

延时时间到，转换到第一步。

T101　　　　S0.1
─┤├─────┤├──(SCRT)

图 7-22　延时时间到，转换到第一步

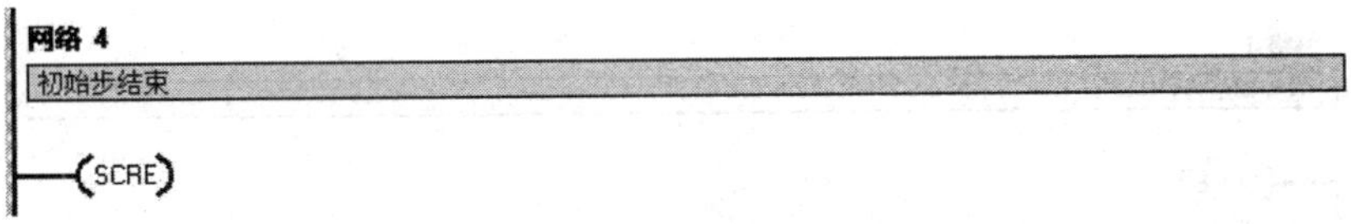

网络 4

初始步结束

──(SCRE)

图 7-23　结束初始步

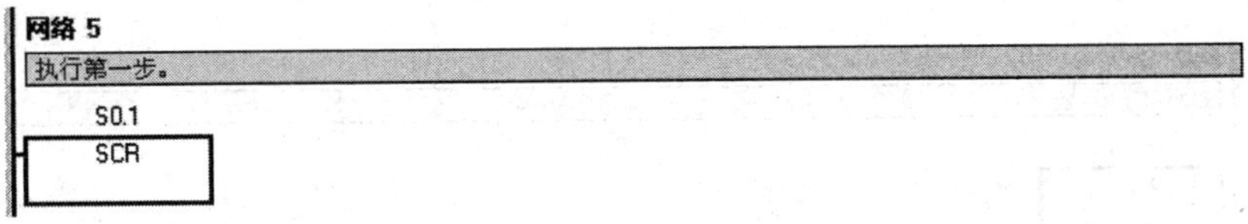

网络 5

执行第一步。

S0.1
│SCR│

图 7-24　执行第一步

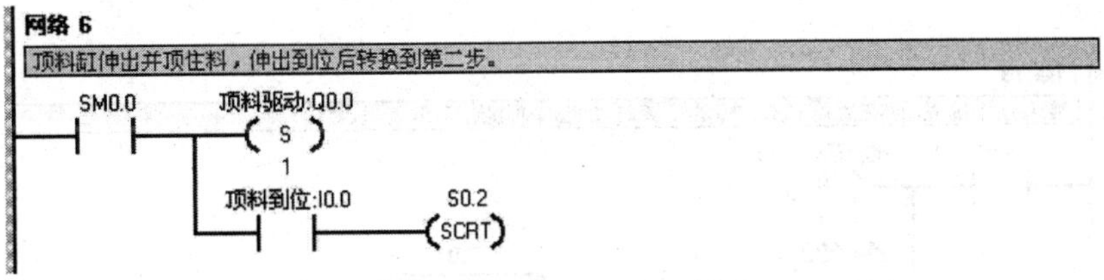

网络 6

顶料缸伸出并顶住料，伸出到位后转换到第二步。

SM0.0　　　　顶料驱动:Q0.0
─┤├────┬──(S)
　　　　　　　　　1
　　　　　顶料到位:I0.0　　　S0.2
　　　　└──┤├─────(SCRT)

图 7-25　顶住物料并转换到第二步

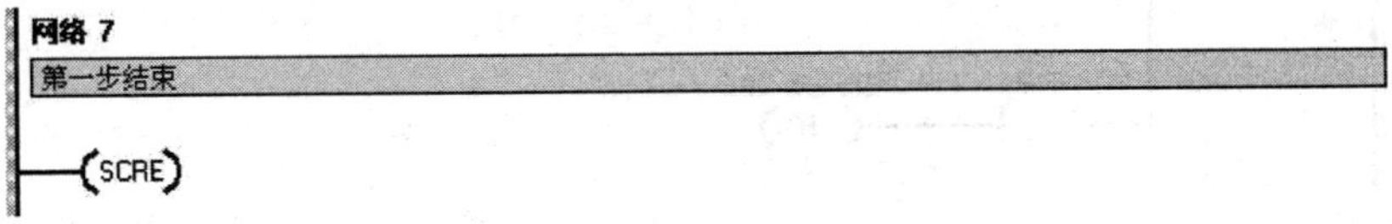

网络 7

第一步结束

──(SCRE)

图 7-26　结束第一步

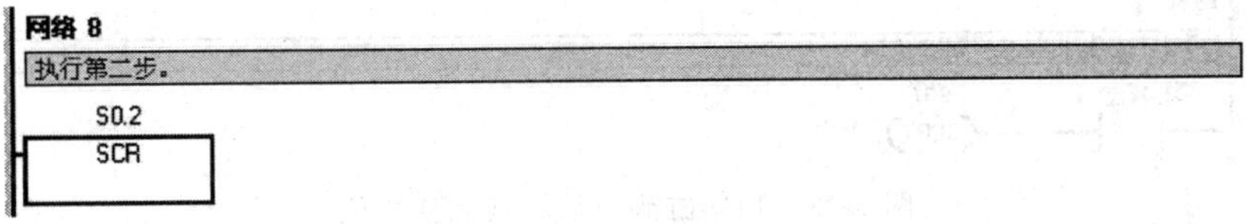

网络 8

执行第二步。

S0.2
│SCR│

图 7-27　执行第二步

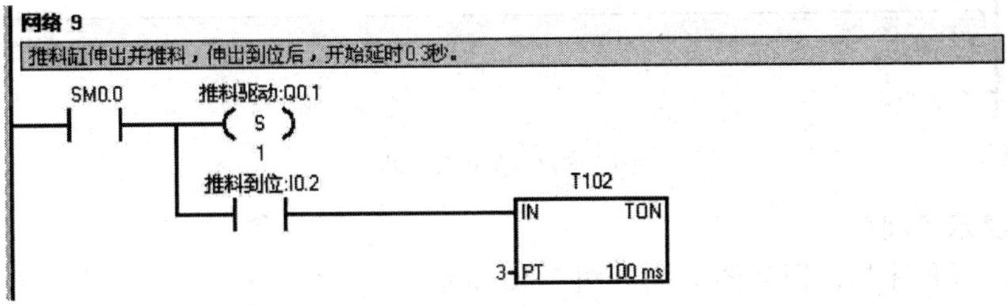

网络 9

推料缸伸出并推料，伸出到位后，开始延时0.3秒。

SM0.0　　　　推料驱动:Q0.1
─┤├────┬──(S)
　　　　　　　　　1
　　　　　推料到位:I0.2　　　　　　T102
　　　　└──┤├──────┤IN　　TON│
　　　　　　　　　　　　　3─┤PT　100 ms│

图 7-28　开始推料到位后延时

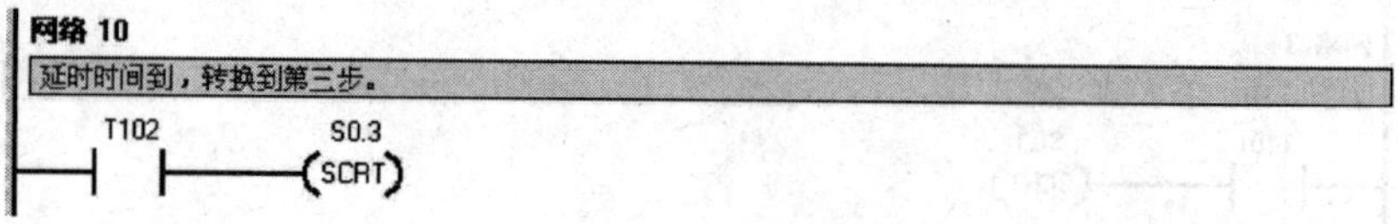

网络 10

延时时间到，转换到第三步。

```
   T102        S0.3
   ┤├──────────(SCRT)
```

图 7-29　延时时间到，转换到第三步

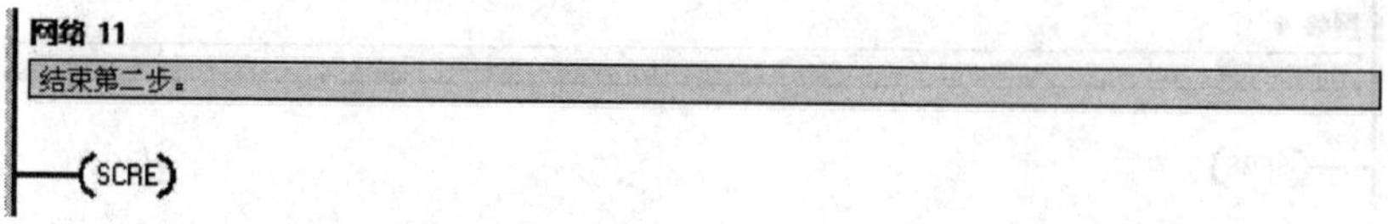

网络 11

结束第二步。

```
   (SCRE)
```

图 7-30　结束第二步

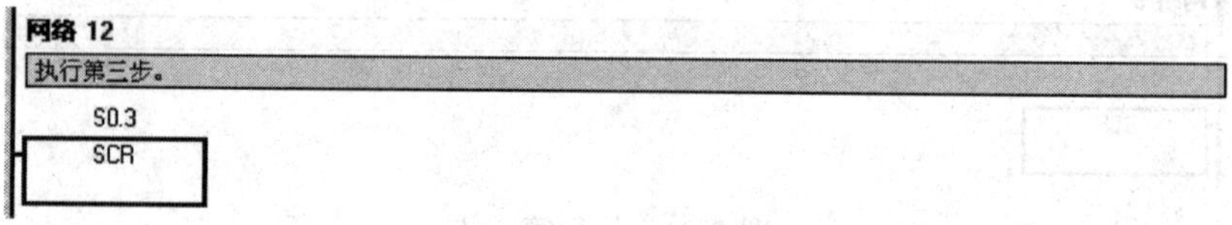

网络 12

执行第三步。

```
     S0.3
   ┌─────┐
   │ SCR │
   └─────┘
```

图 7-31　执行第三步

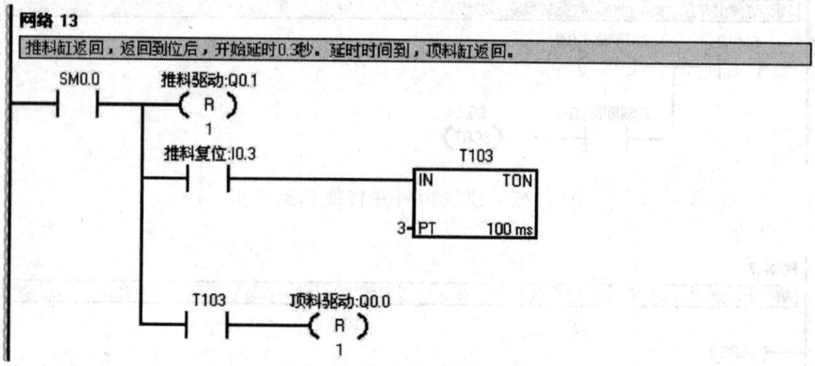

网络 13

推料缸返回，返回到位后，开始延时0.3秒。延时时间到，顶料缸返回。

```
  SM0.0       推料驱动:Q0.1
   ┤├────────────( R )
              │    1
              │
              │  推料复位:I0.3              T103
              ├────┤├────────────────┤IN    TON
              │                     3─┤PT    100 ms
              │
              │   T103      顶料驱动:Q0.0
              └────┤├──────────( R )
                               1
```

图 7-32　推料缸缩回到位后延时0.3 s并驱动顶料缸返回

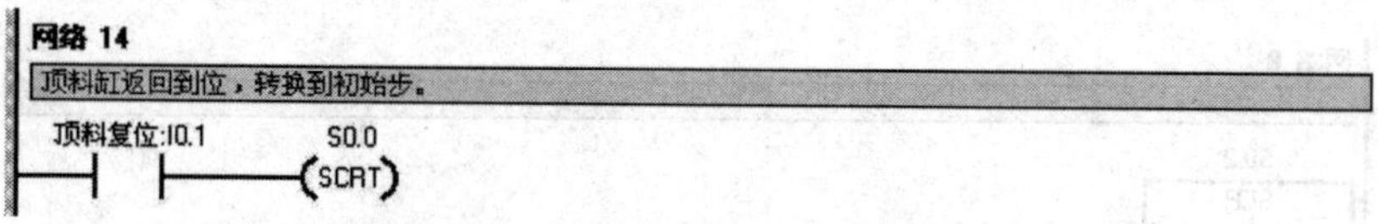

网络 14

顶料缸返回到位，转换到初始步。

```
  顶料复位:I0.1   S0.0
   ┤├──────┤├──(SCRT)
```

图 7-33　顶料缸到位后转换到初始位

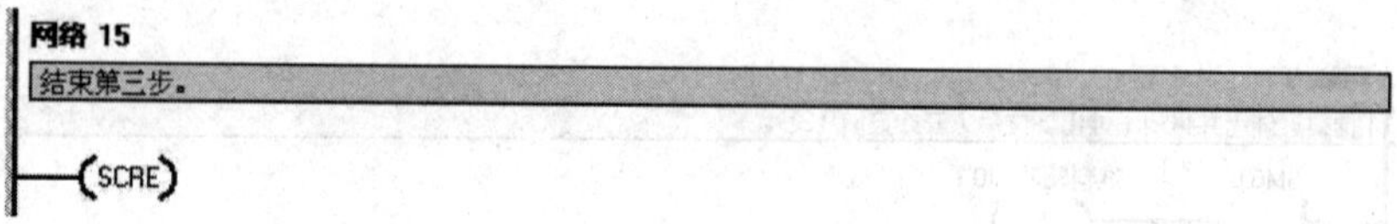

网络 15

结束第三步。

```
   (SCRE)
```

图 7-34　结束第三步

3. 状态显示子程序

状态显示子程序梯形图如图7-35～图7-40所示。

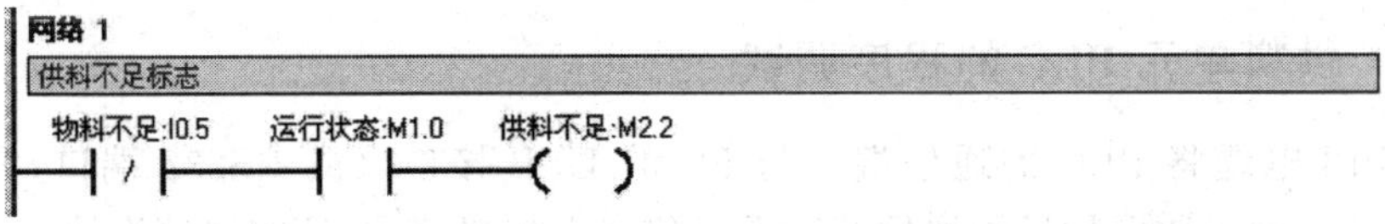

网络 1

供料不足标志

物料不足:I0.5 运行状态:M1.0 供料不足:M2.2

图 7-35 供料不足标志

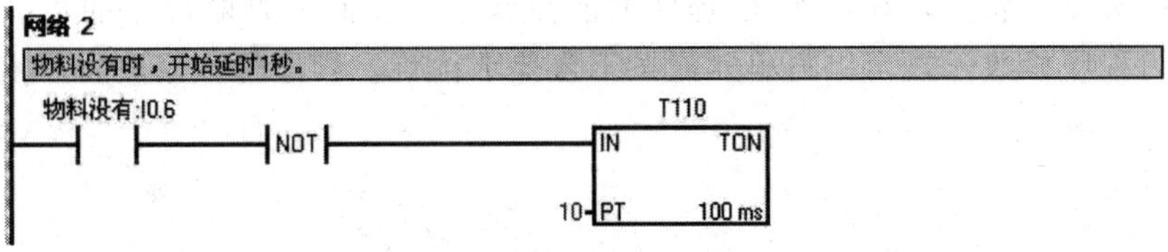

网络 2

物料没有时，开始延时1秒。

物料没有:I0.6 ─|NOT|─ T110 IN TON
10─PT 100 ms

图 7-36 物料没有时开始延时 1s

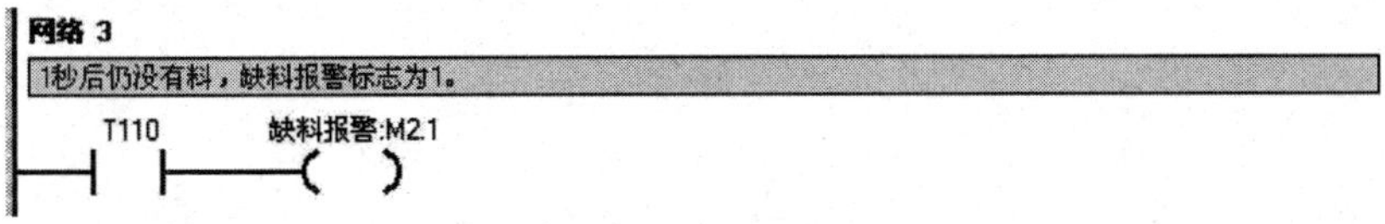

网络 3

1秒后仍没有料，缺料报警标志为1。

T110 缺料报警:M2.1

图 7-37 延时后仍报警缺料标志为 1

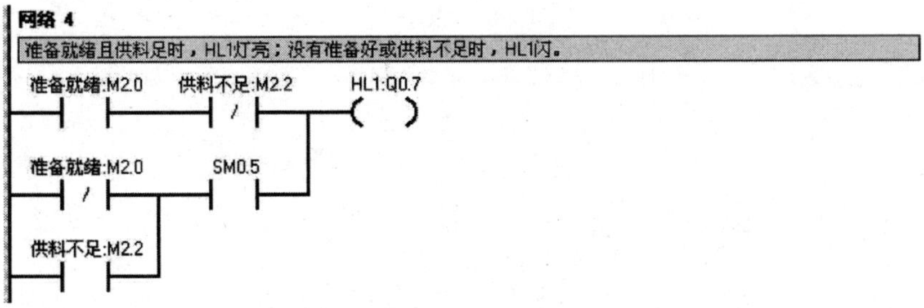

网络 4

准备就绪且供料足时，HL1灯亮；没有准备好或供料不足时，HL1闪。

准备就绪:M2.0 供料不足:M2.2 HL1:Q0.7

准备就绪:M2.0 SM0.5

供料不足:M2.2

图 7-38 HL1 工作指示灯状态显示

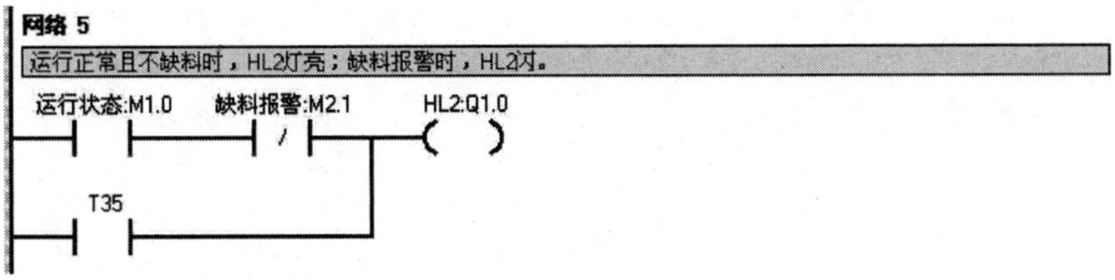

网络 5

运行正常且不缺料时，HL2灯亮；缺料报警时，HL2闪。

运行状态:M1.0 缺料报警:M2.1 HL2:Q1.0

T35

图 7-39 HL2 运行指示灯状态显示

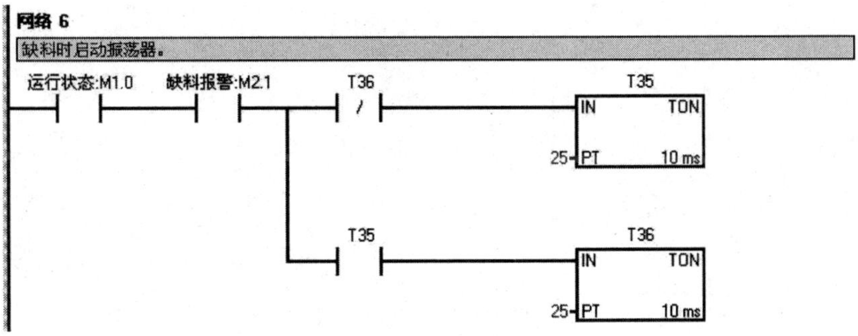

网络 6

缺料时启动振荡器。

运行状态:M1.0 缺料报警:M2.1 T36 T35 IN TON
25─PT 10 ms

T35 T36 IN TON
25─PT 10 ms

图 7-40 缺料报警时启动振荡器

7.4.3　供料单元 PLC 的程序调试

用 PC/PPI 电缆将 PLC 的通信端口与 PC 的 USB 接口（或 RS232 端口）相连，打开 PLC 编程软件，设置通信端口和通信波特率，建立上位机与 PLC 的通信连接。

PLC 程序编译无误后将其下载至 PLC，并使 PLC 处于 RUN 状态。

将程序调至监视状态，观察 PLC 程序的能流状态，以此来判断程序的正确与否，并有针对性地进行程序修改，直至供料单元能按工艺要求运行。程序每次修改后需重新编译并下载至 PLC。

项目 8　加工工作单元安装与调试

加工单元是 YL-335B 自动生产线的第二个工作站，负责加工原料（或工件）。加工单元除了可以独立工作外，还可以协同其他工作单元联动，形成自动生产线的整体运行。本项目的主要工作任务是对加工单元实施机械电气安装、编程调试及运行等操作，其目的是锻炼学生识图、安装、布线、编程及装调的综合能力。本项目的主要任务如下。

（1）加工单元的装配与测试

加工单元的机械装配与调整、气动元件的安装与连接、传感器的安装与接线、PLC 的安装与接线、加工单元的功能测试。

（2）加工单元安装的编程与单站调试

加工单元 PLC 程序设计思路、PLC 梯形图程序设计、PLC 的程序调试。

加工单元装调的工作任务见表 8-1。

表 8-1　加工单元装调的工作任务

任　务	工作内容	计划时间	实际完成时间	完成情况
加工单元的装配与测试	1.加工单元的机械装配与调整			
	2.气动元件的安装与连接			
	3.传感器的安装与接线			
	4.PLC 的安装与接线			
	5.加工单元的功能测试			
加工单元安装的编程与单站调试	1.加工单元 PLC 设计思路			
	2.PLC 梯形图程序			
	3.PLC 的程序调试			

8.1　加工工作单元结构

加工单元的功能是把待加工工件从物料台移送到加工区域冲压气缸的正下方，完成对工件的冲压加工，然后把加工好的工件重新送回物料台的过程。

加工单元装置侧主要结构组成为：加工台及滑动机构，加工（冲压）机构，电磁阀组，接线端口，底板等。该单元机械结构总成如图 8-1 所示。

1. 物料台及滑动机构

加工台及滑动机构如图 8-2 所示。加工台用于固定被加工件，并把工件移到加工（冲压）机构正下方进行冲压加工。它主要由手爪气动、手指、加工台伸缩气缸、线性导轨及滑块、磁感应接近开关、漫射式光电传感器组成。

滑动加工台在系统正常工作后的初始状态为伸缩气缸伸出、加工台气动手指张开的状

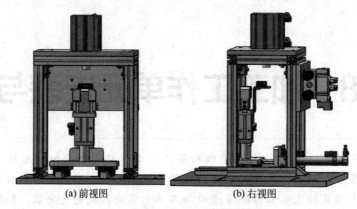

(a) 前视图　　　　　　(b) 右视图

图 8-1　加工单元机械结构总成

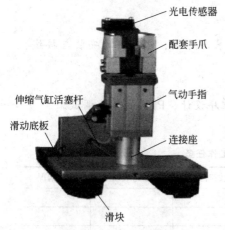

光电传感器

配套手爪

伸缩气缸活塞杆

气动手指

滑动底板

连接座

滑块

图 8-2　加工台及滑动机构

态，当输送机构把物料送到料台上，物料检测传感器检测到工件后，PLC 控制程序驱动气动手指将工件夹紧→加工台回到加工区域冲压气缸下方→冲压气缸活塞杆向下伸出冲压工件→完成冲压动作后向上缩回→加工台重新伸出→到位后气动手指松开的顺序完成工件加工工序，并向系统发出加工完成信号。为下一次工件到来加工做准备。

在移动料台上安装一个漫射式光电开关。若加工台上没有工件，则漫射式光电开关均处于常态；若加工台上有工件，则光电接近开关动作，表明加工台上已有工件。该光电传感器的输出信号送到加工单元 PLC 的输入端，用以判别加工台上是否有工件需进行加工；当加工过程结束，加工台伸出到初始位置。同时，PLC 通过通信网络，把加工完成信号回馈给系统，以协调控制。

移动料台上安装的漫射式光电开关仍选用 CX-441 型放大器内置型光电开关（细小光束型）。

移动料台的伸出和返回是通过伸缩气缸上两个磁性开关来定位的。要求缩回位置位于加工冲头正下方，伸出位置应与输送单元的抓取机械手装置配合，确保输送单元的抓取机械手能顺利地把待加工工件放到料台上。

2. 加工（冲压）机构

加工（冲压）机构如图 8-3 所示。加工机构用于对工件进行冲压加工。它主要由冲压气缸、冲压头、安装板等组成。

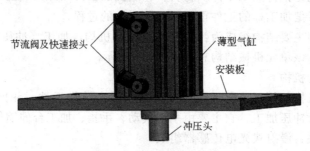

节流阀及快速接头

薄型气缸

安装板

冲压头

图 8-3　加工（冲压）机构

8.2　加工工作单元设备清单

加工单元主要设备清单如表 8-2 所示。

表 8-2　加工单元清单

序号	名称	型号/规格/编号	单位	数量	链接
1	可编程控制器 PLC	S7-200-224CN AC/DC/RLY I14/O10 AC220V 供电	台	1	
2	双作用气缸	PB-10 * 80-S-U-LB	只	1	
3	薄型气缸	SDAS-50 * 20	只	1	
4	手指(平行型)气缸	HFZ16	只	1	
5	单向节流阀	JSC4-M5	只	6	
6	电磁换向阀	4V110-M5-B	只	3	
7	电磁阀组	100M-2F	套	1	
8	磁性开关	CS1-G-020	只	5	
9	光电接近开关	CX-441	只	1	

8.3　加工工作单元的装配与测试

加工单元由两大部分组成：一部分是由机械组件、气动元件构成的机械整体结构部分，另一部分则是由传感器、PLC、电气接线端子排组件构成的电气控制部分。

8.3.1　加工单元的机械装配与调整

1. 机械组件的组成

加工单元的机械组件包括加工台及滑动机构、加工（冲压）机构和底板等。加工单元的整体结构除了机械组件之外，还有一些配合机械动作的气动元件和传感器。

2. 机械组件的安装方法

加工单元机械部分的装配过程包括两部分：一是加工机构组件装配，二是滑动加工台组件装配，然后进行总装。

（1）加工机构组件的安装方法

加工机构组件的装配如图 8-4 所示。

（2）滑动加工台组件的安装方法

滑动加工台组件的装配如图 8-5 所示。

（3）加工单元的总体安装方法

在完成以上两部分组件的装配后，首先将物料夹紧，然后将运动送料部分和整个安装板连接固定，再将铝合金支撑架安装在大底板上，最后将加工组件部分固定在铝合金支撑架上，进而完成加工单元的装配。加工单元的总体装配如图 8-6 所示。

8.3.2　加工单元气动元件的安装与连接

1. 气动系统的组成

主要包括气源、气动汇流板、气缸、气动手指、单电控换向阀、单向节流阀、消声器、

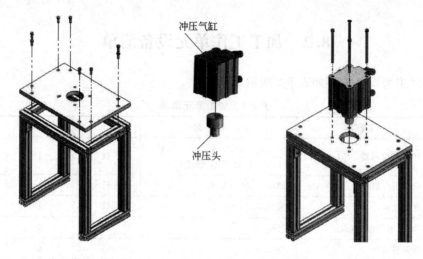

(a) 加工机构支撑架装配　　(b) 冲压气缸及压头装配　　(c) 冲压气缸安装到支撑架上

图 8-4　加工机构组件的装配

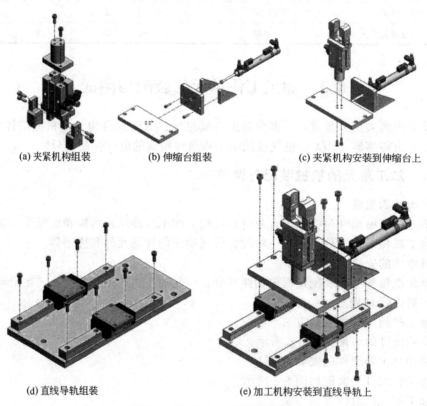

(a) 夹紧机构组装　　(b) 伸缩台组装　　(c) 夹紧机构安装到伸缩台上

(d) 直线导轨组装　　　　(e) 加工机构安装到直线导轨上

图 8-5　滑动加工台组件的装配

快插接头和气管等，它们的主要作用是完成工件夹紧和放松、加工台伸出和缩回与冲压气缸的冲压和抬起。

加工单元的气动执行元件由 2 个双作用气缸和 1 个气动手指组成。其中，1B 为安装在气动手指上的 1 个磁性开关；2B1、2B2 为安装在加工台伸缩气缸上的 2 个磁性开关；3B1、3B2 为安装在冲压气缸上的 2 个磁性开关。单向节流阀用于气缸和气动手指的调速，汇流板用于组装单电控换向阀及附件。

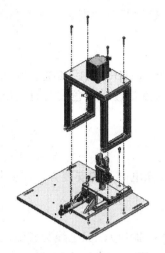
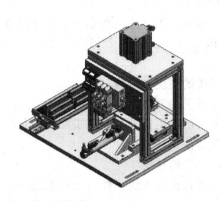

图 8-6　加工单元的总体装配

加工单元气路控制原理如图 8-7 所示，图中气源经汇流板分给 3 个换向阀的进气口，气缸 1A、2A、3A 的两个工作口与电磁阀工作口之间均安装了单向节流阀，通过尾气节流来调整气缸冲压和返回、伸出和缩回、夹紧和放松的速度。排气口安装的消声器可减小排气的噪声。

2. 气动元件连接方法

① 单向节流阀应分别安装在气缸的工作口上，并缠绕好密封带，以免运行时漏气。

② 单电控换向阀的进气口和工作口应安装好快插接头，并缠绕好密封带，以免运行时漏气。

③ 气动汇流板的排气口应安装好消声器，并缠绕好密封带，以免运行时漏气。

④ 气动元件对应气口之间用塑料气管进行连接，做到安装美观，气管不交叉并保持气路畅通。

3. 气路系统的调试方法

加工单元气路系统的调试主要是

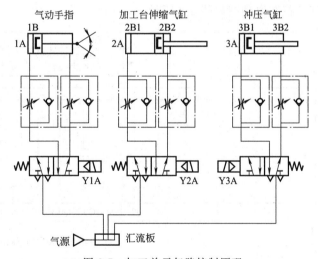

图 8-7　加工单元气路控制原理

针对气动执行元件的运行情况进行的，其调试方法是通过手动控制单向换向阀，观察各气动执行元件的动作情况。气动执行元件运行过程中检查各管路的连接处是否有漏气现象，是否存在气管不畅通现象。同时，通过对各单向节流阀的调整来获得稳定的气动执行元件运行速度。

8.3.3　加工单元传感器的安装与接线

1. 磁性开关的安装与接线

（1）磁性开关的安装

加工单元中涉及 3 个气动执行元件，即冲压气缸、加工台伸缩气缸和气动手指，分别由

5 个磁性开关作为气动执行元件的极限位置检测元件。磁性开关的安装方法与供料单元中磁性开关的安装方法相同。

（2）磁性开关的接线

磁性开关的输出为 2 线（棕色＋；蓝色－），连接时，1B、2B1、2B2、3B1、3B2 的棕色线分别与 PLC 的 I0.1、I0.2、I0.3、I0.4、I0.5 输入点相连，蓝色线与直流电源的"－"端相连。

2. 光电开关的安装与接线

（1）光电开关的安装

加工单元中的光电开关主要用于加工台物料检测，光电开关的安装方法与供料单元中光电开关的安装方法相同。

（2）光电开关的接线

光电开关的输出为 3 线（棕色＋；蓝色－；黑色 NO 输出），棕色线与直流电源的"＋"端连接；蓝色线与直流电源的"－"端连接；黑色线与 PLC 的输入点 I0.0 连接。

8.3.4　加工单元 PLC 的安装与接线

1. 加工单元电气控制原理图

加工单元中的 PLC 选用西门子 S7-200 系列产品，其型号是 CPU224 AC/DC/RLY，共 14 点输入和 10 点继电器输出，工作电源为 AC220V，输入输出电源均采用直流 24V，其 PLC 控制原理图如图 8-8 所示。

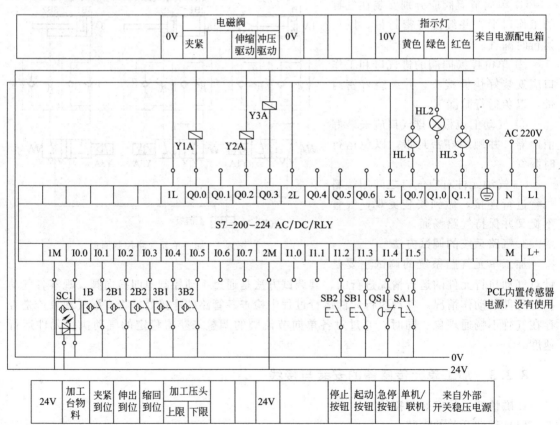

图 8-8　加工单元 PLC 控制原理图

2. 加工单元电气端子排接线

（1）装置侧接线

一是把加工单元各传感器信号线、电源线、0 V 线按规定接至装置侧部分左边较宽的接线端子排；二是把加工单元电磁阀的信号线接至装置侧部分右边较窄的接线端子排。加工单元装置侧的信号线端子号的分配如表 8-3 所示。

表 8-3　加工单元装置侧的接线端口信号端子的分配

输入端口中间层			输出端口中间层		
端子号	设备符号	信号线	端子号	设备符号	信号线
2	SC1	加工台物料检测	2	Y1A	夹紧电磁阀
3	1B1	工件夹紧检测	3		
4	2B1	加工台缩回到位	4	Y2A	伸缩电磁阀
5	2B2	加工台伸出到位	5	Y3A	冲压电磁阀
6	3B1	加工压头上限			
7	3B2	加工压头下限			
8#～17#端子没有连接			6#～14#端子没有连接		

（2）PLC 侧接线

PLC 侧接线包括电源接线和 PLC 输入/输出端子的接线，以及按钮模块的接线 3 个部分。PLC 侧部分接线端子排为双层两列端子，左边较窄的一列主要接 PLC 的输出端口，右边较宽的一列接 PLC 的输入端口。两列中的下层分别接 24 V 电源和 0V 线。左列上层接 PLC 的输出口，右列上层接 PLC 的输入口。PLC 的按钮接线端子连接至 PLC 的输入口，信号指示灯信号端接至 PLC 的输出口。

8.3.5　加工单元的功能测试

1. 传感器的功能测试

（1）磁性开关功能测试

加工单元通电、通气，用手动控制 Y1A、Y2A、Y3A 实现气动手指、加工台伸缩气缸、冲压气缸的动作和返回，观察 PLC I0.1、I0.2、I0.3、I0.4、I0.5 的 LED 是否亮，若不亮应检查磁性开关及连接线。

（2）光电开关功能测试

加工单元通电、通气，模拟加工台有物料现象，观察 PLC I0.0 的 LED 是否亮，若不亮应检查光电开关及连接线。

2. 按钮/指示灯的功能测试

（1）按钮功能测试

加工单元通电、通气，用手按动停止按钮、启动按钮、急停开关、单机/联机转换开关，观察 PLC I1.2、I1.3、I1.4、I1.5 的 LED 是否亮（灭），若不亮（灭）应检查对应按钮及连接线。

（2）指示灯功能测试

加工单元通电、通气，进入 STEP 7 Micro/WIN SP5 编程软件，利用强制功能，分别强制 PLC Q0.7、Q1.0、Q1.1 输出，观察 PLC Q0.7、Q1.0、Q1.1 的 LED 是否亮，外部指示灯黄色、绿色、红色是否亮，若不亮应检查指示灯及连接线。

3. 气动元件的功能测试

（1）电磁阀 Y1A 功能测试

加工单元通电（接通气源），进入 STEP 7 Micro/WIN SP5 编程软件，利用强制功能，强制 PLC Q0.0，使其接通/断开一次，观察 PLC Q0.0 的 LED 是否亮，外部气动手指是否执行夹紧/放松动作，若不执行应检查气动手指 1A、气动手指电磁阀 Y1A 的气路连接部分及气动手指电磁阀 Y1A 的接线。

（2）电磁阀 Y2A 功能测试

加工单元通电、通气，进入 STEP 7 Micro/WIN SP5 编程软件，利用强制功能，强制 PLC Q0.2，使其接通/断开一次，观察 PLC Q0.2 的 LED 是否亮，外部加工台伸缩气缸是否执行伸出/缩回动作，若不执行应检查加工台伸缩气缸 2A、加工台伸缩气缸电磁阀 Y2A 的气路连接部分及加工台伸缩气缸电磁阀 Y2A 的接线。

（3）电磁阀 Y3A 功能测试

加工单元通电、通气，进入 STEP 7 Micro/WIN SP5 编程软件，利用强制功能，强制 PLC Q0.3，使其接通/断开一次，观察 PLC Q0.3 的 LED 是否亮，外部冲压气缸是否执行冲压/返回动作，若不执行应检查冲压气缸 3A、冲压气缸电磁阀 Y3A 的气路连接部分及冲压气缸电磁阀 Y3A 的接线。

4. PLC 的功能调试

PLC 的功能测试主要是对加工单元测试程序（用户随意编写）进行上传与下载、监控功能的调试。

8.4 加工工作单元的编程与调试

8.4.1 加工单元 PLC 程序设计思路

1. 加工单元 PLC I/O 地址分配表

根据加工单元 PLC 原理图配置 PLC I/O 地址分配表，见表 8-4。

表 8-4 加工单元 PLC 的 I/O 地址分配表

输入信号				输出信号			
序号	PLC 输入点	信号名称	信号来源	序号	PLC 输出点	信号名称	信号来源
1	I0.0	加工台物料检测	装置侧	1	Q0.0	夹紧电磁阀	装置侧
2	I0.1	工件夹紧检测		2	Q0.1		
3	I0.2	加工台伸出到位		3	Q0.2	料台伸缩电磁阀	
4	I0.3	加工台缩回到位		4	Q0.3	加工压头电磁阀	
5	I0.4	加工压头上限		5	Q0.4		
6	I0.5	加工压头下限		6	Q0.5		
7	I0.6			7	Q0.6		
8	I0.7			8	Q0.7	正常工作指示	按钮/指示灯模块
9	I1.0			9	Q1.0	运行指示	
10	I1.1			10	Q1.1		
11	I1.2	停止按钮	按钮/指示灯模块				
12	I1.3	启动按钮					
13	I1.4	急停按钮（未用）					
14	I1.5	工作方式选择					

2. 控制程序结构设计

加工单元的控制程序可按照 3 个部分进行设计：加工控制主程序、加工控制子程序和状态显示子程序。

3. 控制程序顺序控制功能图

整个程序的结构包括主程序、加工控制子程序和状态显示子程序。主程序是一个周期循环扫描的程序。通电后先进行初态检查，即检查伸缩气缸、夹紧气缸、冲压气缸是否在复位状态，加工台是否有工件。这 4 个条件中的任意一个条件不满足，初态均不能通过，也就是不能启动加工单元使之运行。如图 8-9 所示为加工单元加工控制主程序顺序控制功能图。

加工控制子程序是一个步进程序，可以采用置位复位方法来编程，也可以用顺序继电器指令（SCR 指令）来编程。如果加工台有料，则相继执行夹紧、缩回、冲压操作，然后执行冲压复位、加工台缩回复位、手爪松开复位等操作，延时 100ms 后返回子程序入口处开始下一个周期的工作，加工控制子程序顺序功能图如图 8-10 所示。

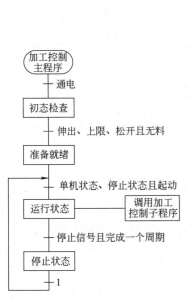

图 8-9　加工单元加工控制主程序
　　　　顺序控制功能图

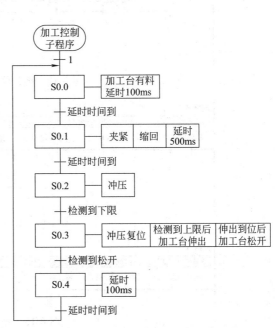

图 8-10　加工单元加工控制子程序
　　　　　顺序控制功能图

状态显示子程序根据任务描述用经验设计法来编写。

8.4.2　加工单元 PLC 梯形图程序设计

1. 主程序

主程序梯形图如图 8-11～图 8-17 所示。

图 8-11　调用状态显示子程序

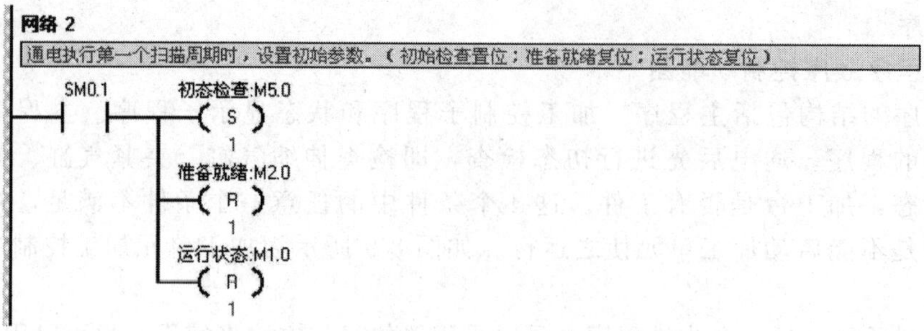

网络 2

通电执行第一个扫描周期时，设置初始参数。（初始检查置位；准备就绪复位；运行状态复位）

```
SM0.1          初态检查:M5.0
 ┤ ├──────────────( S )
                     1
               准备就绪:M2.0
               ────( R )
                     1
               运行状态:M1.0
               ────( R )
                     1
```

图 8-12　PLC 初次上电初始参数设置

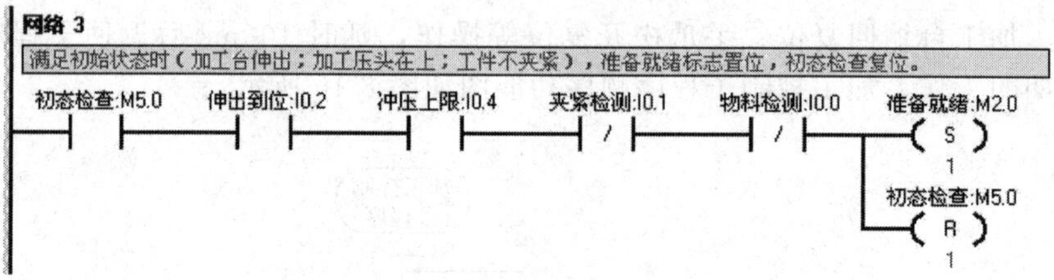

网络 3

满足初始状态时（加工台伸出；加工压头在上；工件不夹紧），准备就绪标志置位，初态检查复位。

```
初态检查:M5.0  伸出到位:I0.2  冲压上限:I0.4  夹紧检测:I0.1  物料检测:I0.0  准备就绪:M2.0
 ┤ ├───────┤ ├───────┤ ├───────┤/├───────┤/├──────( S )
                                                        1
                                                  初态检查:M5.0
                                                  ────( R )
                                                        1
```

图 8-13　准备就绪标志置位

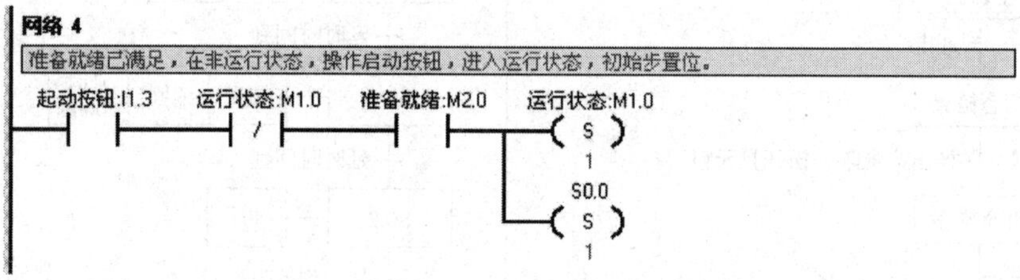

网络 4

准备就绪已满足，在非运行状态，操作启动按钮，进入运行状态，初始步置位。

```
起动按钮:I1.3  运行状态:M1.0  准备就绪:M2.0  运行状态:M1.0
 ┤ ├───────┤/├───────┤ ├──────────( S )
                                        1
                                      S0.0
                                   ───( S )
                                        1
```

图 8-14　启动运行状态

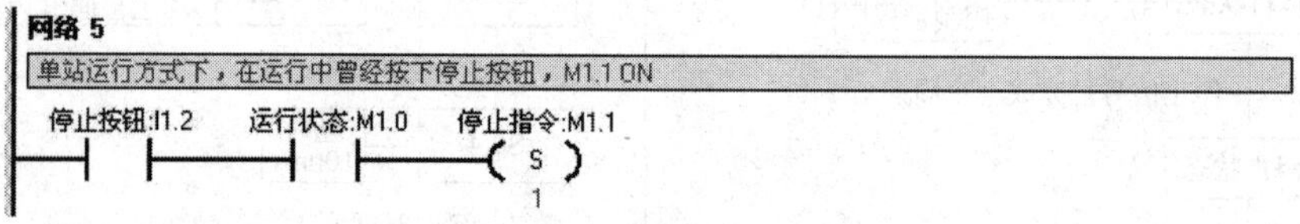

网络 5

单站运行方式下，在运行中曾经按下停止按钮，M1.1 ON

```
停止按钮:I1.2  运行状态:M1.0  停止指令:M1.1
 ┤ ├───────┤ ├──────────( S )
                              1
```

图 8-15　停止标志

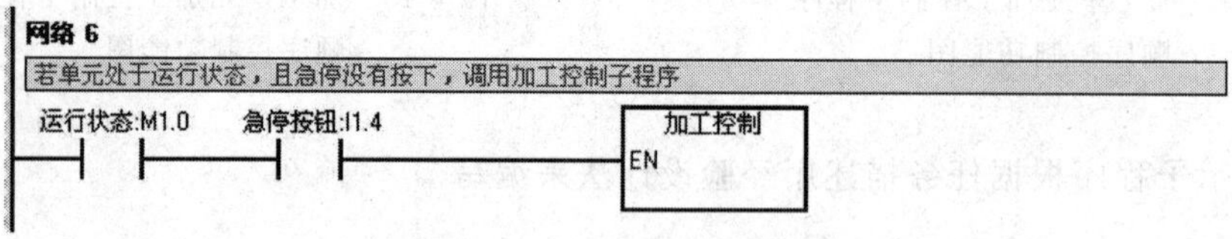

网络 6

若单元处于运行状态，且急停没有按下，调用加工控制子程序

```
运行状态:M1.0  急停按钮:I1.4     ┌──────────┐
 ┤ ├───────┤ ├──────────│ 加工控制  │
                         │EN        │
                         └──────────┘
```

图 8-16　执行加工控制子程序

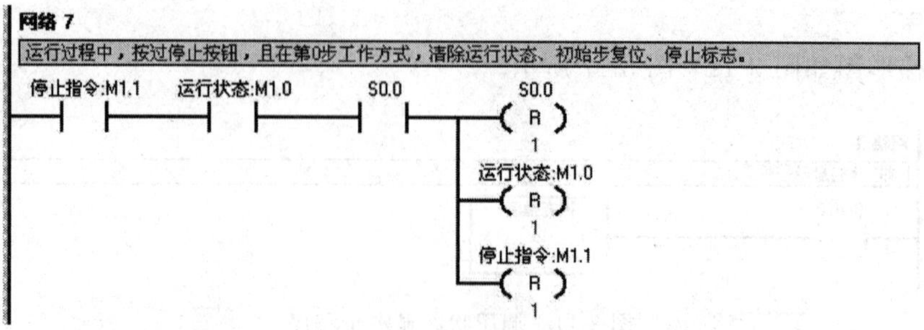

网络 7

运行过程中，按过停止按钮，且在第0步工作方式，清除运行状态、初始步复位、停止标志。

```
停止指令:M1.1  运行状态:M1.0    S0.0        S0.0
 ┤ ├───────┤ ├───────┤ ├──────────( R )
                                        1
                                   运行状态:M1.0
                                   ────( R )
                                        1
                                   停止指令:M1.1
                                   ────( R )
                                        1
```

图 8-17　运行状态（顺序控制初始位）复位

2. 加工控制子程序

加工控制子程序梯形图如图 8-18～图 8-37 所示。

图 8-18　进入子程序并执行初始步

图 8-19　加工台有料时开始延时

图 8-20　延时时间到，转换到第一步

图 8-21　结束初始步

图 8-22　执行第一步

图 8-23　夹紧工件并缩回加工台

图 8-24　延时时间到，转换到第二步

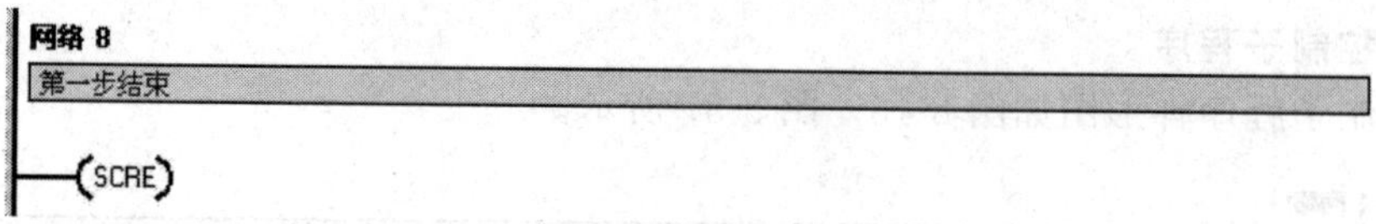

网络 8

第一步结束

———（SCRE）

图 8-25　结束第一步

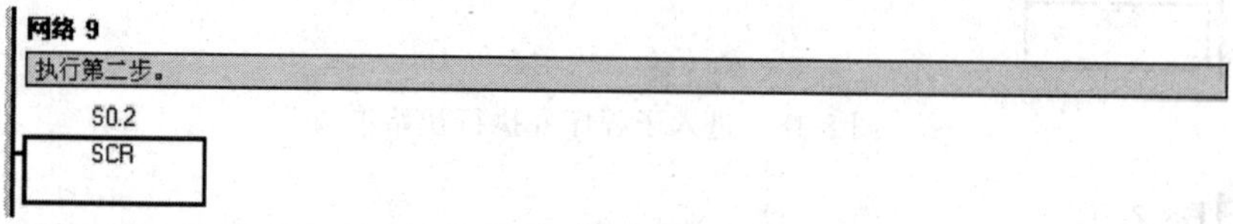

网络 9

执行第二步。

S0.2
SCR

图 8-26　执行第二步

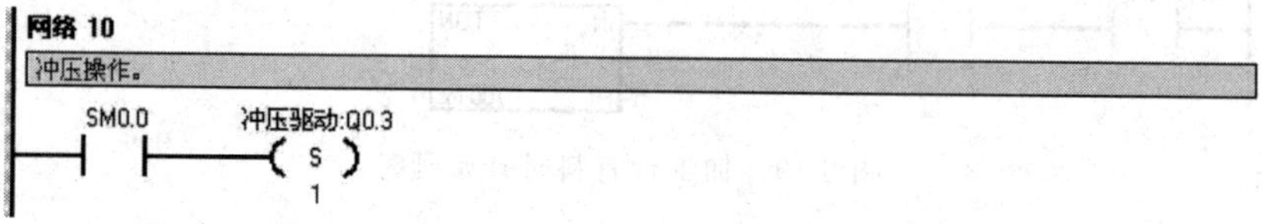

网络 10

冲压操作。

SM0.0　　　　冲压驱动:Q0.3
——┤├————————（ S ）
　　　　　　　　　　　1

图 8-27　对工件进行冲压加工

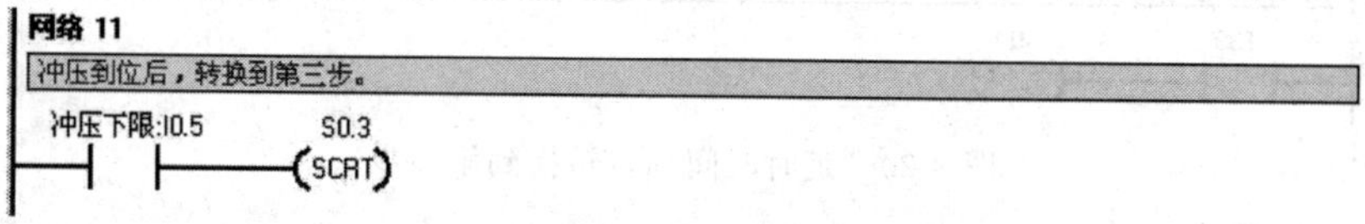

网络 11

冲压到位后，转换到第三步。

冲压下限:I0.5　　S0.3
——┤├——————（SCRT）

图 8-28　冲压结束后转换到第三步

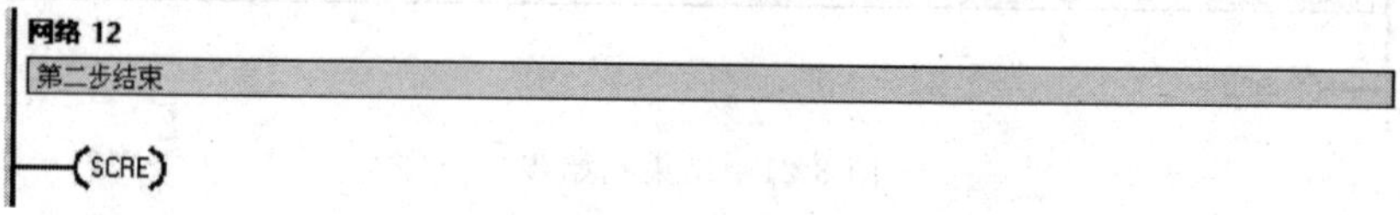

网络 12

第二步结束

———（SCRE）

图 8-29　结束第二步

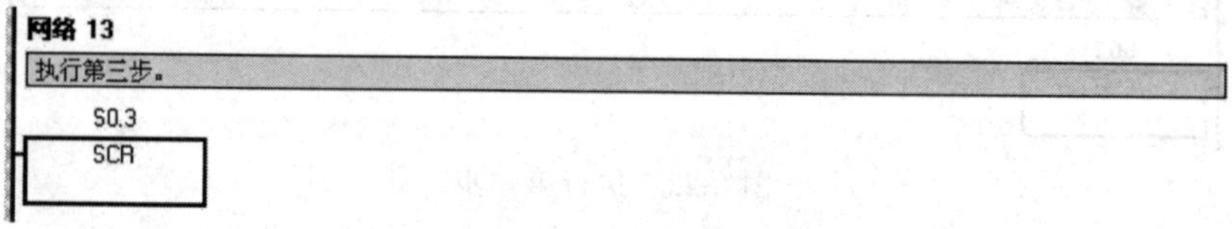

网络 13

执行第三步。

S0.3
SCR

图 8-30　执行第三步

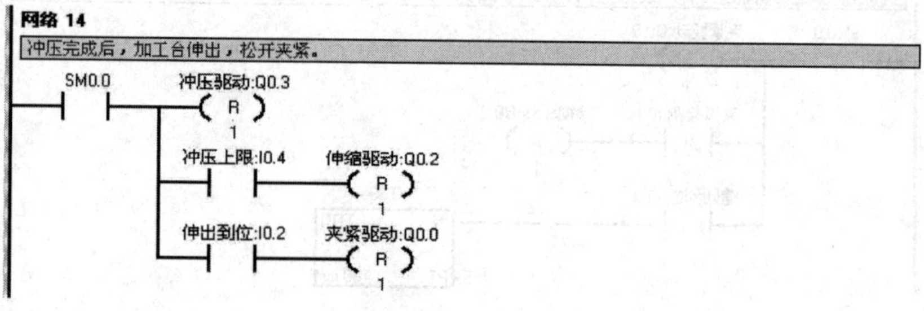

网络 14

冲压完成后，加工台伸出，松开夹紧。

SM0.0　　　　冲压驱动:Q0.3
——┤├————————（ R ）
　　　　　│　　　　　　1
　　　　　│　冲压上限:I0.4　　伸缩驱动:Q0.2
　　　　　├——┤├——————（ R ）
　　　　　│　　　　　　　　　　1
　　　　　│　伸出到位:I0.2　　夹紧驱动:Q0.0
　　　　　└——┤├——————（ R ）
　　　　　　　　　　　　　　　　1

图 8-31　冲压完成后加工台伸出且放松夹紧

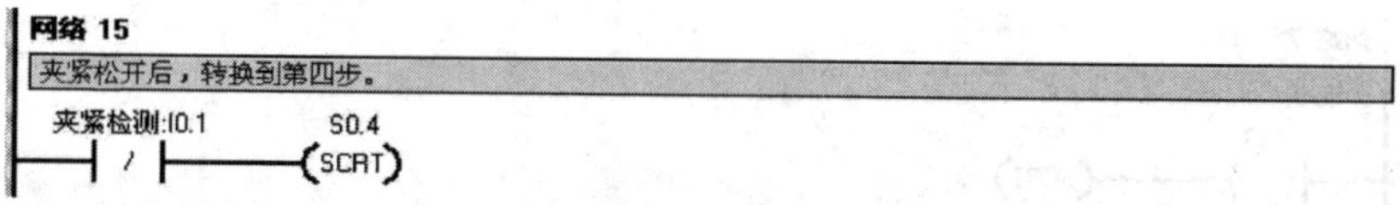

网络 15

夹紧松开后，转换到第四步。

夹紧检测:I0.1　　S0.4
——┤/├——————（SCRT）

图 8-32　夹紧松开后转换到第四步

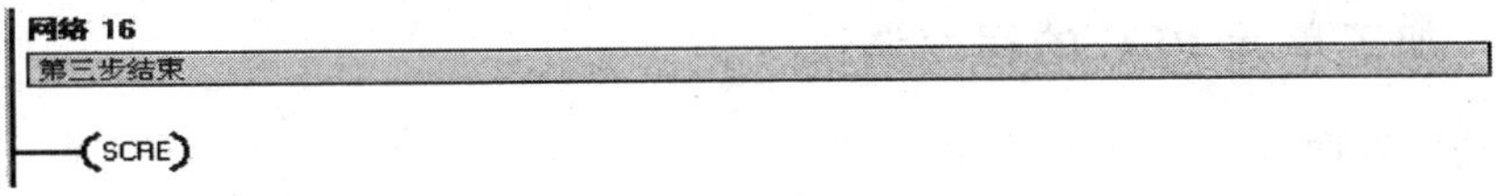

网络 16

第三步结束

—(SCRE)

图 8-33 结束第三步

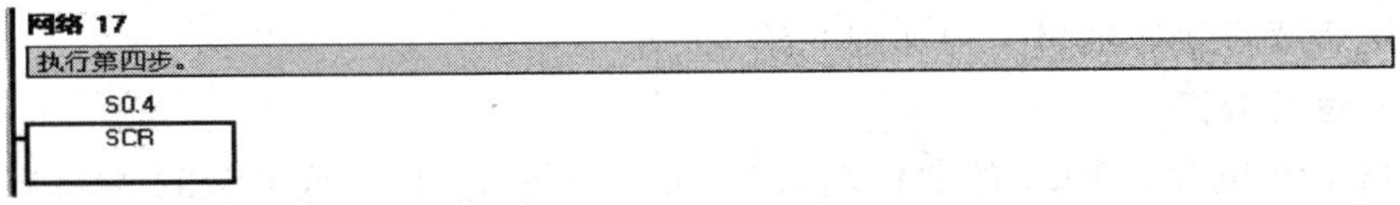

网络 17

执行第四步。

```
    S0.4
    SCR
```

图 8-34 执行第四步

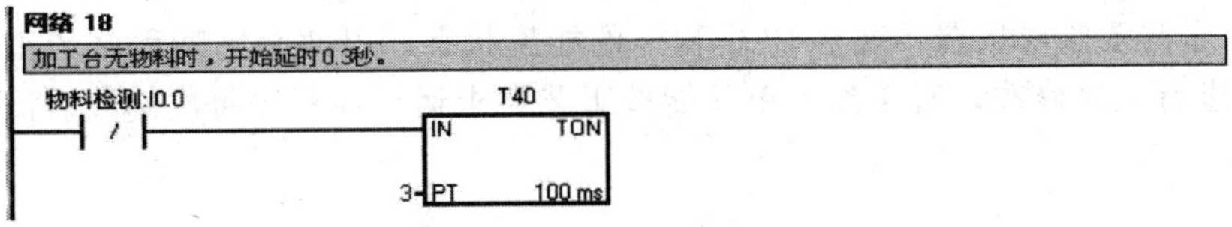

网络 18

加工台无物料时，开始延时 0.3 秒。

物料检测:I0.0
```
    ─┤/├─          IN    TON  T40

              3─┤PT    100 ms
```

图 8-35 加工台没有物料，开始延时 0.3s

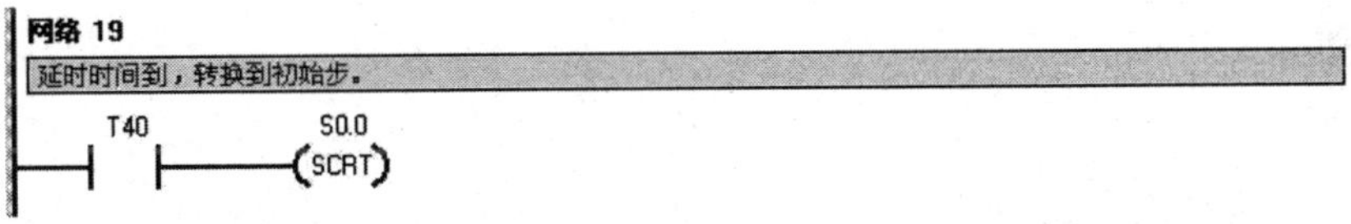

网络 19

延时时间到，转换到初始步。

```
    T40         S0.0
    ─┤├─────(SCRT)
```

图 8-36 延时时间到，转换到初始步

网络 20

第四步结束

—(SCRE)

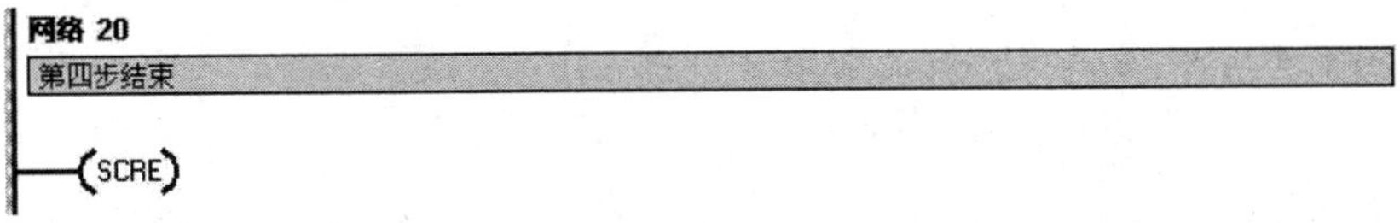

图 8-37 结束第四步

3. 状态显示子程序

状态显示子程序梯形图如图 8-38 和图 8-39 所示。

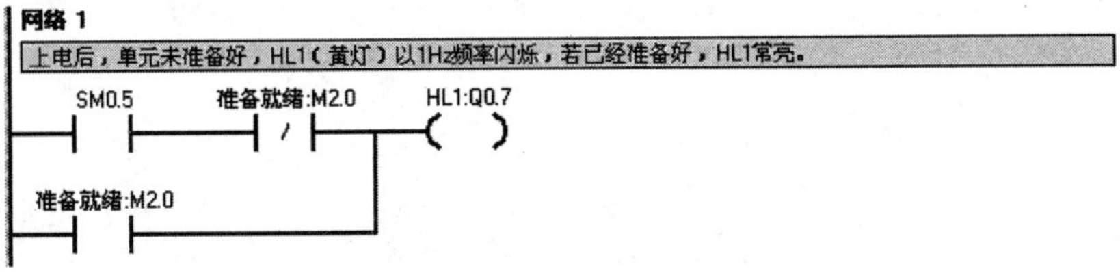

网络 1

上电后，单元未准备好，HL1（黄灯）以 1Hz 频率闪烁，若已经准备好，HL1 常亮。

```
    SM0.5       准备就绪:M2.0      HL1:Q0.7
    ─┤├──────┤/├──────( )

    准备就绪:M2.0
    ─┤├─
```

图 8-38 准备就绪与否状态显示

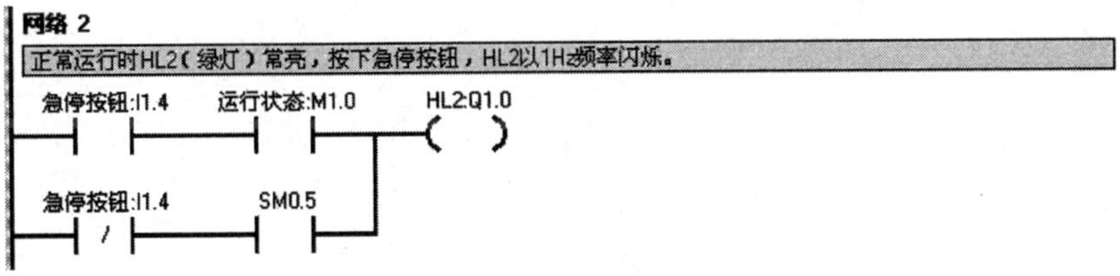

网络 2

正常运行时 HL2（绿灯）常亮，按下急停按钮，HL2 以 1Hz 频率闪烁。

```
    急停按钮:I1.4    运行状态:M1.0     HL2:Q1.0
    ─┤├──────┤├──────( )

    急停按钮:I1.4     SM0.5
    ─┤/├──────┤├─
```

图 8-39 运行指示状态显示

8.4.3　加工单元 PLC 的程序调试

1. 程序的仿真调试

学习 PLC 最有效的方法是多练习编程和多上机调试，但有时因为缺乏实验的条件，编写程序后无法检验是否正确，编程能力很难提高。宇龙仿真软件是解决这一问题的理想工具，具体应用后续模块四项目二中详细介绍。

2. 程序的运行调试

① 用 PC/PPI 电缆将 PLC 的通信端口与 PC 的 USB 接口（或 RS232 端口）相连，打开 PLC 编程软件，设置通信端口和通信波特率，建立上位机与 PLC 的通信连接。

② PLC 程序编译无误后将其下载至 PLC，并使 PLC 处于 RUN 状态。

③ 将程序调至监视状态，观察 PLC 程序的能流状态，以此来判断程序的正确与否，并有针对性地进行程序修改，直至加工单元能按工艺要求运行。程序每次修改后需重新编译并下载至 PLC。

项目9 装配工作单元安装与调试

本项目的主要工作任务是对装配单元实施机械、电气安装、编程调试及运行等操作，锻炼学生识图、安装、布线、编程及装调的能力，主要任务如下。

（1）装配单元的装配与测试

包括装配单元的机械装配与调整、气动元件的安装与连接、传感器的安装与接线、PLC 的安装与接线、装配单元的功能测试。

（2）装配单元安装的编程与单站调试

包括装配单元 PLC 程序设计思路、PLC 梯形图程序设计、PLC 的程序调试。

装配单元装调的工作任务内容参照表 9-1。

表 9-1 装配单元装调的工作任务

任 务	工作内容	计划时间	实际完成时间	完成情况
装配单元的装配与测试	1.装配单元的机械装配与调整			
	2.气动元件的安装与连接			
	3.传感器的安装与接线			
	4.PLC 的安装与接线			
	5.装配单元的功能测试			
装配单元安装的编程与单站调试	1.装配单元 PLC 设计思路			
	2.PLC 梯形图程序			
	3.PLC 的程序调试			

9.1 装配工作单元结构

装配单元的结构组成包括：管形料仓，落料机构，回转物料台，装配机械手，待装配工件的定位机构，气动系统及其阀组，信号采集及其自动控制系统，端子排组件，信号灯，铝型材支架及底板，传感器安装支架。机械装配图如图 9-1 所示。

1. 管形料仓

管形料仓由塑料圆管和中空底座构成。塑料圆管顶端放置加强金属环，以防止破损。工件竖直放入料仓的空心圆管内，由于二者之间有一定的间隙，其能在重力作用下自由下落。为了能对料仓供料不足和缺料时报警，在塑料圆管底部和底座处分别安装了 2 个漫反射光电传感器，并在料仓塑料圆柱上纵向铣槽，使光电传感器的红外光斑能可靠照射到被检测的物料上，光电传感器的灵敏度调整应以能检测到黑色物料为准。

2. 落料机构

图 9-2 给出了落料机构剖视图。料仓底座的背面安装了两个直线气缸。上面的气缸称为顶料气缸，下面的气缸称为挡料气缸。系统气源接通后，顶料气缸的初始位置为缩回状态，

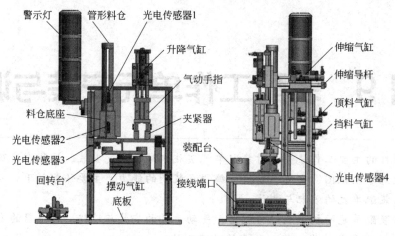

图 9-1　装配单元机械装配图

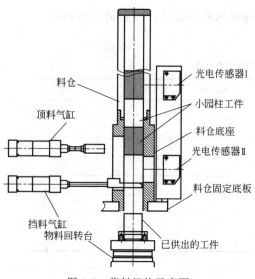

图 9-2　落料机构示意图

挡料气缸的初始位置为伸出状态。这样，当从料仓上面放下工件时，工件将被挡料气缸活塞杆终端的挡块阻挡而不能落下。

需要进行落料操作时，首先使顶料气缸伸出，把次下层的工件夹紧，然后挡料气缸缩回，工件掉入回转物料台的料盘中。之后挡料气缸复位伸出，顶料气缸缩回，次下层工件跌落到挡料气缸终端挡块上，为再一次供料作准备。

3. 回转物料台

该机构由气动摆台和两个料盘组成，气动摆台能驱动料盘旋转 180°，从而实现把从供料机构落下到料盘的工件移动到装配机械手正下方的功能，见图 9-3。图中的光电传感器 1 和光电传感器 2 分别用来检测左面和右面料盘是否有零件，两个光电传感器均选用 CX-441 型。

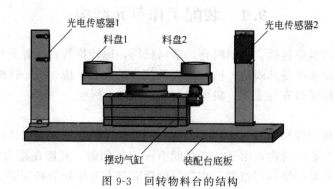

图 9-3　回转物料台的结构

4. 装配机械手

装配机械手是整个装配单元的核心。当装配机械手正下方的回转物料台料盘上有小圆柱零件，且装配台侧面的光纤传感器检测到装配台上有待装配工件时，机械手从初始状态开始执行装配操作过程。装配机械手整体外形如图 9-4 所示。

装配机械手装置是一个三维运动的机构，它由分别沿水平方向和竖直方向移动的2个导向气缸和气动手指组成。

装配机械手的运行过程如下。

PLC驱动与竖直移动气缸相连的电磁换向阀动作，由带导杆竖直移动气缸驱动气动手指向下移动，到位后，气动手指驱动手爪夹紧物料，并将夹紧信号通过磁性开关传送给PLC，在PLC控制下，竖直移动气缸复位，被夹紧的物料随气动手指一并提起，离开回转物料台的料盘，提升到最高位后，水平移动气缸在与之对应的换向阀的驱动下伸出活塞杆，移动到气缸前端位置后，竖直移动气缸再次被驱动下移，移动到最下端位置，气动手指松开，经短暂延时，竖直移动气缸和水平移动气缸缩回，机械手恢复初始状态。

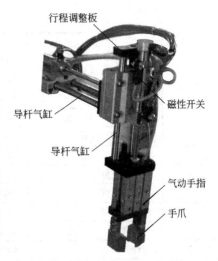

图9-4　装配机械手的整体外形

在整个机械手动作过程中，除气动手指松开到位无传感器检测外，其余动作的到位信号检测均采用与气缸配套的磁性开关，将采集到的信号输入PLC，由PLC输出信号驱动电磁阀换向，使由气缸及气动手指组成的机械手按程序自动运行。

5. 装配台料斗

输送单元运送来的待装配工件直接放置在该机构的料斗定位孔中，通过定位孔与工件之间的较小的间隙配合实现定位，从而完成准确的装配动作，如图9-5所示。

为了确定装配台料斗内是否放置了待装配工件，使用光纤传感器进行检测。料斗的侧面开有一个M6螺孔，光纤传感器的光纤探头固定在螺孔内。

6. 警示灯

本工作单元上安装有红、橙、绿三色警示灯，为整个系统警示用。警示灯有五根引出线，其中黄绿交叉线为"地线"；红色线：红色灯控制线；黄色线：橙色灯控制线、绿色线：绿色灯控制线；黑色线：信号灯公共控制线。接线如图9-6所示。

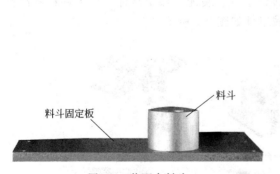

图9-5　装配台料斗

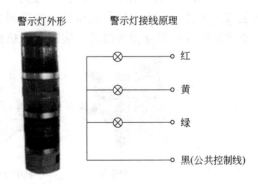

图9-6　警示灯及其接线

9.2　装配工作单元设备清单

装配单元主要设备清单如表9-2所示。

表 9-2　装配单元清单

序号	名称	型号/规格/编号	单位	数量	链接
1	可编程控制器 PLC	S7-200-226CN AC/DC/RLY I24/O16 AC220V 供电	台	1	
2	气动摆台	HRQ10	只	1	
3	导向气缸(三轴气缸)	TC-M-20＊200-S	只	1	
4	手指(Y 型)气缸	HFY16	只	1	
5	多位置固定气缸	MK-10＊30-S	只	1	
6	双作用气缸	PB-10＊30-S-U-LB	只	2	
7	单向节流阀	JSC4-M5	只	12	
8	电磁换向阀	4V110-M5-B	只	6	
9	电磁阀组	100M-6F	套	1	
10	磁性开关	CS1-G-020	只	11	
11	光电接近开关	CX-441	只	4	
12	光纤传感器	E3Z-NA11	只	1	

9.3　装配工作单元的装配与测试

9.3.1　装配单元的机械装配与调整

1. 机械组件的组成

装配单元的机械组件包括管形料仓、落料机构、回转物料台、气动摆台、装配机械手、导向气缸、装配台料斗等。

2. 机械组件的安装方法

① 在装配之前，熟悉本单元的功能和动作过程。

② 按照"零件—组件—组装"的思路，首先将各个零件安装成组件，然后进行组装。所装成的组件包括小工件供料组件、装配回转台组件、装配机械手组件、小工件料仓组件、左支撑架组件和右支撑架组件，装配单元机械组件如图 9-7 所示。

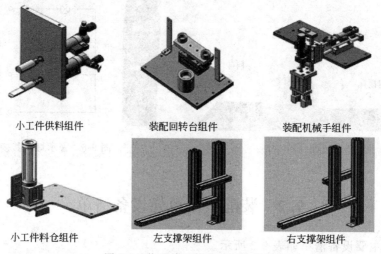

小工件供料组件　　　　装配回转台组件　　　　装配机械手组件

小工件料仓组件　　　　左支撑架组件　　　　右支撑架组件

图 9-7　装配单元装配过程的组件

③ 在完成以上组件的装配后，将与底板接触的型材放置在底板的连接螺纹上，使用 L 形的连接件和连接螺栓，固定装配模块的型材支撑架，如图 9-8 所示。

④ 用螺钉在气缸上安装电磁感应接近开关，并在传感器支撑板上安装光敏式接近开关和金属传感器，螺钉先不要拧紧，以便进行调节。

⑤ 把图 9-7 中的组件逐个安装到支撑架上，装配顺序为：装配回转台组件→小工件料仓组件→小工件供料组件→装配机械手组件。

图 9-8　框架组件在底板上的安装

⑥ 把电磁阀组、PLC 和接线端子排固定在底板上。

⑦ 在工作台上先放入螺母，然后把以上整体固定于工作台上，安装螺钉固定，从而完成机械部分装配。

9.3.2　装配单元气动元件的安装与连接

1. 气动系统的组成

装配单元的气动系统主要包括气源、气动汇流板、直线气缸、摆动气缸、气动手指、单电控换向阀、单向节流阀、消声器、快插接头、气管等。

2. 气路控制原理图

如图 9-9 所示，1B1、1B2 为安装在顶料气缸上的 2 个位置检测传感器（磁性开关）；2B1、2B2 为安装在挡料气缸上的 2 个位置检测传感器（磁性开关）；3B1、3B2 为安装在摆动气缸上的 2 个位置检测传感器（磁性开关）；4B 为安装在气动手指上的 1 个位置检测传感器（磁性开关）；5B1、5B2 为安装在手爪升降气缸上的 2 个位置检测传感器（磁性开关）；6B1、6B2 为安装在手爪伸缩气缸上的 2 个位置检测传感器（磁性开关）。单向节流阀用于气缸、摆动气缸和气动手指的调速，气动汇流板用于组装单电控换向阀及附件。图中气源经汇流板分给 6 个换向阀的进气口，气缸 1A、2A、3A、4A、5A、6A 的两个工作口与电磁阀工作口之间均安装了单向节流阀，通过尾气节流来调整对应气动执行元件的工作速度。排气口安装的消声器可减小排气的噪声。

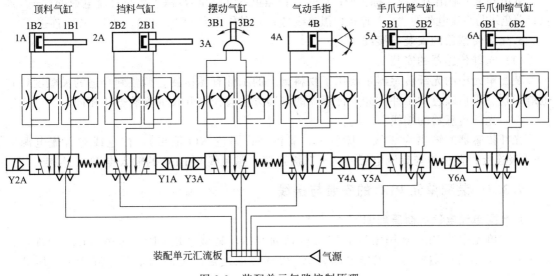

图 9-9　装配单元气路控制原理

3. 气动元件的连接方法

① 单向节流阀应分别安装在气缸的工作口上，并缠绕好密封带，以免运行时漏气。

② 单电控换向阀的进气口和工作口应安装好快插接头，并缠绕好密封带，以免运行时漏气。

③ 汇流板的排气口应安装好消声器，并缠绕好密封带，以免运行时漏气。

④ 气动元件对应气口之间用塑料气管进行连接，做到安装美观，气管不交叉并保证气路畅通。

4. 气路系统的调试方法

装配单元气路系统的调试主要是针对气动执行元件的运行情况进行的，其调试方法是通过手动控制单向换向阀，观察各气动执行元件的动作情况，运行过程中检查各管路的连接处是否有漏气现象，是否存在气管不畅通现象。

9.3.3 装配单元传感器的安装与接线

1. 磁性开关的安装与调试

（1）磁性开关的安装

装配单元中涉及 6 个气动执行元件，即顶料气缸、挡料气缸、摆动气缸、气动手指、手爪升降气缸、手爪伸缩气缸，共用 11 个磁性开关作为气动执行元件的极限位置检测元件。磁性开关的安装方法与供料单元中磁性开关的安装方法相同。

（2）磁性开关的接线

磁性开关的输出为 2 线（棕色＋；蓝色－），连接时，1B1、1B2、2B1、2B2、3B1、3B2、4B、5B1、5B2、6B1、6B2 的棕色线分别与 PLC 的 I0.5、I0.6、I0.7、I1.0、I1.1、I1.2、I1.3、I1.4、I1.5、I1.6、I1.7 输入点相连，蓝色线与直流电源的"－"相连。

2. 光电开关的安装与接线

（1）光电开关的安装

装配单元中的光电开关主要用在物料不足检测、物料有无检测、左料盘工件检测和右料盘工件检测等方面，光电开关的安装方法与供料单元中光电开关的安装方法相同。

（2）光电开关的接线

光电开关的输出为 3 线（棕色＋；蓝色－；黑色 NO 输出），棕色线与直流电源的"＋"连接；蓝色线与直流电源的"－"连接；黑色线与 PLC 的输入点 I0.0、I0.1、I0.2、I0.3 连接。

3. 光纤传感器的安装与接线

（1）光纤传感器的安装

装配单元中的光纤传感器主要用于物料台上的工件有无检测，调整到合适的灵敏度，它也能识别、黑白颜色的工件。光纤传感器的安装方法与光电开关的安装方法相同。

（2）光纤传感器的接线

光纤传感器的输出为 3 线（棕色＋；蓝色－；黑色 NO 输出），棕色线与直流电源的"＋"极连接；蓝色线与直流电源的"－"极连接；黑色线与 PLC 的输入点 I0.4 连接。

9.3.4 装配单元 PLC 的安装与接线

1. 装配单元电气控制原理图

装配单元中的 PLC 选用西门子 S7-200 系列产品，其型号是 CPU226 AC/DC/RLY，24 点输入，16 点继电器输出，工作电源为 AC220V，输入输出电源均采用直流 24V。其 PLC 控制原理图如图 9-10 所示。

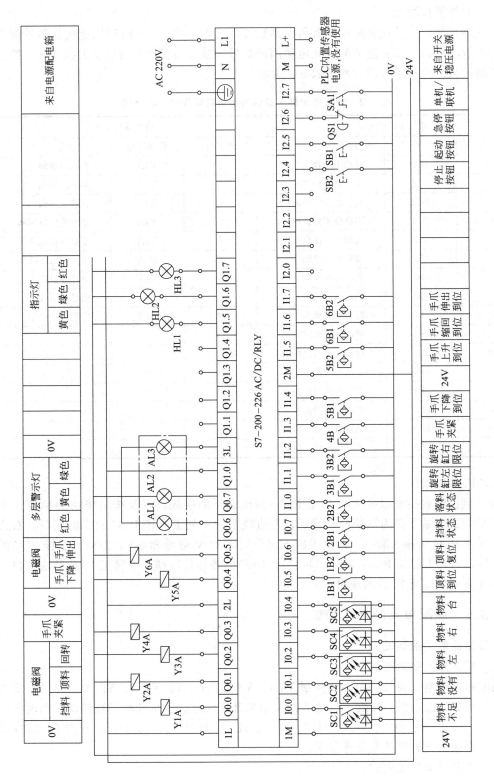

图 9-10 装配单元气路控制原理

2. 装配单元电气端子排接线

（1）装置侧接线

装置侧接线，一是把装配单元各传感器信号线、电源线、0 V线按规定接至装置侧左边较宽的接线端子排，二是把装配单元电磁阀的信号线接至装置侧右边较窄的接线端子排。装配装置侧的信号线端子号的分配如表9-3所示。

表9-3　装配单元装置侧的接线端口信号端子的分配

输入端口中间层			输出端口中间层		
端子号	设备符号	信号线	端子号	设备符号	信号线
2	SC1	零件不足检测	2	Y1A	挡料电磁阀
3	SC2	零件有无检测	3	Y2A	顶料电磁阀
4	SC3	左料盘零件检测	4	Y3A	回转电磁阀
5	SC4	右料盘零件检测	5	Y4A	手爪夹紧电磁阀
6	SC5	装配台工件检测	6	Y5A	手爪下降电磁阀
7	1B1	顶料到位检测	7	Y6A	手臂伸出电磁阀
8	1B2	顶料复位检测	8	AL1	红色警示灯
9	2B1	挡料状态检测	9	AL2	橙色警示灯
10	2B2	落料状态检测	10	AL3	绿色警示灯
11	3B1	摆动气缸左限检测	11		
12	3B2	摆动气缸右限检测	12		
13	4B2	手爪夹紧检测	13		
14	5B1	手爪上升到位检测	14		
15	5B2	手爪下降到位检测			
16	6B1	手臂缩回到位检测			
17	6B2	手臂伸出到位检测			

（2）PLC侧接线

PLC侧接线包括电源接线和PLC输入/输出端子的接线，以及按钮模块的接线3个部分。PLC侧接线端子排为双层两列端子，左边较窄的一列主要接PLC的输出端口，右边较宽的一列接PLC的输入端口。两列中的下层分别接24 V电源和0 V。左列上层接PLC的输出口信号，右列上层接PLC的输入口信号。PLC的按钮接线端子连接至PLC的输入口，信号指示灯信号端接至PLC的输出口。

9.3.5　装配单元的功能测试

1. 传感器的功能测试

（1）磁性开关功能测试

装配单元通电、通气，用手动控制Y1A、Y2 A、Y3 A、Y4 A、Y5 A、Y6 A，实现挡料气缸、顶料气缸、摆动气缸、气动手指、手爪升降气缸、手爪伸缩气缸的动作和返回，观察PLC I0.7、I1.0、I0.5、I0.6、I1.1、I1.2、I1.3、I1.4、I1.5、I1.6、I1.7的LED是否亮，若不亮应检查磁性开关及连接线。

（2）光电开关功能测试

装配单元通电（接通气源），物料不足、物料有无、左料盘工件和右料盘工件工作状况，观察PLC I0.0、I0.1、I0.2、I0.3的LED是否亮，若不亮应检查光电开关及连接线。

（3）光纤传感器功能测试

装配单元通电（接通气源），物料台有无工件，观察 PLC I0.4 的 LED 是否亮，若不亮应检查光纤传感器及连接线。

2. 按钮/指示灯的功能测试

（1）按钮功能测试

装配单元通电（接通气源），用手按动停止按钮、起动按钮、急停开关、单机/联机转换开关，观察 PLC I2.4、I2.5、I2.6、I2.7 的 LED 是否亮（灭），若不亮（灭）应检查对应按钮及连接线。

（2）指示灯功能测试

装配单元通电（接通气源），进入 STEP 7 Micro/WIN SP5 编程软件，利用强制功能，分别强制 PLC Q1.5、Q1.6、Q1.7，观察 PLC Q1.5、Q1.6、Q1.7 的 LED 是否亮，外部指示灯黄色、绿色、红色是否亮，若不亮应检查指示灯及连接线。

3. 气动元件的功能测试

（1）电磁阀 Y1A 功能测试

装配单元通电、通气，进入 STEP 7 Micro/WIN SP5 编程软件，利用强制功能，强制 PLC Q0.0，使其接通/断开一次，观察 PLC Q0.0 的 LED 是否亮，外部挡料气缸是否执行挡料/漏料动作，若不执行应检查挡料气缸 1A、挡料电磁阀 Y1A 的气路连接部分及挡料电磁阀 Y1A 的接线。

（2）电磁阀 Y2A 功能测试

装配单元通电、通气，进入 STEP 7 Micro/WIN SP5 编程软件，利用强制功能，强制 PLC Q0.1，使其接通/断开一次，观察 PLC Q0.1 的 LED 是否亮，外部顶料气缸是否执行伸出/缩回动作，若不执行应检查顶料气缸 2A、顶料电磁阀 Y2A 的气路连接部分及顶料电磁阀 Y2A 的接线。

（3）电磁阀 Y3A 功能测试

装配单元通电、通气，进入 STEP 7 Micro/WIN SP5 编程软件，利用强制功能，强制 PLC Q0.2，使其接通/断开一次，观察 PLC Q0.2 的 LED 是否亮，外部摆动气缸是否执行旋转/返回动作，若不执行应检查摆动气缸 3A、摆动电磁阀 Y3A 的气路连接部分及摆动电磁阀 Y3A 的接线。

（4）电磁阀 Y4A 功能测试

装配单元通电、通气，进入 STEP 7 Micro/WIN SP5 编程软件，利用强制功能，强制 PLC Q0.3，使其接通/断开一次，观察 PLC Q0.3 的 LED 是否亮，外部气动手指是否执行夹紧/放松动作，若不执行应检查气动手指气缸 4A、气动手指电磁阀 Y4A 的气路连接部分及气动手指电磁阀 Y4A 的接线。

（5）电磁阀 Y5A 功能测试

装配单元通电、通气，进入 STEP 7 Micro/WIN SP5 编程软件，利用强制功能，强制 PLC Q0.4，使其接通/断开一次，观察 PLC Q0.4 的 LED 是否亮，外部手爪升降气缸是否执行上升/下降动作，若不执行应检查手爪升降气缸 5A、手爪升降电磁阀 Y5A 的气路连接部分及手爪升降电磁阀 Y5A 的接线。

（6）电磁阀 Y6A 功能测试

装配单元通电、通气，进入 STEP 7 Micro/WIN SP5 编程软件，利用强制功能，强制 PLC Q0.5，使其接通/断开一次，观察 PLC Q0.5 的 LED 是否亮，外部手爪伸缩气缸是否执行伸出/缩回动作，若不执行应检查手爪伸出气缸 6A、手爪伸出电磁阀 Y6A 的气路连接部分及手爪伸缩电磁阀 Y6A 的接线。

4. 多层指示灯测试

进入 STEP 7-Micro/WIN SP5 编程软件，利用强制功能，强制 Q0.6、Q0.7、Q1.0 接通/断开一次，观察 PLC Q0.6、Q0.7、Q1.0 的 LED 是否亮，外部红色指示灯、黄色指示灯、绿色指示灯是否亮/灭，若不执行应检查指示灯及连接线。

5. PLC 的功能测试

PLC 的功能测试主要是对装配单元测试程序（用户随意编写）进行上传与下载、监控功能的调试。

9.4　装配工作单元的编程与调试

9.4.1　装配单元 PLC 程序设计思路

1. 装配单元 PLC I/O 地址分配表

根据装配单元 PLC 原理图配置 PLC I/O 地址分配表，见表 9-4。

表 9-4　装配单元 PLC 的 I/O 信号表

输入信号				输出信号			
序号	PLC 输入点	信号名称	信号来源	序号	PLC 输出点	信号名称	信号来源
1	I0.0	零件不足检测		1	Q0.0	挡料电磁阀	
2	I0.1	零件有无检测		2	Q0.1	顶料电磁阀	
3	I0.2	左料盘零件检测		3	Q0.2	回转电磁阀	
4	I0.3	右料盘零件检测		4	Q0.3	手爪夹紧电磁阀	
5	I0.4	装配台工件检测		5	Q0.4	手爪下降电磁阀	装置侧
6	I0.5	顶料到位检测		6	Q0.5	手臂伸出电磁阀	
7	I0.6	顶料复位检测		7	Q0.6	红色警示灯	
8	I0.7	挡料状态检测	装置侧	8	Q0.7	橙色警示灯	
9	I1.0	落料状态检测		9	Q1.0	绿色警示灯	
10	I1.1	摆动气缸左限检测		10	Q1.1		
11	I1.2	摆动气缸右限检测		11	Q1.2		
12	I1.3	手爪夹紧检测		12	Q1.3		
13	I1.4	手爪下降到位检测		13	Q1.4		
14	I1.5	手爪上升到位检测		14	Q1.5	HL1	
15	I1.6	手臂缩回到位检测		15	Q1.6	HL2	按钮/指示灯模块
16	I1.7	手臂伸出到位检测		16	Q1.7	HL3	
17	I2.0						
18	I2.1						
19	I2.2						
20	I2.3						
21	I2.4	停止按钮					
22	I2.5	启动按钮	按钮/指示灯模块				
23	I2.6	急停按钮					
24	I2.7	单机/联机					

2. 控制程序结构设计

装配单元的控制程序可按照 4 个部分进行设计：装配控制主程序、落料控制子程序、抓取控制子程序和状态显示子程序。

3. 控制程序顺序控制功能图

整个程序的结构包括主程序、落料控制子程序、抓取控制子程序和状态显示子程序。主程序是一个周期循环扫描的程序。通电后先进行初态检查，即检查顶料气缸缩回、挡料气缸伸出、机械手提升、机械手缩回、手爪松开、供料充足、装配台无料这 7 个状态是否满足要求。这 7 个条件中的任意一个条件不满足初态，均不能通过，也就是不能启动装配单元使之运行。如果初态检查通过，则说明设备准备就绪，允许启动。启动后，系统就处于运行状态，此时主程序每个扫描周期调用落料控制子程序、抓取控制子程序和状态显示子程序，主程序顺序功能图如图 9-11 所示。

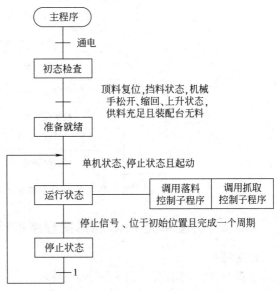

图 9-11　装配单元主程序顺序功能图

落料控制子程序、抓取控制子程序均为步进程序，可以采用置位复位方法来编程，也可以用顺序继电器指令（SCR 指令）来编程。装配落料控制子程序的编程思路如下：如果左料盘无料，则执行落料；如果左料盘有料，右料盘无料，则执行回转操作；如果左料盘有料、右料盘有料，无动作直到当右料盘无料时，则执行回转台复位操作。抓取控制子程序的编程思想如下：如果装配台有料且右料盘有料，则依次执行抓取、放料操作，抓料操作的方法是机械手下降→手爪夹紧→机械手提升，放料操作的方法是机械手伸出→机械手下降→手爪松开→机械手提升→机械手缩回。控制子程序顺序功能图如图 9-12 和图 9-13 所示。

状态显示子程序根据任务描述用经验设计法来编写程序。

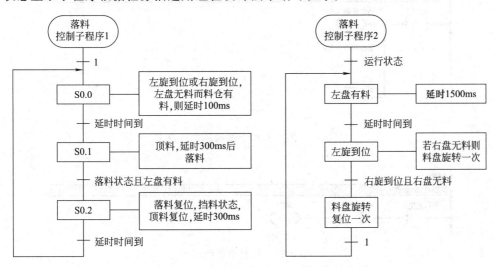

图 9-12　装配单元落料控制子程序顺序功能图

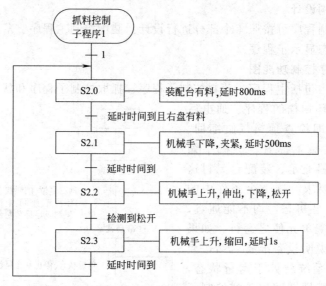

图 9-13　装配单元抓取控制子程序顺序功能图

9.4.2　装配单元 PLC 梯形图程序设计

1. 主程序

主程序梯形图如图 9-14～图 9-22 所示。

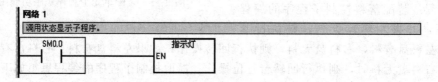

图 9-14　调用状态显示子程序

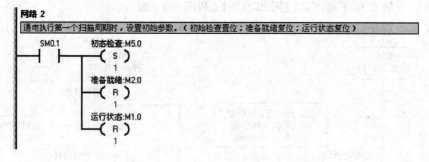

图 9-15　PLC 初次上电初始参数设置

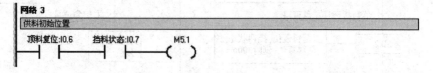

图 9-16　供料准备就绪

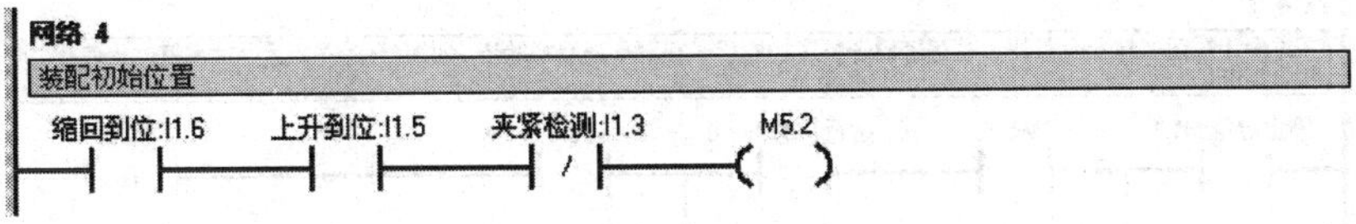

网络 4
装配初始位置
缩回到位:I1.6
上升到位:I1.5
夹紧检测:I1.3
M5.2

图 9-17　装配准备就绪

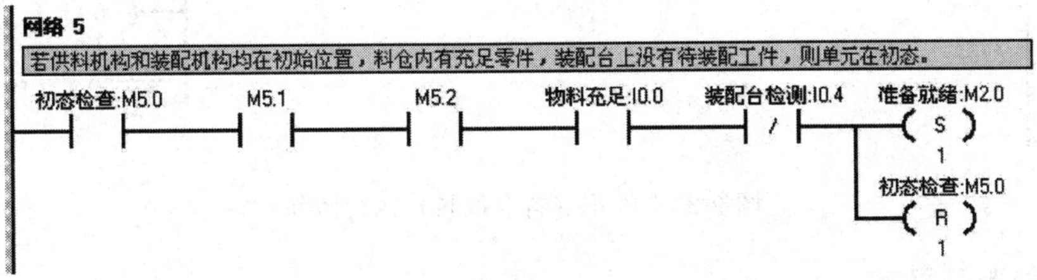

网络 5
若供料机构和装配机构均在初始位置，料仓内有充足零件，装配台上没有待装配工件，则单元在初态。
初态检查:M5.0
M5.1
M5.2
物料充足:I0.0
装配台检测:I0.4
准备就绪:M2.0
S
1
初态检查:M5.0
R
1

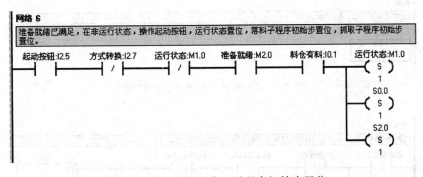

图 9-18　准备就绪

网络 6
准备就绪已满足，在非运行状态，操作起动按钮，运行状态置位，落料子程序初始步置位，抓取子程序初始步置位。
起动按钮:I2.5
方式转换:I2.7
运行状态:M1.0
准备就绪:M2.0
料仓有料:I0.1
运行状态:M1.0
S
1
S0.0
S
1
S2.0
S
1

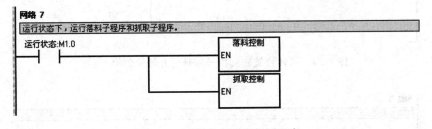

图 9-19　运行标志置位、子程序初始步置位

网络 7
运行状态下，运行落料子程序和抓取子程序。
运行状态:M1.0
落料控制
EN
抓取控制
EN

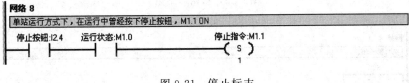

图 9-20　运行状态下执行子程序

网络 8
单站运行方式下，在运行中曾经按下停止按钮，M1.1 ON
停止按钮:I2.4
运行状态:M1.0
停止指令:M1.1
S
1

图 9-21　停止标志

网络 9
按过停止按钮或料仓没有料，且在落料子程序初始步，抓取子程序初始步，初始步复位，运行状态复位、停止指令复位。
停止指令:M1.1
M5.1
运行状态:M1.0
S0.0
S0.0
R
1
料仓有料:I0.1
S2.0
M5.2
S2.0
R
1
运行状态:M1.0
R
1
停止指令:M1.1
R
1

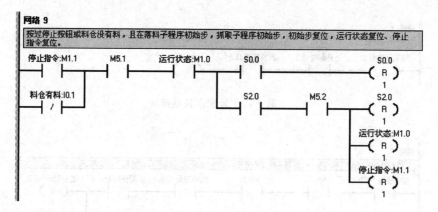

图 9-22　停止（料仓没料）执行清除

2. 落料控制子程序

落料控制子程序梯形图如图 9-23～图 9-39 所示。

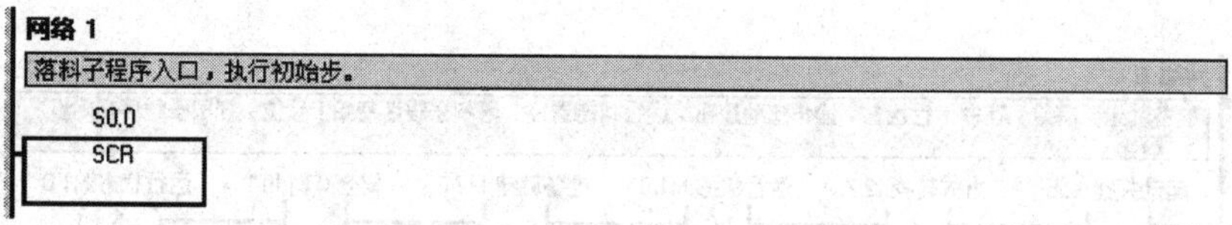

网络 1
落料子程序入口，执行初始步。
S0.0
SCR

图 9-23　进入落料子程序并执行初始步

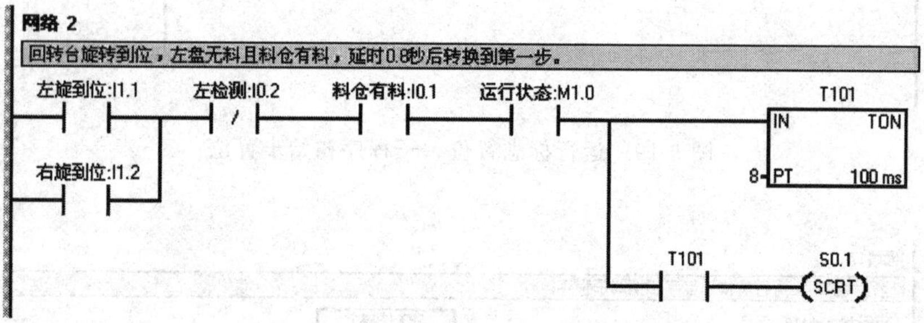

网络 2
回转台旋转到位，左盘无料且料仓有料，延时0.8秒后转换到第一步。
左旋到位:I1.1
左检测:I0.2
料仓有料:I0.1
运行状态:M1.0
T101
IN
TON
8
PT
100 ms
右旋到位:I1.2
T101
S0.1
SCRT

图 9-24　回转台旋转到位开始延时并转换到第一步

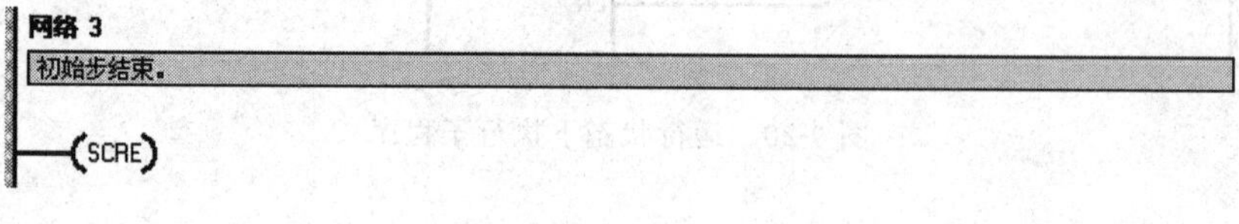

网络 3
初始步结束。
SCRE

图 9-25　初始步结束

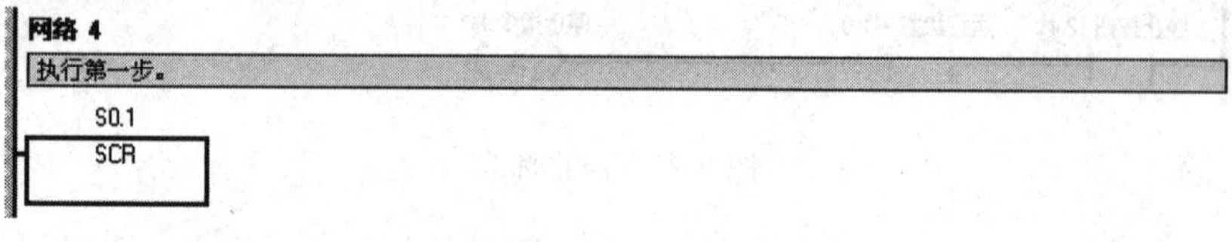

网络 4
执行第一步。
S0.1
SCR

图 9-26　执行第一步

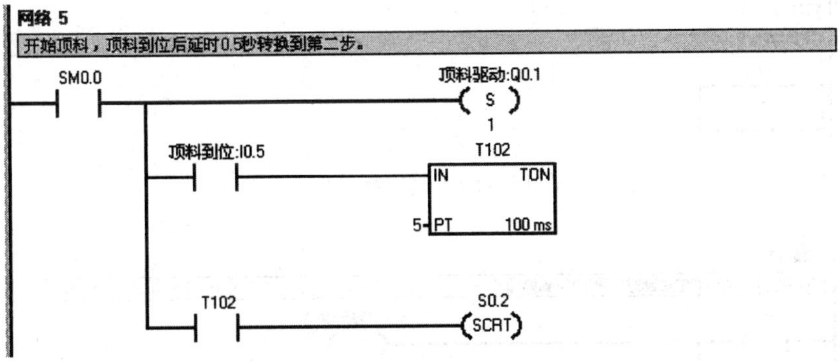

网络 5

开始顶料，顶料到位后延时0.5秒转换到第二步。

图 9-27   开始顶料延时后转换到第二步

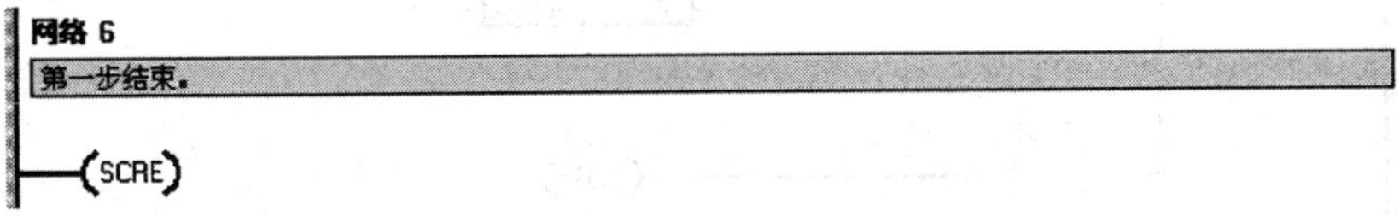

网络 6

第一步结束。

——(SCRE)

图 9-28   第一步结束

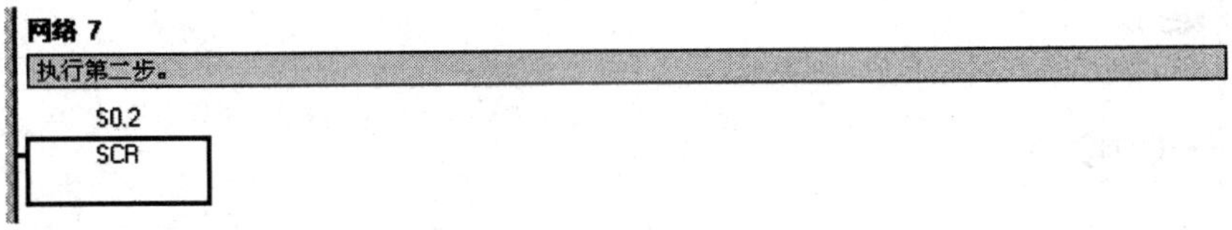

网络 7

执行第二步。

S0.2
SCR

图 9-29   执行第二步

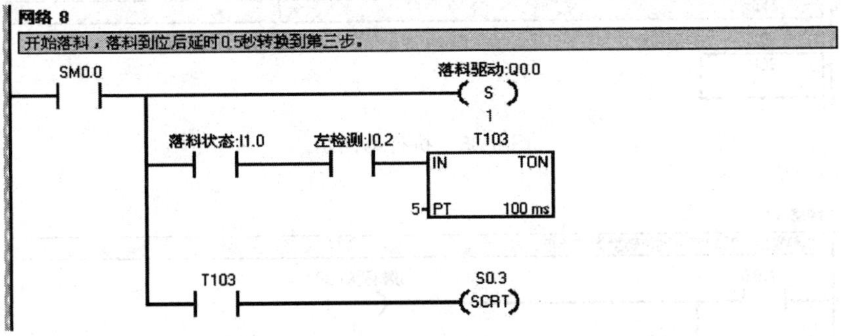

网络 8

开始落料，落料到位后延时0.5秒转换到第三步。

图 9-30   开始落料后延时转换到第三步

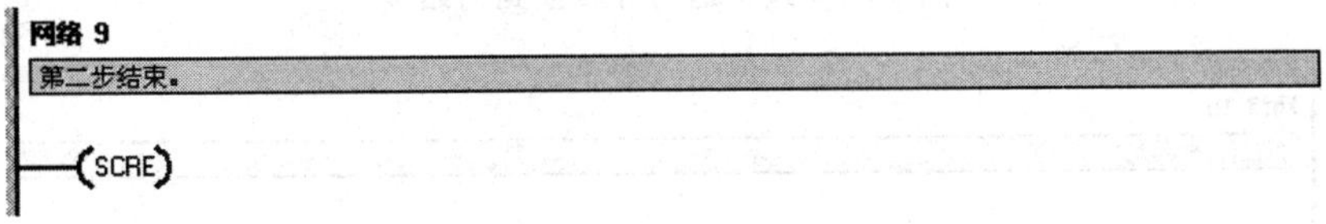

网络 9

第二步结束。

——(SCRE)

图 9-31   第二步结束

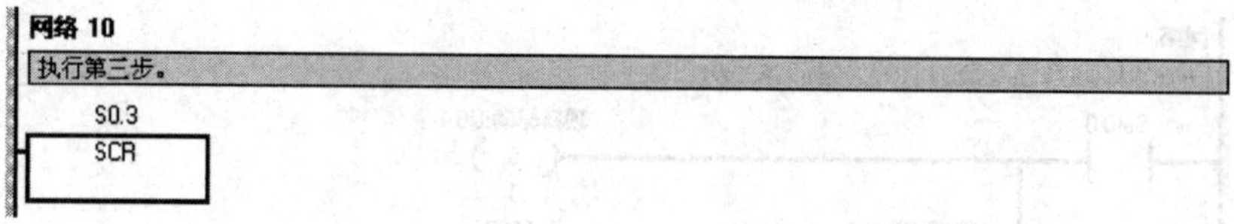

网络 10

执行第三步。

S0.3
SCR

图 9-32 执行第三步

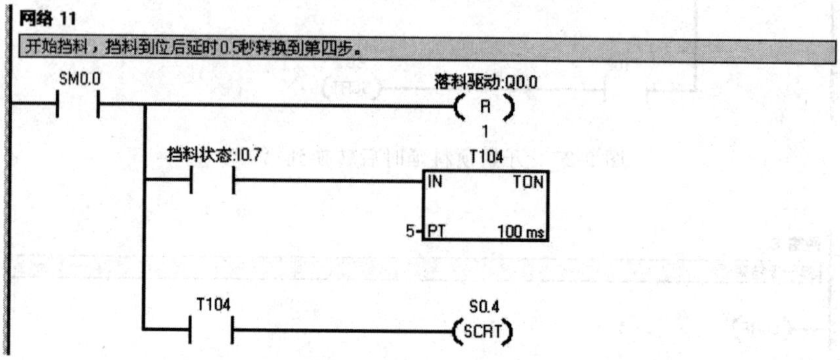

网络 11

开始挡料，挡料到位后延时 0.5 秒转换到第四步。

SM0.0
落料驱动:Q0.0
(R)
1

挡料状态:I0.7
T104
IN   TON
5-PT   100 ms

T104
S0.4
(SCRT)

图 9-33 开始挡料后延时转换到第四步

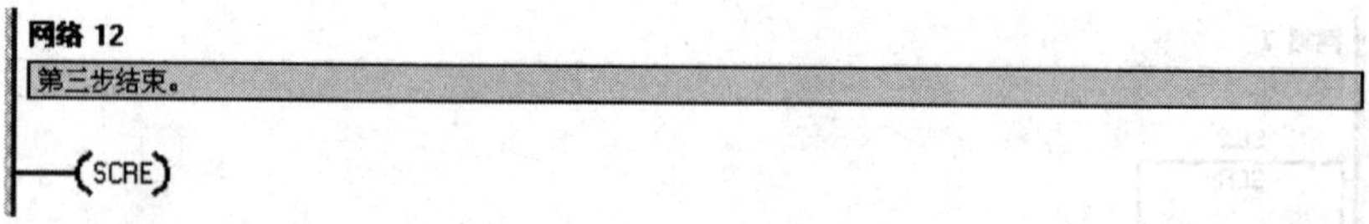

网络 12

第三步结束。

(SCRE)

图 9-34 第三步结束

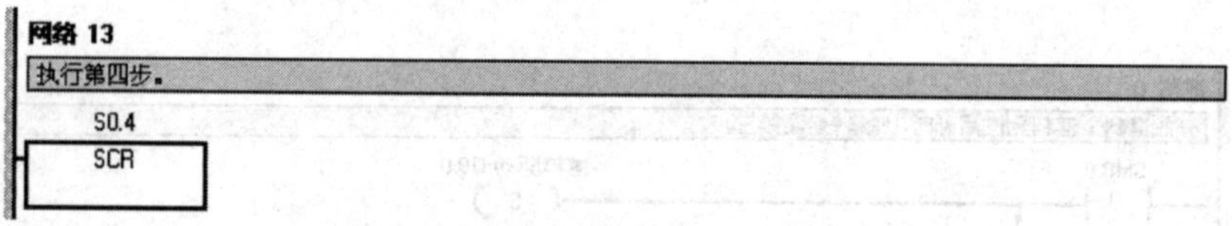

网络 13

执行第四步。

S0.4
SCR

图 9-35 执行第四步

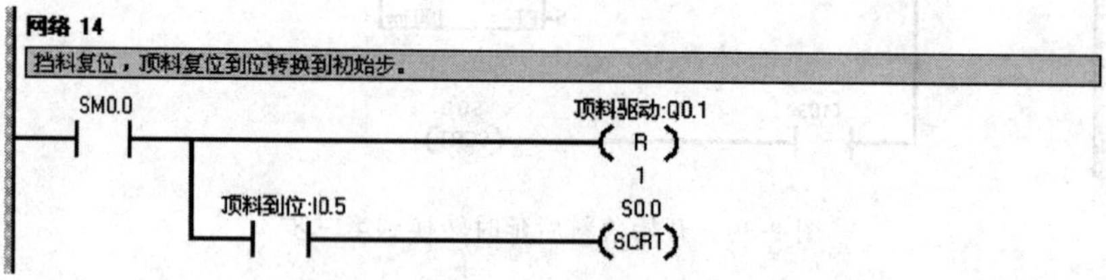

网络 14

挡料复位，顶料复位到位转换到初始步。

SM0.0
顶料驱动:Q0.1
(R)
1

顶料到位:I0.5
S0.0
(SCRT)

图 9-36 顶料返回并转换到初始步

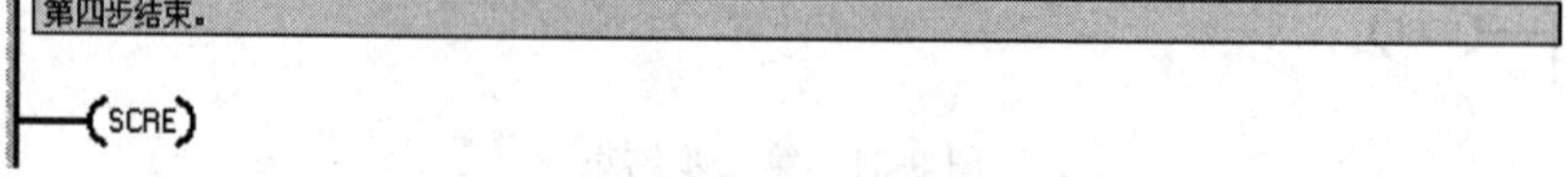

网络 15

第四步结束。

(SCRE)

图 9-37 结束第四步

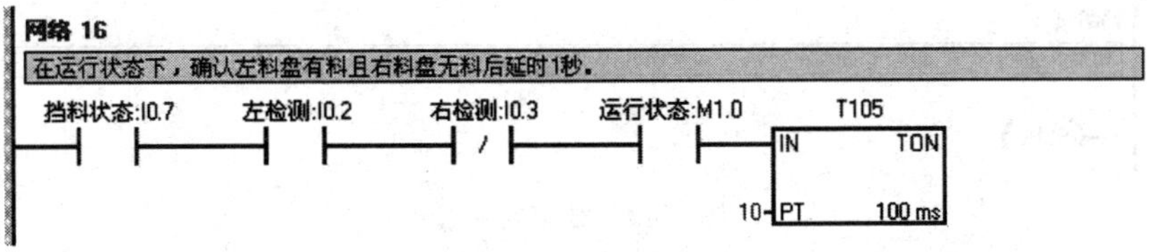

网络16

在运行状态下，确认左料盘有料且右料盘无料后延时1秒。

挡料状态:I0.7　　左检测:I0.2　　右检测:I0.3　　运行状态:M1.0　　　　　T105

```
                                                        IN      TON
                                                  10-PT      100 ms
```

图 9-38　运行状态下左盘有料而右盘无料后延时

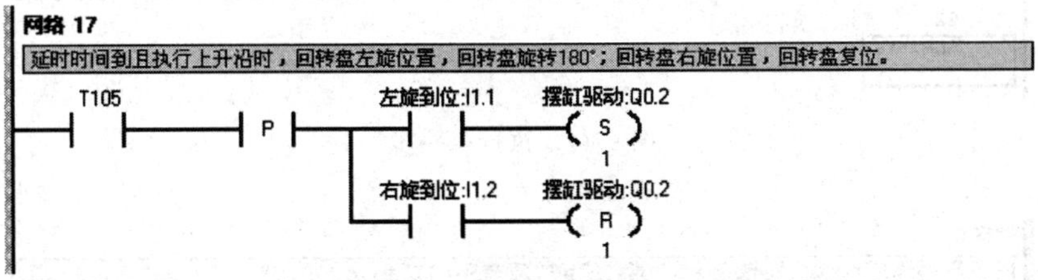

网络17

延时时间到且执行上升沿时，回转盘左旋位置，回转盘旋转180°；回转盘右旋位置，回转盘复位。

T105　　　　　P　　　　　左旋到位:I1.1　　摆缸驱动:Q0.2
```
                                              ( S )
                                                1
```
　　　　　　　　　　　　　　右旋到位:I1.2　　摆缸驱动:Q0.2
```
                                              ( R )
                                                1
```

图 9-39　执行回转盘的旋转

3. 抓取控制子程序

抓取控制子程序梯形图如图 9-40～图 9-53 所示。

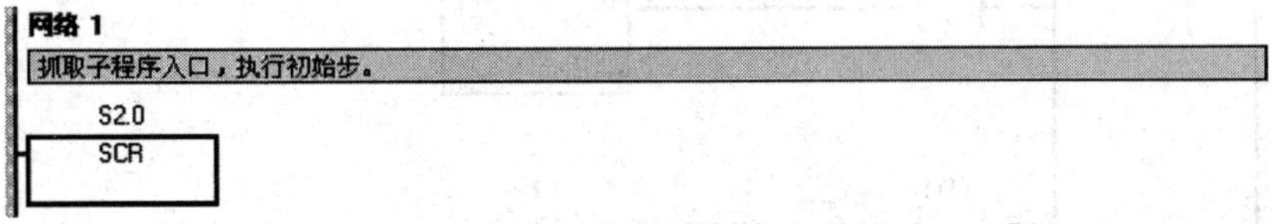

网络1

抓取子程序入口，执行初始步。

```
S2.0
SCR
```

图 9-40　进入抓取子程序并执行初始步

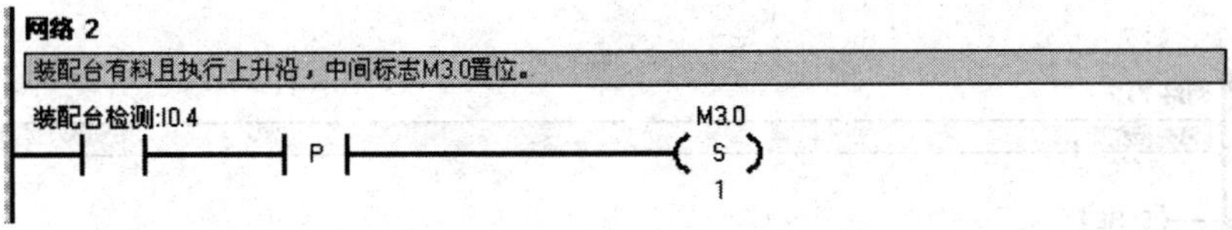

网络2

装配台有料且执行上升沿，中间标志M3.0置位。

装配台检测:I0.4　　　　P　　　　　　　　　　　M3.0
```
                                              ( S )
                                                1
```

图 9-41　装配台有料标志

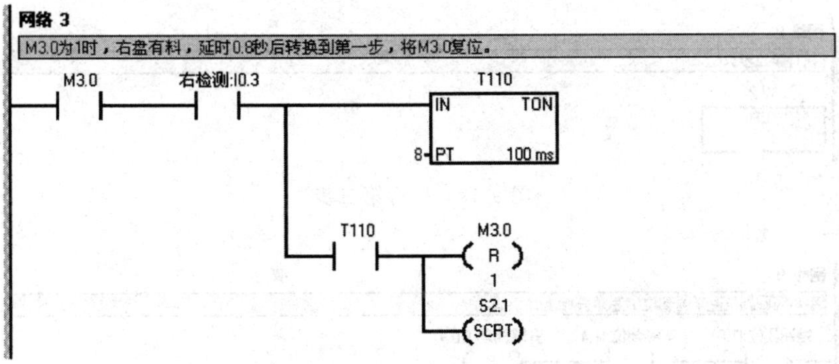

网络3

M3.0为1时，右盘有料，延时0.8秒后转换到第一步，将M3.0复位。

M3.0　　　右检测:I0.3　　　　　　　　　　T110
```
                                            IN      TON
                                       8-PT      100 ms
```
　　　　　　　　　　　　　　T110　　　　　M3.0
```
                                          ( R )
                                            1
                                          S2.1
                                         (SCRT)
```

图 9-42　延时后转换到第一步

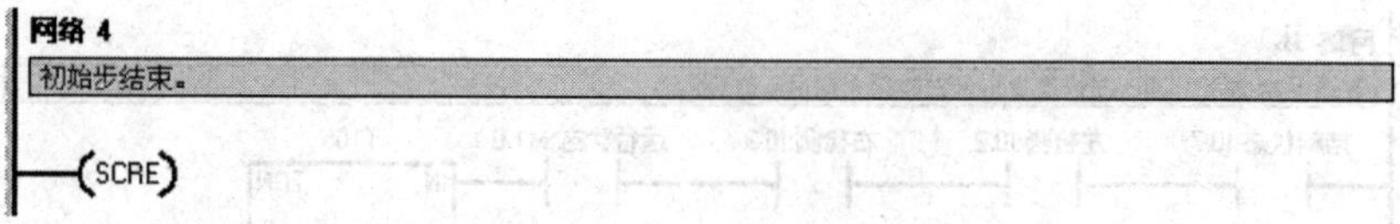

网络 4

初始步结束。

——(SCRE)

图 9-43 结束初始步

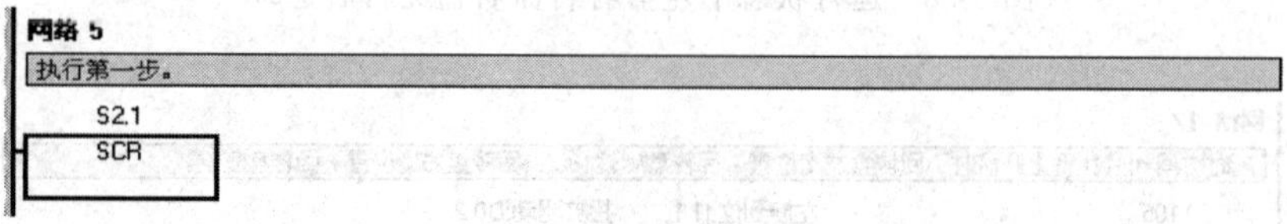

网络 5

执行第一步。

S2.1
SCR

图 9-44 执行第一步

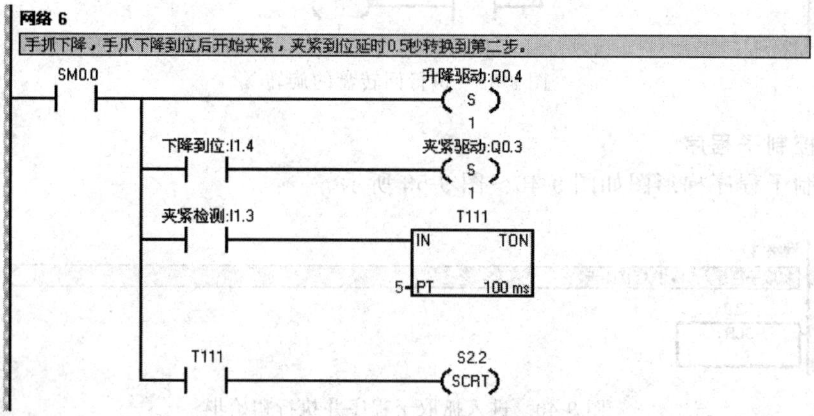

网络 6

手抓下降，手爪下降到位后开始夹紧，夹紧到位延时0.5秒转换到第二步。

```
   SM0.0                        升降驱动:Q0.4
    ——| |——————————————————————( S )
                                  1
           下降到位:I1.4          夹紧驱动:Q0.3
           ——| |————————————————( S )
                                  1
           夹紧检测:I1.3              T111
           ——| |————————————————IN      TON

                              5 —PT    100 ms

           T111                       S2.2
           ——| |————————————————( SCRT )
```

图 9-45 手爪下降并夹紧延时后转换到第二步

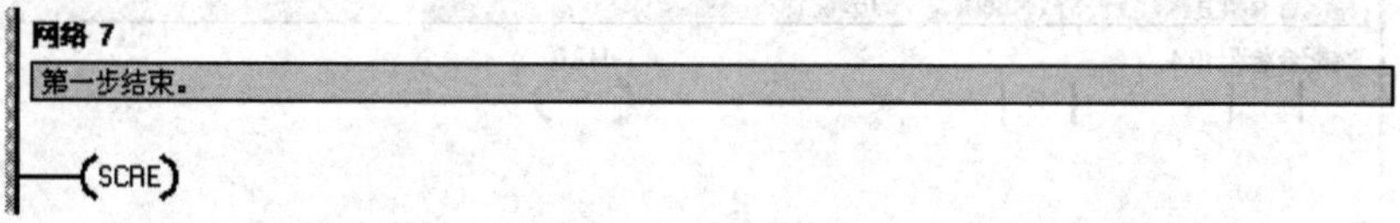

网络 7

第一步结束。

——(SCRE)

图 9-46 结束第一步

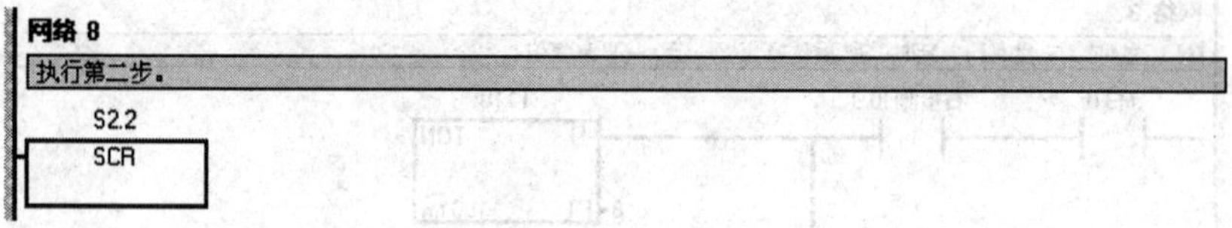

网络 8

执行第二步。

S2.2
SCR

图 9-47 执行第二步

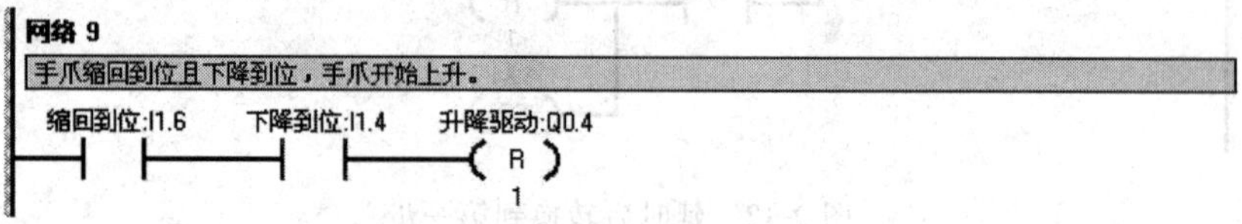

网络 9

手爪缩回到位且下降到位，手爪开始上升。

```
   缩回到位:I1.6   下降到位:I1.4   升降驱动:Q0.4
    ——| |————————| |————————————( R )
                                  1
```

图 9-48 手爪缩回且下降到位执行上升

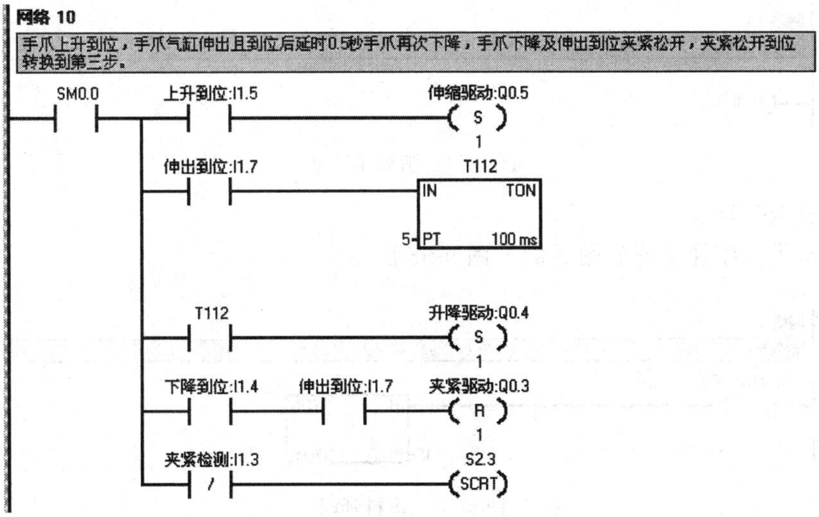

网络 10

手爪上升到位，手爪气缸伸出且到位后延时0.5秒手爪再次下降，手爪下降及伸出到位夹紧松开，夹紧松开到位转换到第三步。

```
SM0.0      上升到位:I1.5              伸缩驱动:Q0.5
 ┤ ├─────────┤ ├──────────────────────( S )
                                         1

           伸出到位:I1.7              T112
          ─┤ ├──────────────────────┤IN      TON├
                                      5─┤PT    100 ms├

           T112                      升降驱动:Q0.4
          ─┤ ├──────────────────────( S )
                                      1

           下降到位:I1.4  伸出到位:I1.7  夹紧驱动:Q0.3
          ─┤ ├─────────┤ ├──────────( R )
                                      1

           夹紧检测:I1.3              S2.3
          ─┤/├──────────────────────(SCRT)
```

图 9-49　手爪伸出并下降夹紧松开后转换到第三步

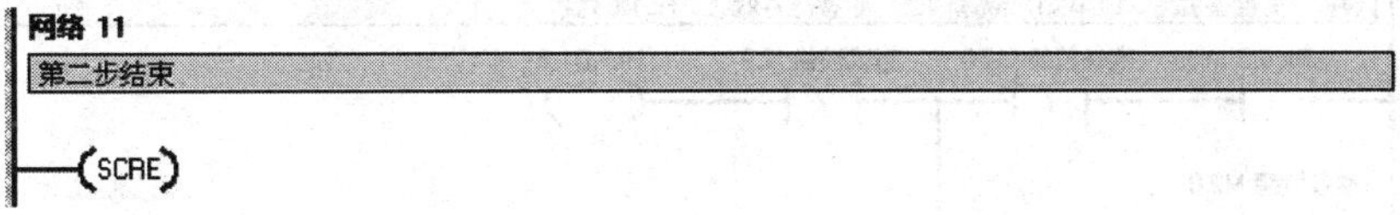

网络 11

第二步结束

```
───(SCRE)
```

图 9-50　结束第二步

网络 12

执行第三步。

```
 S2.3
┌─────┐
│ SCR │
└─────┘
```

图 9-51　执行第三步

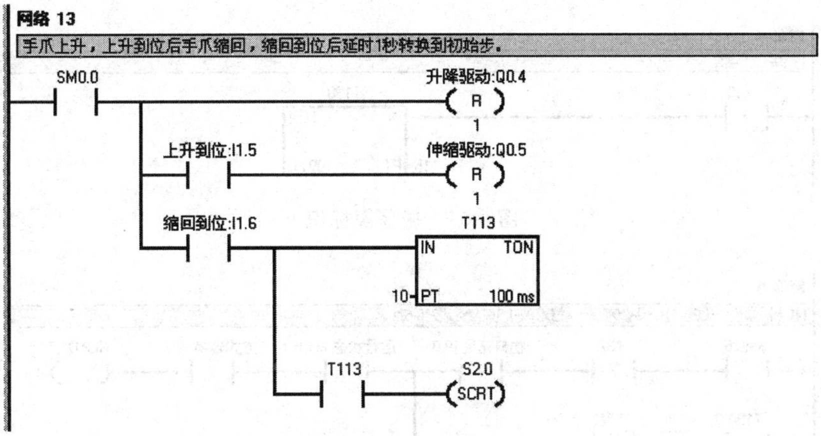

网络 13

手爪上升，上升到位后手爪缩回，缩回到位后延时1秒转换到初始步。

```
SM0.0                               升降驱动:Q0.4
 ┤ ├──────────────────────────────( R )
                                     1

           上升到位:I1.5             伸缩驱动:Q0.5
          ─┤ ├─────────────────────( R )
                                     1

           缩回到位:I1.6             T113
          ─┤ ├────────────────────┤IN      TON├
                                 10─┤PT    100 ms├

                        T113        S2.0
                       ─┤ ├─────────(SCRT)
```

图 9-52　手爪上升并缩回延时后转换到初始步

网络 14

第三步结束。

──(SCRE)

图 9-53　结束第三步

4. 状态显示子程序

状态显示子程序梯形图如图 9-54～图 9-58 所示。

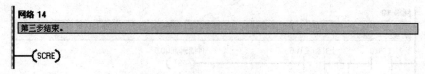

图 9-54　缺料延时

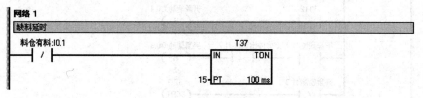

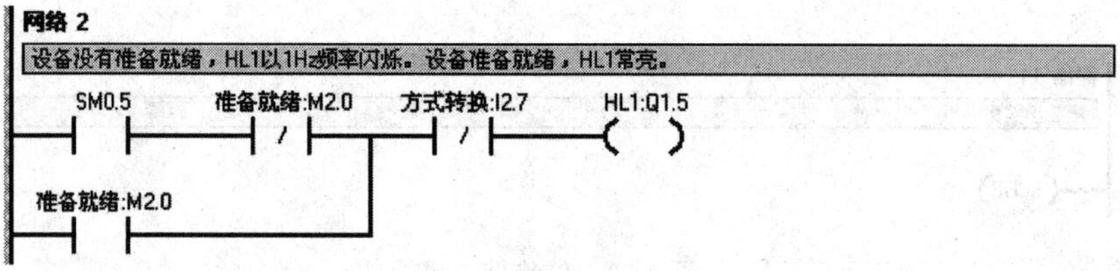

图 9-55　指示灯状态显示设备准备就绪与否

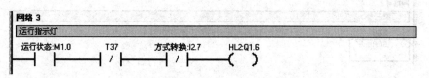

图 9-56　运行指示灯状态显示

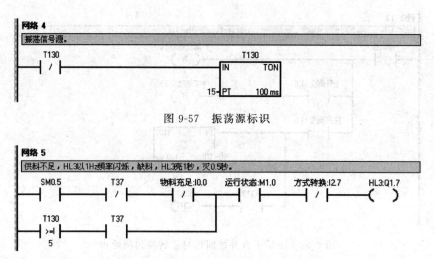

图 9-57　振荡源标识

网络 5

供料不足，HL3以1Hz频率闪烁，缺料，HL3亮1秒，灭0.5秒。

图 9-58　指示灯状态显示供料不足或缺料

9.4.3 装配单元 PLC 的程序调试

1. 程序的仿真调试

学习 PLC 最有效的方法是多练习编程和多上机调试，但有时因为缺乏实验的条件，编写程序后无法检验是否正确，编程能力很难提高。宇龙仿真软件是解决这一问题的理想工具。

2. 程序的运行调试

① 用 PC/PPI 电缆将 PLC 的通信端口与 PC 的 USB 接口（或 RS232 端口）相连，打开 PLC 编程软件，设置通信端口和通信波特率，建立上位机与 PLC 的通信连接。

② PLC 程序编译无误后将其下载至 PLC，并使 PLC 处于 RUN 状态。

③ 将程序调至监视状态，观察 PLC 程序的能流状态，以此来判断程序的正确与否，并有针对性地进行程序修改，直至装配单元能按工艺要求运行。程序每次修改后需重新编译并下载至 PLC。

项目 10 分拣工作单元安装与调试

    分拣单元既可以独立完成分拣，也可以与其他工作单元联合协同操作。本项目的主要任务是对分拣单元实施机电安装、编程调试及运行等操作，内容如下。

（1）分拣单元的装配与测试

    包括分拣单元的机械装配与调整、气动元件的安装与连接、传感器的安装与接线、PLC 的安装与接线、分拣单元的功能测试。

（2）分拣单元安装的编程与单站调试

    分拣单元 PLC 程序设计思路、PLC 梯形图程序设计、PLC 的程序调试。

    分拣单元装调的工作任务内容参照表 10-1。

表 10-1 分拣单元装调的工作任务

任　务	工作内容	计划时间	实际完成时间	完成情况
分拣单元的装配与测试	1. 分拣单元的机械装配与调整			
	2. 气动元件的安装与连接			
	3. 传感器的安装与接线			
	4. PLC 的安装与接线			
	5. 分拣单元的功能测试			
分拣单元安装的编程与单站调试	1. 分拣单元 PLC 设计思路			
	2. PLC 梯形图程序			
	3. PLC 的程序调试			

10.1 分拣工作单元结构

    分拣单元是 YL-335B 中的最末单元，它对上一单元送来的已加工和装配的工件进行分拣，使不同颜色的工件从不同的料槽分流。当输送站送来工件放到传送带上，并被入料口光电传感器检测到时，工件被送入分拣区进行分拣。

    分拣单元机械部分的装配总成如图 10-1 所示。

1. 传送和分拣机构

    传送和分拣机构主要由传送带、出料滑槽、推料气缸、光电开关、光纤传感器、金属接近开关、磁性开关、旋转编码器等组成。传送带把机械手输送过来加工好的工件进行传输，输送至分拣区。

    当输送单元送来的工件放到分拣单元入料口时，入料口光电开关检测到有工件，在PLC 程序的控制下启动变频器，电动机运转，驱动传送带工作，工件传送到金属接近开关和光纤传感器位置时，传感器检测工件的材质，将检测到的信号传输给 PLC。随后工件进入分拣区，如果进入分拣区的工件为金属工件，则将金属工件推到 1 号槽里；如果进入分拣

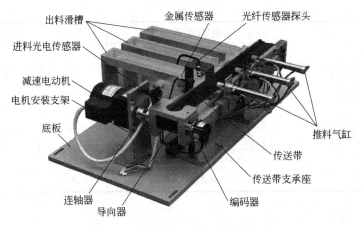

图 10-1 分拣单元的机械结构总成

区的工件为白色工件,则将白色工件推到 2 号槽里;如果是黑色工件,则将黑色工件推到 3 号槽里。每当一个工件被推入料槽里,分拣单元完成一个工作周期,等待下一个工件放入分拣入料口。

2. 传动带驱动机构

传动带驱动机构机构如图 10-2 所示。采用三相减速电机,用于拖动传送带输送物料,它主要由电机支架、电动机、联轴器等组成。

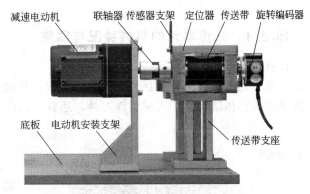

图 10-2 传动机构

三相电机是传动机构的主要部分,电动机转速的快慢由变频器来控制。电机支架用于固定电动机。

3. 电磁阀组和气动元件

分拣单元的电磁阀组使用了 3 个电磁阀,它们安装在汇流板上,分别对金属、白料和黑料推动气缸的气路进行控制。

10.2 分拣工作单元设备清单

分拣单元主要设备清单如表 10-2 所示。

表 10-2 分拣单元清单

序号	名称	型号/规格/编号	单位	数量	链接
1	可编程控制器 PLC	S7-200-224XP AC/DC/RLY I14/O10 AC220V 供电	台	1	
2	双作用气缸	PB-10 * 80-S-U-LB	只	3	
3	单向节流阀	JSC4-M5	只	6	
4	电磁换向阀	4V110-M5-B	只	3	
5	电磁阀组	100M-6F	套	1	

续表

序号	名称	型号/规格/编号	单位	数量	链接
6	磁性开关	CS1-G-020	只	3	
7	光电接近开关	CX-441	只	1	
8	光纤传感器	E3Z-NA11	只	1	
9	金属传感器	LJ12A3-4-Z/BY	只	1	
10	增量型编码器	ZSP3806-003G-360B-24F	只	1	
11	电机	90YS90GY38	台	1	
12	变频器	西门子 MM420	台	1	

10.3 分拣工作单元的装配与测试

10.3.1 分拣单元的机械装配与调整

1. 机械组件的组成

分拣单元的机械组件包括传送和分拣机构、传送带驱动机构、电磁阀组和气动元件等。分拣单元的整体结构除了机械组件之外，还有一些配合机械动作的气动元件和传感器。

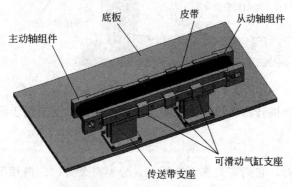

图 10-3 传送机构组件安装

2. 机械组件的安装方法

分拣单元的机械装配按如下步骤进行。

① 完成传送机构的装配，装配传送带装置及其支座，然后将其安装到底板上，如图 10-3 所示。

② 完成驱动电动机组件装配，进一步装配联轴器，把驱动电动机组件与传送机构相连并固定在底板上，如图 10-4 所示。

③ 完成推料气缸支架、推料气缸、传感器支架、出料槽及支撑板等的装配，如图 10-5 所示。

④ 完成各传感器、电磁阀组件、装置侧接线端口等的装配。

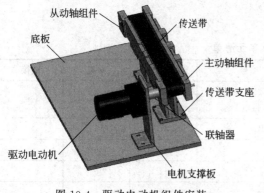

图 10-4 驱动电动机组件安装

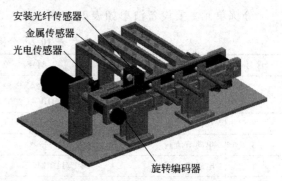

图 10-5 机械部件安装完成时的效果图

10.3.2　分拣单元气动元件的安装与连接

1.气动系统的组成

分拣单元的气动系统主要包括气源、气动汇流板、直线气缸、单电控换向阀、单向节流阀、消声器、快插接头和气管等，它们的主要作用是将不同类型的工件向不同的出料槽分选。

分拣单元的气动执行元件由 3 个双作用气缸组成。其中，1B1 为金属推料气缸上的 1 个位置检测的磁性开关；2B1 为白色推料气缸上的 1 个位置检测的磁性开关；3B1 为黑色推料气缸上的 1 个位置检测的磁性开关。单向节流阀用于气缸的调速，气动汇流板用于组装单电控换向阀及附件。

2.气路控制原理

分拣单元的气路控制原理如图 10-6 所示。气源经汇流板分给 3 个换向阀的进气口，气缸 1A、2A、3A 的两个工作口与电磁阀工作口之间均安装了单向节流阀，通过尾气节流来调整对应气动执行元件的工作速度。排气口安装的消声器可减小排气的噪声。

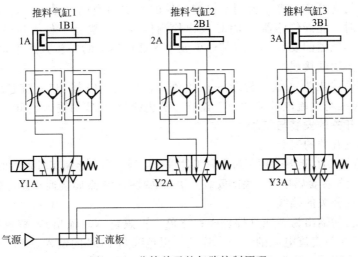

图 10-6　分拣单元的气路控制原理

3.气动元件的连接方法

① 单向节流阀应分别安装在气缸的工作口上，并缠绕好密封带，以免运行时漏气。

② 单电控换向阀的进气口和工作口应安装好快插接头，并缠绕好密封带，以免运行时漏气。

③ 汇流板的排气口应安装好消声器，并缠绕好密封带，以免运行时漏气。

④ 气动元件对应气口之间用塑料气管进行连接，做到安装美观，气管不交叉并保证气路畅通。

4.气路系统的调试方法

其调试方法是通过手动控制单向换向阀，观察各气动执行元件的动作情况，气动执行元件运行过程中检查各管路的连接处是否存在漏气、气管不畅通的现象。同时，通过对各单向节流阀的调整来获得稳定的气动执行元件运行速度。

10.3.3　分拣单元传感器的安装与接线

1.磁性开关的安装与接线

（1）磁性开关的安装

分拣单元中涉及 3 个双作用气缸，由 3 个磁性开关作为气缸的极限位置检测元件。磁性开关的安装方法与供料单元中磁性开关的安装方法相同。

（2）磁性开关的接线

磁性开关的输出为 2 线（棕色＋；蓝色－），连接时，1B1、2B1、3B1 的棕色线分别与 PLC 的 I0.7、I1.0、I1.1 输入点相连，蓝色线与直流电源的"－"相连。

2. 光电开关的安装与接线

（1）光电开关的安装

分拣单元中的光电开关主要用于物料口工件的检测，当有物料通过时，物料检测光电开关被遮挡，向 PLC 发出检测信号；PLC 控制变频器工作，驱动传送带运行。光电开关的安装方法与供料单元中光电开关的安装方法相同。

（2）光电开关的接线

光电开关的输出为 3 线（棕色＋；蓝色－；黑色 NO 输出），棕色线与直流电源的"＋"连接，蓝色线与直流电源的"－"连接，黑色线与 PLC 的输入点 I0.3 连接。

3. 光纤传感器的安装与接线

（1）光纤传感器的安装

分拣单元中的光纤传感器主要用来检测工件的材质和颜色（黑色工件和白色工件）。当有白色工件通过时，光纤传感器向 PLC 发出检测信号；当黑色工件通过时，光纤传感器不发出信号。光纤传感器的安装方法与其他单元中光纤传感器的安装方法相同。

（2）光纤传感器的接线

光纤传感器的输出为 3 线（棕色＋；蓝色－；黑色 NO 输出），棕色线与直流电源的"＋"连接，蓝色线与直流电源的"－"连接，黑色线与 PLC 的输入点 I0.4 连接。

4. 金属接近开关的安装与接线

（1）金属接近开关的安装

分拣单元中的金属接近开关用于对金属工件进行检测，当有金属工件通过时，金属接近开关向 PLC 发出检测信号。金属接近开关的安装方法与供料单元中金属接近开关的安装方法相同。

（2）金属接近开关的接线

金属接近开关的输出为 3 线（棕色＋；蓝色－；黑色 NO 输出），棕色线与直流电源的"＋"连接，蓝色线与直流电源的"－"连接，黑色线与 PLC 的输入点 I0.5 连接。

5. 光电旋转编码器的安装与接线

（1）光电旋转编码器的安装

分拣单元中的光电旋转编码器安装在分拣传送带的电动机输出轴上，控制传送带的速度，并用来精确定位被分拣的工件在 3 个分拣槽的停留位置。光电旋转编码器的主要原理是利用光电转换装置将输出至轴上的机械、几何位移量转换成脉冲或数字信号，主要用于速度、位置、角度的精确定位。

（2）光电旋转编码器的接线

该旋转编码器的三相脉冲采用 NPN 型集电极开路输出，分辨率 500 线，工作电源 DC 12～24V。本工作单元没有使用 Z 相脉冲，A、B 两相输出端直接连接到 PLC（S7-224XP AC/DC/RLY 主单元）的高速计数器输入端。

（3）脉冲当量的测试

计算工件在传送带上的位置时，需确定每两个脉冲之间的距离即脉冲当量。分拣单元主动轴的直径为 $d=43$mm，则减速电机每旋转一周，皮带上工件移动距离 $L = \pi d = 3.14 \times 43 = 135.02$mm。故脉冲当量 μ 为 $\mu = L/500 \approx 0.27$mm。

按图 10-7 所示的安装尺寸，当工件从下料口中心线移至传感器中心时，旋转编码器约发出 435 个脉冲；移至第一个推杆中心点时，约发出 620 个脉冲；移至第二个推杆中心点时，约发出 974 个脉冲；移至第三个推杆中心点时，约发出 1298 个脉冲。

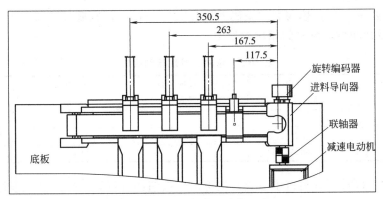

图 10-7　传送带位置计算用途

应该指出的是，上述脉冲当量的计算只是理论上的推算。实际上各种误差因素不可避免，例如传送带主动轴直径（包括皮带厚度）的测量误差，传送带的安装偏差、张紧度，分拣单元整体在工作台面上定位偏差等等，都将影响理论计算值。因此理论计算值只能作为估算值。脉冲当量的误差所引起的累积误差会随着工件在传送带上运动距离的增大而迅速增加，甚至达到不可容忍的地步。因而在分拣单元安装调试时，除了要仔细调整尽量减少安装偏差外，尚须现场测试脉冲当量值。

现场测试脉冲当量的方法，要对输入到 PLC 的脉冲进行高速计数，以计算工件在传送带上的位置。具体步骤如下。

① 用 STEP7-Micro/WIN 编程软件编写 PLC 程序，主程序清单如图 10-8 所示，编译后传送到 PLC。

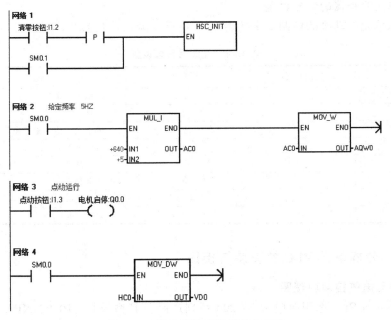

图 10-8　脉冲当量现场测试主程序

② 运行 PLC 程序，并置于监控方式。在传送带进料口中心处放下工件后，按启动按钮启动运行。工件被传送到一段较长的距离后，按下停止按钮停止运行。观察 STEP7-Micro/WIN 软件监控界面上 VD0 的读数，将此值填写到表 10-3 的"高速计数脉冲数"一栏中。然后在传送带上测量工件移动的距离，把测量值填写到表中"工件移动距离"一栏中；计算

高速计数脉冲数/4 的值，填写到"编码器脉冲数"一栏中，则脉冲当量 μ 计算值＝工件移动距离/编码器脉冲数，填写到相应栏目中。

表 10-3　脉冲当量现场测试数据

内容 序号	工件移动距离 （测量值）	高速计数脉冲数 （测试值）	编码器脉冲数 （计算值）	脉冲当量 μ （计算值）
第一次	357.8	5565	1391	0.2571
第二次	358	5568	1392	0.2571
第三次	360.5	5577	1394	0.2586

③ 重新把工件放到进料口中心处，按下启动按钮即进行第二次测试。进行三次测试后，求出脉冲当量 μ 平均值为：$\mu=(\mu_1+\mu_2+\mu_3)/3=0.2576$。

按如图 10-7 所示的安装尺寸重新计算旋转编码器到各位置应发出的脉冲数；当工件从下料口中心线移至传感器中心时，旋转编码器发出 456 个脉冲；移至第一个推杆心点时，发出 650 个脉冲；移至第二个推杆中心点时，约发出 1021 个脉冲；移至第三个推杆中心点时，约发出 1361 个脉冲。

10.3.4　分拣单元变频器的安装与接线

1. 分拣单元变频器的接线

分拣单元中的变频器选用西门子 MM420 产品，电源电压为三相 380 V，额定功率为 750 W。分拣单元变频器的接线主要包括主电路（电源部分、电动机部分）端子接线，启停控制 DIN1 端子与 PLC 输出点 Q0.0 的接线。

2. 分拣单元变频器的参数设置

根据分拣单元电动机的控制要求按表 10-4 进行变频器参数参数设置。

表 10-4　变频器参数设置

参数号	出厂值	设置值	说　　明
P0700	2	2	启动由端子输入
P0701	1	1	正转
P1000	1	2	频率设定值为模拟量设定
P1080	0	1	最低频率
P1082	50	50	最高频率
P2000	50	50	基准频率
P1121	10	0.2	斜坡下降时间
P1120	10	1	斜坡上升时间

10.3.5　分拣单元 PLC 的安装与接线

1. 分拣单元电气控制原理图

分拣单元中的 PLC 选用西门子 S7-200 系列产品，其型号是 CPU224XP AC/DC/RLY。共 14 点输入和 10 点继电器输出，工作电源为 AC220V，输入输出电源均采用直流 24V，选用 CPU224 XP 主单元的原因是，当变频器的频率设定值时由 HMI 指定时，该频率设定值是一个随机数，需要由 PLC 通过 D/A 变换方式向变频器输入模拟量的频率指令，以实现电动机速度连续调整。CPU224 XP 主单元集成 2 路模拟量输入、1 路模拟量输出，可满足 D/A 变换的编程要求。分拣单元 PLC 控制原理图如图 10-9 所示。

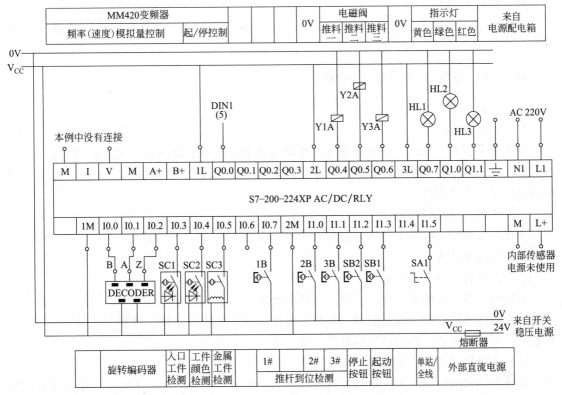

图 10-9　分拣单元气路控制原理

2. 分拣单元电气端子排接线

分拣单元电气端子排接线包括装置侧接线和 PLC 侧接线两种。

（1）装置侧接线

装置侧接线，一是把分拣单元各传感器信号线、电源线、0 V 线按规定接至装置侧左边较宽的接线端子排；二是把分拣单元电磁阀的信号线接至装置侧右边较窄的接线端子排。各传感器信号线及电磁阀信号线与装置侧部分对应的端子排号见表 10-5。

表 10-5　分拣单元装置侧的接线端口信号端子的分配

输入端口中间层			输出端口中间层		
端子号	设备符号	信号线	端子号	设备符号	信号线
2	DECODE	旋转编码器 B 相	2	1Y	推杆 1 电磁阀
3		旋转编码器 A 相	3	2Y	推杆 2 电磁阀
4		旋转编码器 Z 相	4	3Y	推杆 3 电磁阀
5	SC1	进料口工件检测			
6	SC2	光纤传感器			
7	SC3	电感式传感器			
8					
9	1B	推杆 1 推出到位			
10	2B	推杆 2 推出到位			
11	3B	推杆 3 推出到位			
12#～17#端子没有连接			5#～14#端子没有连接		

189

（2）PLC 侧接线

PLC 侧接线包括电源接线和 PLC 输入/输出端子的接线，以及按钮模块的接线 3 个部分。

10.3.6　分拣单元的功能测试

1. 传感器的功能测试

（1）磁性升关功能测试

分拣单元通电、通气，分别控制 3 个推料气缸电磁阀的手动部分，实现推料气缸 1、推料气缸 2、推料气缸 3 的动作和返回，观察 PLC I0.7、I1.0、I1.1 的 LED 是否亮，若不亮应检查磁性开关及连接线。

（2）光电开关功能测试

分拣单元通电，模拟工件通过光电开关处，观察 PLC I0.3 的 LED 是否亮，若不亮应检查光电开关及连接线。

（3）光纤传感器功能测试

分拣单元通电，模拟白色工件通过光纤传感器，观察 PLC I0.4 的 LED 是否亮，若不亮应检查光纤传感器及连接线。同理，模拟黑色工件通过光纤传感器，观察 PLC I0.4 的 LED 是否亮，若亮应重新调整光纤传感器的精度。

（4）金属接近开关功能测试

分拣单元通电，模拟工件通过金属接近开关，观察 PLC I0.5 的 LED 是否亮，若不亮应检查金属接近开关及连接线。

（5）光电旋转编码器功能测试

分拣单元通电，用手转动传送带电动机输出驱动轴，观察 PLC I0.0、I0.1、I0.2 的 LED 是否闪亮，若不闪亮或不亮应检查光电旋转编码器及连接线。

2. 按钮/指示灯的功能测试

（1）按钮功能测试

分拣单元通电，用手按动停止/启动按钮、单机/联机转换开关，观察 PLC I1.2、I1.3、I1.5 的 LED 是否亮（灭），若不亮（灭）应检查对应按钮及连接线。

（2）指示灯功能测试

分拣单元通电，进入 STEP 7 Micro/WIN SP5 编程软件，利用强制功能，分别强制 PLC Q0.7、Q1.0、Q1.1，观察 PLC Q0.7、Q1.0、Q1.1 的 LED 是否亮，外部指示灯黄色、绿色、红色是否亮，若不亮应检查指示灯及连接线。

3. 气动元件的功能测试

（1）电磁阀 Y1A 功能测试

分拣单元通电、通气，进入 STEP 7 Micro/WIN SP5 编程软件，利用强制功能，强制 PLC Q0.4，使其接通/断开一次，观察 PLC Q0.4 的 LED 是否亮，外部推料气缸 1 是否执行推料动作，若不执行应检查推料气缸 1A、推料电磁阀 Y1A 的气路连接部分及推料电磁阀 Y1A 的接线。

（2）电磁阀 Y2A 功能测试

分拣单元通电、通气，进入 STEP 7 Micro/WIN SP5 编程软件，利用强制功能，强制 PLC Q0.5，使其接通/断开一次，观察 PLC Q0.5 的 LED 是否亮，外部推料气缸 2 是否执行推料动作，若不执行应检查推料气缸 2A、推料电磁阀 Y2A 的气路连接部分及推料电磁阀 Y2A 的接线。

（3）电磁阀 Y3A 功能测试

分拣单元通电、通气，进入 STEP 7 Micro/WIN SP5 编程软件，利用强制功能，强制 PLC Q0.5，使其接通/断开一次，观察 PLC Q0.5 的 LED 是否亮，外部推料气缸 3 是否执行推料动作，若不执行应检查推料气缸 3A、推料电磁阀 Y3A 的气路连接部分及推料电磁阀 Y3A 的接线。

4. 变频器的功能测试

变频器的功能测试主要是通过快速调试进行，分拣单元通电，接通变频器电源，设置快速调试参数，起动变频器并观察电动机的运行情况。若不能运行应检查变频器及连接线。

5. PLC 的功能测试

PLC 的功能测试主要是对分拣单元测试程序（用户随意编写）进行上传与下载、监控功能的调试。

10.4　分拣工作单元的编程与调试

10.4.1　分拣单元 PLC 程序设计思路

1. 分拣单元 PLC I/O 地址分配表

根据分拣单元电气控制（PLC）原理图，配置 PLC I/O 地址分配表，见表 10-6。

表 10-6　分拣单元 PLC I/O 地址分配表

输入信号				输出信号			
序号	PLC 输入点	信号名称	信号来源	序号	PLC 输出点	信号名称	信号输出目标
1	I0.0	旋转编码器 B 相		1	Q0.0	电动机启动	变频器
2	I0.1	旋转编码器 A 相		2	Q0.1		
3	I0.2	旋转编码器 Z 相		3	Q0.2		
4	I0.3	进料口工件检测		4	Q0.3		
5	I0.4	电感式传感器	装置侧	5	Q0.4	推杆 1 电磁阀	
6	I0.5	光纤传感器		6	Q0.5	推杆 2 电磁阀	
7	I0.6			7	Q0.6	推杆 3 电磁阀	
8	I0.7	推杆 1 推出到位		8	Q0.7	HL1	
9	I1.0	推杆 2 推出到位		9	Q1.0	HL2	按钮/指示灯模块
10	I1.1	推杆 3 推出到位		10	Q1.1	HL3	
11	I1.2	启动按钮					
12	I1.3	停止按钮	按钮/指示灯模块				
13	I1.4						
14	I1.5	单站/全线					

2. 控制程序结构设计

供料单元的控制程序可按照 4 个部分进行设计：分拣控制主程序、分拣控制子程序、高速计数子程序和状态显示子程序。

3. 控制程序顺序控制功能图

整个程序的结构包括分拣控制主程序、分拣控制子程序、高速计数子程序和状态显示子程序。主程序是一个周期循环扫描的程序。通电后，先初始化高速计数器并进行初态检查，即检查 3 个推料气缸是否缩回到位。这三个条件中的任意一个条件不满足，则初态均不能通过，也就是不能起动分拣单元使之运行。如果初态检查通过，则说明设备准备就绪，允许起动。起动后，系统就处于运行状态，此时主程序每个扫描周期调用分拣控制子程序，由于用高速计数器编程，必须在上电第 1 个扫描周期调用 HSC _ INIT 子程序，以定义并使能高速计数器。分拣单元分拣控制主程序顺序控制功能如图 10-10 所示。

分拣控制子程序是一个步进程序，可以采用置位复位方法来编程，也可以用顺序继电器指令（SCR 指令）来编程。分拣单元分拣控制子程序顺序控制功能图如图 10-11 所示。

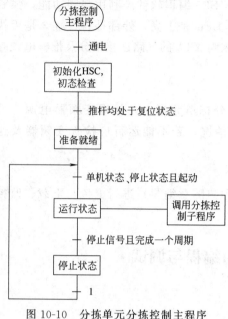

图 10-10　分拣单元分拣控制主程序
顺序控制功能图

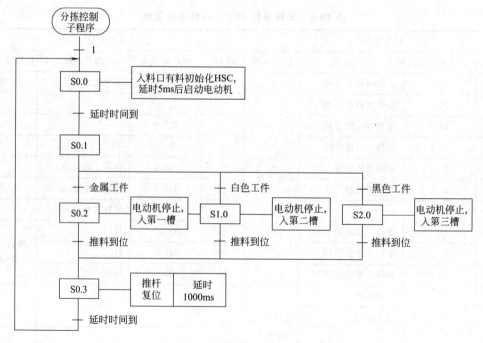

图 10-11　分拣单元分拣控制子程序顺序控制功能图

分拣控制子程序的编程思路为：如果入料口检测有料，则延时 5ms，同时清零 HC0。延时时间到后启动电动机以固定的频率运行，当工件经过安装传感器支架上的光纤探头和电感式传感器时，根据 2 个传感器动作与否，判别工件的属性，决定程序的流向。如果工件为金属工件，则进入第一槽；如果为白色工件，则进入第二槽；如果为黑色工件则进入第三槽。当任意工件被推入料槽后，需要复位推杆，延时 1s 后返回子程序入口处。

高速计数器的编程方法有两种：一是采用梯形图或语句表进行常规编程，二是通过 STEP 7-Micro/WIN 编程软件的"指令向导"进行编程。不论哪一种方法，都要先根据计数输入信号的形式与要求确定计数模式，然后选择计数器编号，确定输入地址。分拣单元所配置的 PLC 是 S7-200 224XP AC/DC/RLY 主单元，集成有 6 点的高速计数器，编号为 HSC0～HSC5，每一编号的计数器均分配有固定地址的输入端。同时，高速计数器可以被配置为 12 种模式中的任意一种，见表 10-7。

表 10-7 S7-200 系列 PLC 高速计数器计数模式

模式	中断描述	输 入 点			
	HSC0	I0.0	I0.1	I0.2	
	HSC1	I0.6	I0.7	I1.0	I1.1
	HSC2	I1.2	I1.3	I1.4	I1.5
	HSC3	I0.1			
	HSC4	I0.3	I0.4	I0.5	
	HSC5	I0.4			
0	带有内部方向控制的单相计数器	时钟			
1		时钟		复位	
2		时钟		复位	启动
3	带有外部方向控制的单相计数器	时钟	方向		
4		时钟	方向	复位	
5		时钟	方向	复位	启动
6	带有增减计数时钟的双相计数器	增时钟	减时钟		
7		增时钟	减时钟	复位	
8		增时钟	减时钟	复位	启动
9	A/B 相正交计数器	时钟 A	时钟 B		
10		时钟 A	时钟 B	复位	
11		时钟 A	时钟 B	复位	启动

10.4.2 分拣单元 PLC 梯形图程序设计

1. 主程序

主程序及状态显示梯形图如图 10-12～图 10-21 所示。

网络 1
通电执行第一个扫描周期时，调用HSC_INIT子程序，变频器30Hz给定值传输给VW2，设置初始参数。（初始检查置位；准备就绪复位；运行状态复位）
SM0.1
HSC_INIT
EN
MOV_W
EN
ENO
30-IN
OUT-VW2
初态检查:M5.0
S
1
准备就绪:M2.0
R
1
运行状态:M0.0
R
1

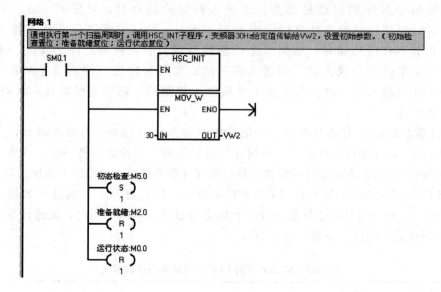

图 10-12　PLC上电初始化参数设置

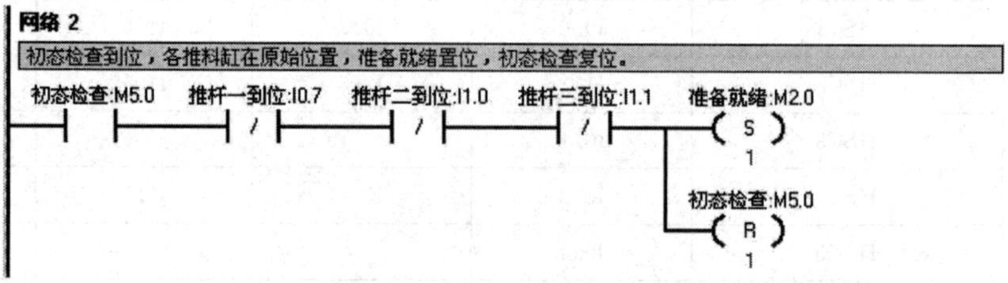

网络 2
初态检查到位，各推料缸在原始位置，准备就绪置位，初态检查复位。
初态检查:M5.0
推杆一到位:I0.7
推杆二到位:I1.0
推杆三到位:I1.1
准备就绪:M2.0
S
1
初态检查:M5.0
R
1

图 10-13　分拣单元准备就绪

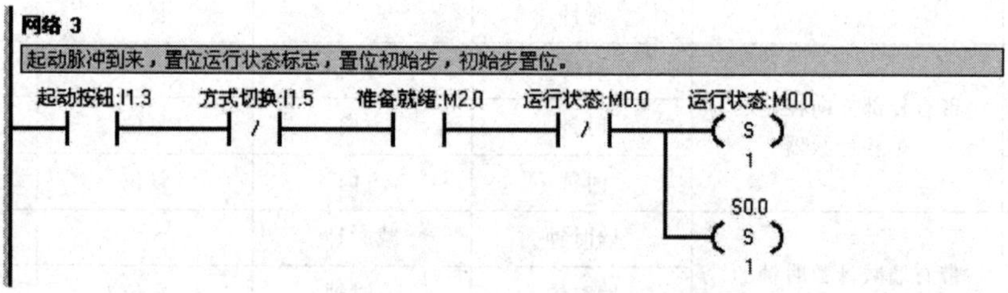

网络 3
起动脉冲到来，置位运行状态标志，置位初始步，初始步置位。
起动按钮:I1.3
方式切换:I1.5
准备就绪:M2.0
运行状态:M0.0
运行状态:M0.0
S
1
S0.0
S
1

图 10-14　启动运行后进入初始步

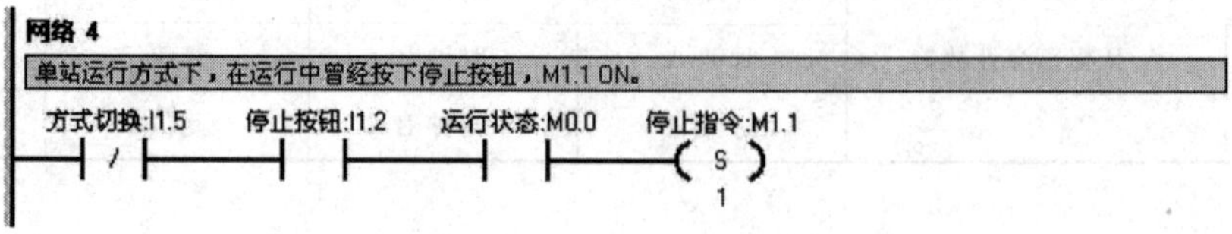

网络 4
单站运行方式下，在运行中曾经按下停止按钮，M1.1 ON。
方式切换:I1.5
停止按钮:I1.2
运行状态:M0.0
停止指令:M1.1
S
1

图 10-15　停止运行标记

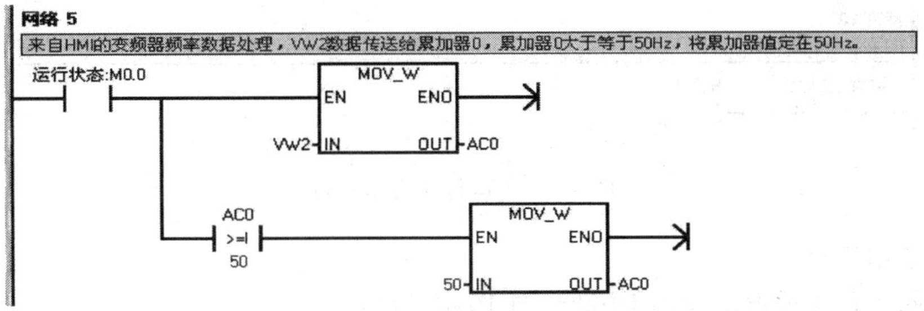

网络 5

来自HMI的变频器频率数据处理，VW2数据传送给累加器0，累加器0大于等于50Hz，将累加器值定在50Hz。

运行状态:M0.0

```
              ┌─── MOV_W ───┐
              │ EN      ENO │
       VW2 ───┤ IN     OUT  ├─ AC0
              └─────────────┘

  AC0
  >=I ──────────┌─── MOV_W ───┐
  50            │ EN      ENO │
          50 ───┤ IN     OUT  ├─ AC0
                └─────────────┘
```

图 10-16　设定变频器固定频率 30 Hz

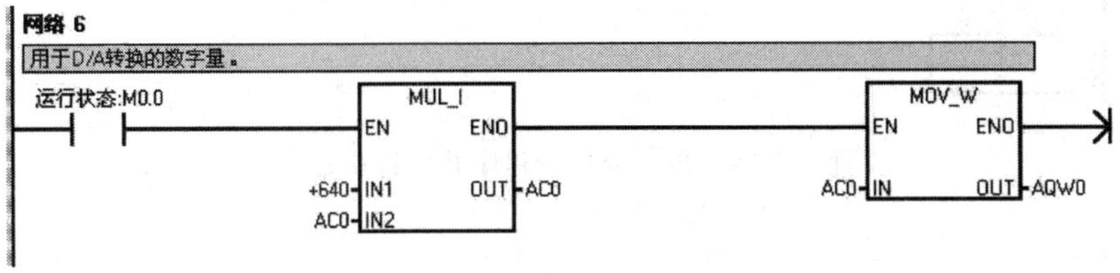

网络 6

用于D/A转换的数字量。

运行状态:M0.0

```
         ┌─── MUL_I ───┐                    ┌─── MOV_W ───┐
         │ EN      ENO ├───────────         │ EN      ENO │
  +640 ──┤ IN1    OUT  ├─ AC0         AC0 ──┤ IN     OUT  ├─ AQW0
   AC0 ──┤ IN2         │                    └─────────────┘
         └─────────────┘
```

图 10-17　D/A 转换数字量处理

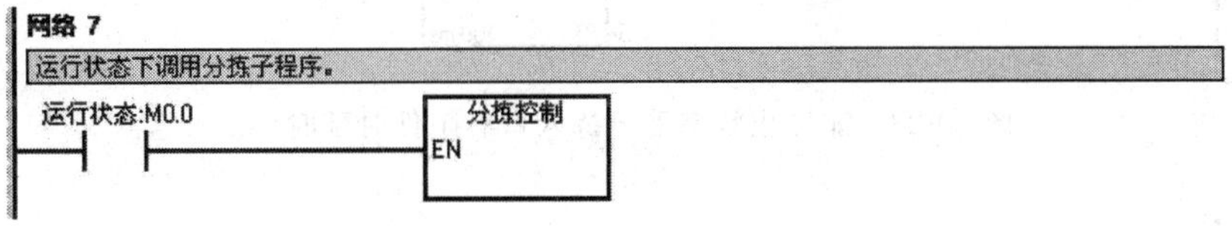

网络 7

运行状态下调用分拣子程序。

运行状态:M0.0

```
              ┌─── 分拣控制 ───┐
              │ EN            │
              └───────────────┘
```

图 10-18　运行时调用分拣子程序

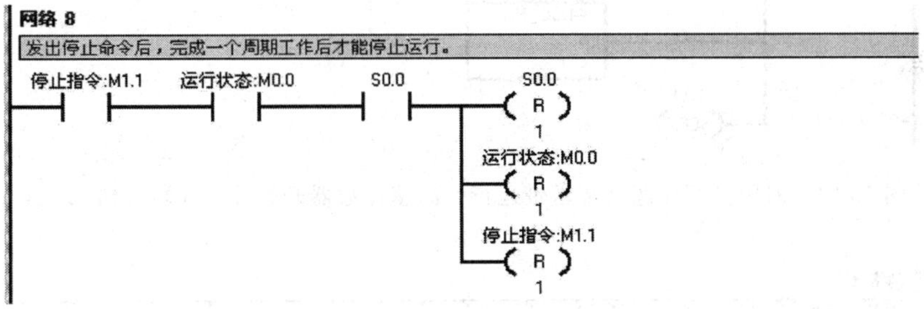

网络 8

发出停止命令后，完成一个周期工作后才能停止运行。

停止指令:M1.1　　运行状态:M0.0　　S0.0

```
                                        S0.0
                                       ─( R )─
                                          1
                                   运行状态:M0.0
                                       ─( R )─
                                          1
                                   停止指令:M1.1
                                       ─( R )─
                                          1
```

图 10-19　停止命令的处理程序

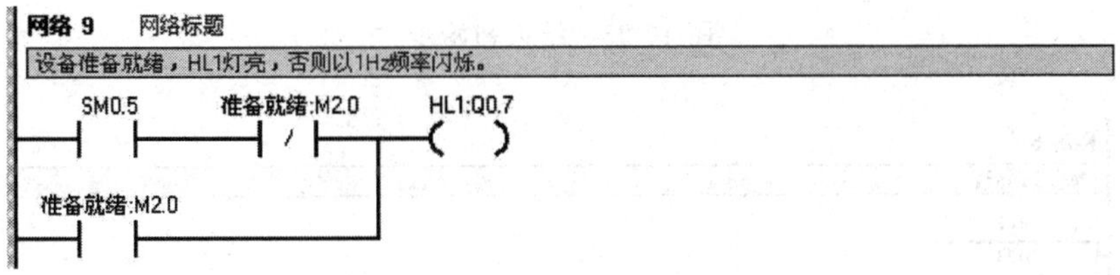

网络 9　网络标题

设备准备就绪，HL1灯亮，否则以1Hz频率闪烁。

```
  SM0.5      准备就绪:M2.0     HL1:Q0.7
  ─┤ ├─────────┤/├──────────( )─

  准备就绪:M2.0
  ─┤ ├─
```

图 10-20　准备就绪指示灯

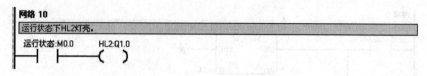

网络 10

运行状态下HL2灯亮。

运行状态:M0.0　　HL2:Q1.0

图 10-21　运行状态指示灯

2. 分拣控制子程序

分拣控制子程序梯形图如图 10-22～图 10-40 所示。

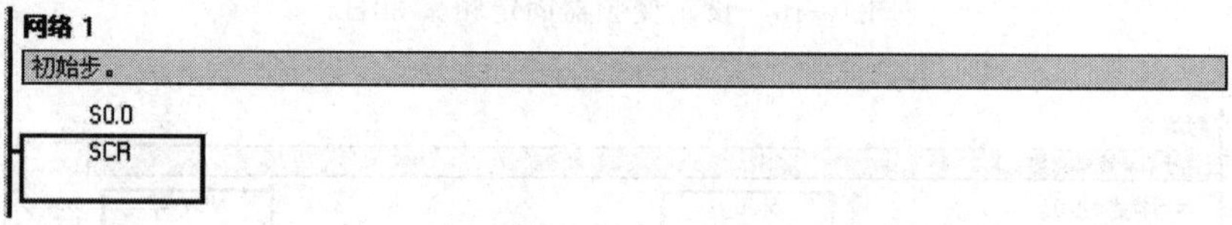

网络 1

初始步。

S0.0
SCR

图 10-22　进入分拣子程序并执行初始步

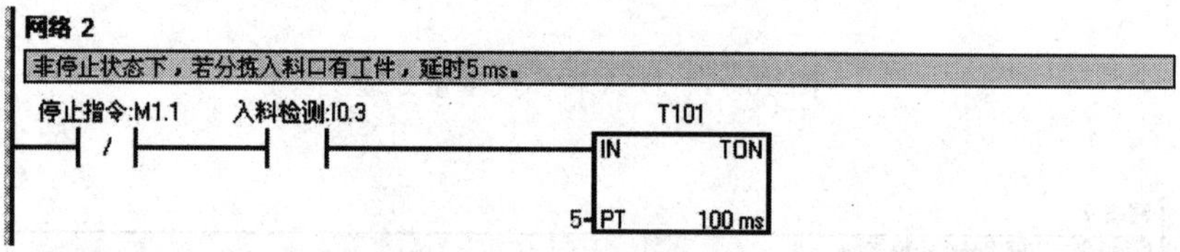

网络 2

非停止状态下，若分拣入料口有工件，延时5ms。

停止指令:M1.1　　入料检测:I0.3　　　　　　　　T101
　　　　　　　　　　　　　　　　　　　　　IN　　TON

5-PT　　100 ms

图 10-23　非停止状态下分拣入口有工件时延时 5ms

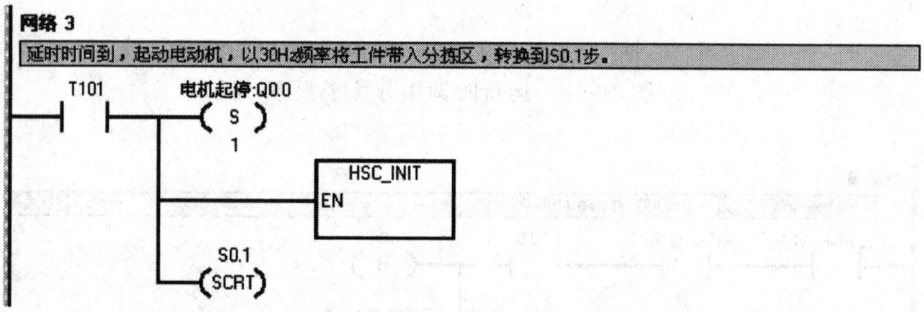

网络 3

延时时间到，起动电动机，以30Hz频率将工件带入分拣区，转换到S0.1步。

T101　　电机起停:Q0.0
　　　　　　（ S ）
　　　　　　　1

HSC_INIT
EN

S0.1
（SCRT）

图 10-24　时间到开始起动传送带运行，高速计数器开始计数并转换到 S.1 步

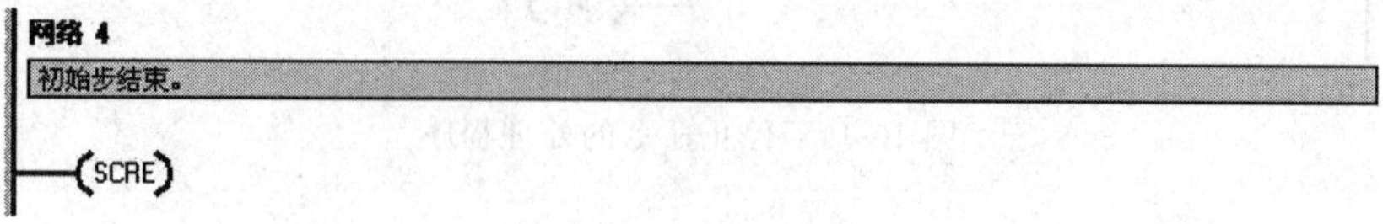

网络 4

初始步结束。

（SCRE）

图 10-25　结束初始步

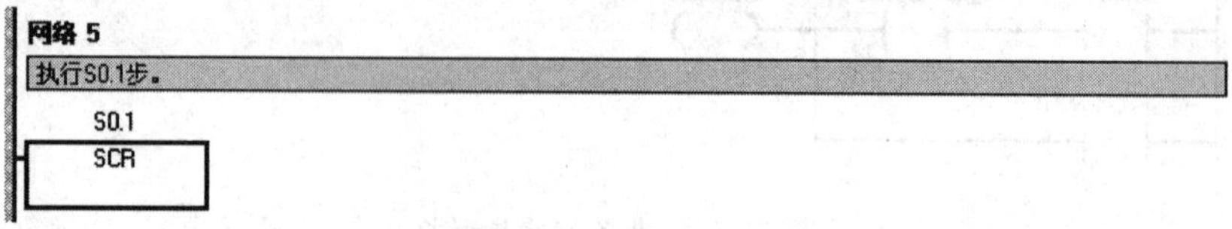

网络 5

执行S0.1步。

S0.1
SCR

图 10-26　执行 S0.1 步

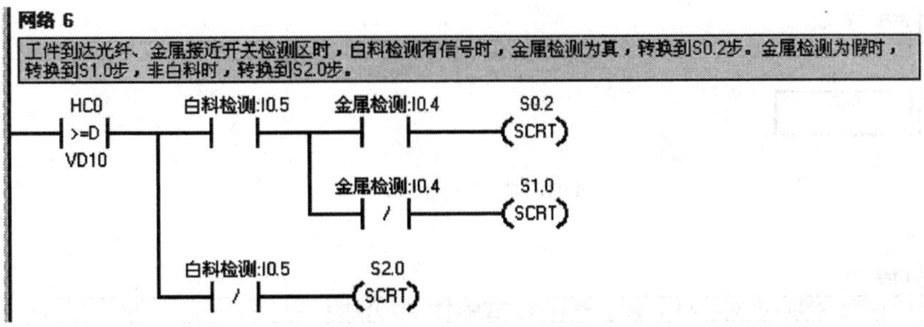

网络 6

工件到达光纤、金属接近开关检测区时，白料检测有信号时，金属检测为真，转换到S0.2步。金属检测为假时，转换到S1.0步，非白料时，转换到S2.0步。

```
HC0        白料检测:I0.5   金属检测:I0.4      S0.2
>=D ├────┤ ├────────┤ ├──────────┤ ├──────( SCRT )
VD10
                        金属检测:I0.4      S1.0
                    ├──────────┤/├──────────( SCRT )

        白料检测:I0.5      S2.0
    ├──────┤/├──────────( SCRT )
```

图 10-27　判断工件的属性（金属、白料、黑料）并转换到对应的步

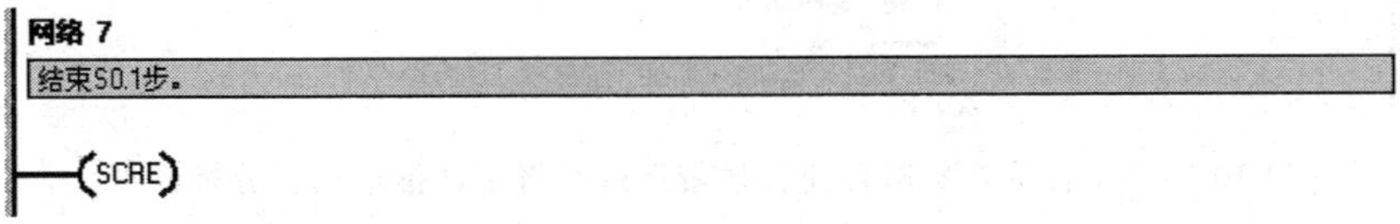

网络 7

结束S0.1步。

```
──( SCRE )
```

图 10-28　结束 S0.1 步

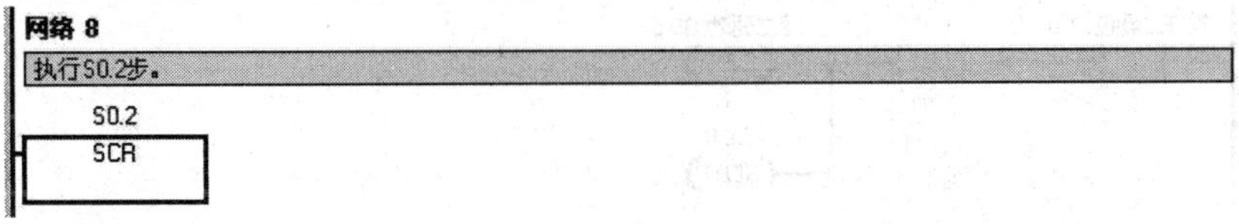

网络 8

执行S0.2步。

```
  S0.2
┌─────
│ SCR
```

图 10-29　执行 S0.2 步

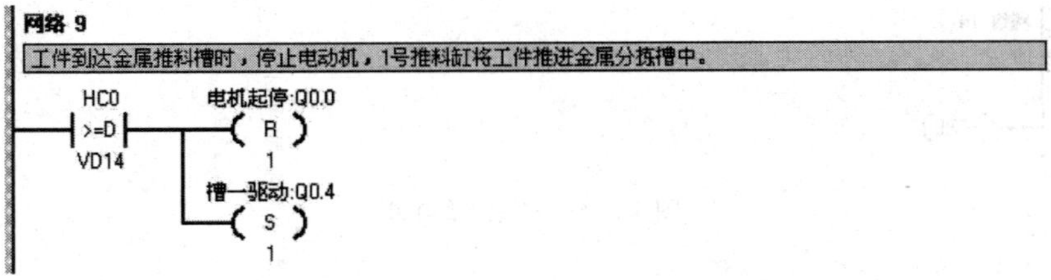

网络 9

工件到达金属推料槽时，停止电动机，1号推料缸I将工件推进金属分拣槽中。

```
HC0        电机起停:Q0.0
>=D ├────┤   ( R )
VD14          1
          槽一驱动:Q0.4
            ( S )
              1
```

图 10-30　工件为金属时停止传送带运行并将工件推入金属分拣槽中

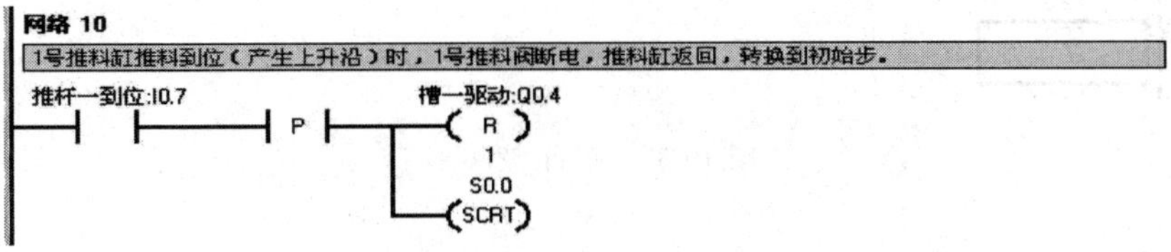

网络 10

1号推料缸推料到位（产生上升沿）时，1号推料阀断电，推料缸返回，转换到初始步。

```
推杆一到位:I0.7          槽一驱动:Q0.4
├────┤ ├──────┤P├──────  ( R )
                          1
                         S0.0
                       ( SCRT )
```

图 10-31　推料成功后推料缸返回并转换到初始步

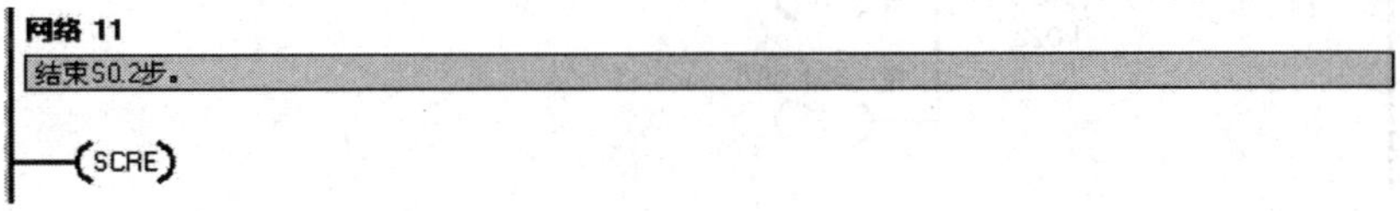

网络 11

结束S0.2步。

```
──( SCRE )
```

图 10-32　结束 S0.2 步

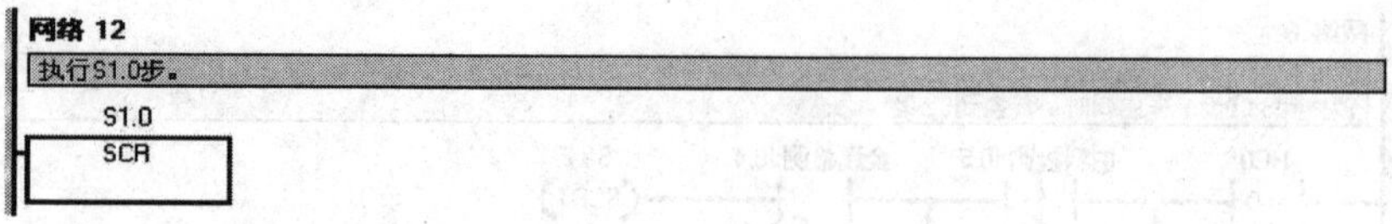

网络 12

执行S1.0步。

```
 S1.0
 SCR
```

图 10-33 执行 S0.1 步

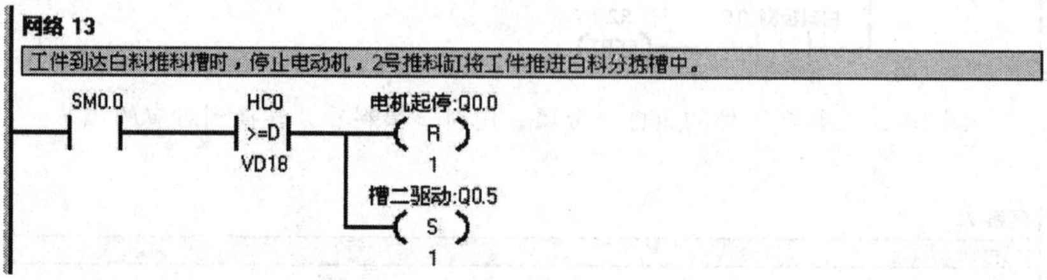

网络 13

工件到达白料推料槽时，停止电动机，2号推料缸将工件推进白料分拣槽中。

```
 SM0.0        HC0       电机起停:Q0.0
  ┤├          ┤>=D├        ( R )
              VD18           1
                        槽二驱动:Q0.5
                           ( S )
                             1
```

图 10-34 工件为白料时停止传送带运行并将工件推进白料分拣槽中

网络 14

2号推料缸推料到位（产生上升沿）时，2号推料阀断电，推料缸返回，转换到初始步。

```
 推杆二到位:I1.0          槽二驱动:Q0.5
  ┤├      ┤P├              ( R )
                             1
                            S0.0
                          (SCRT)
```

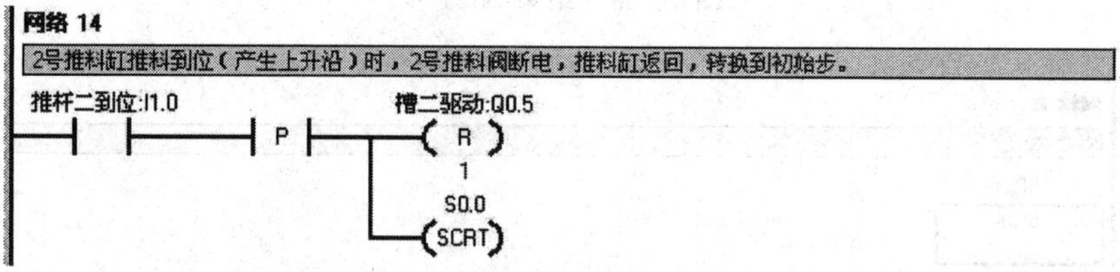

图 10-35 推料成功后推料缸返回并转换到初始步

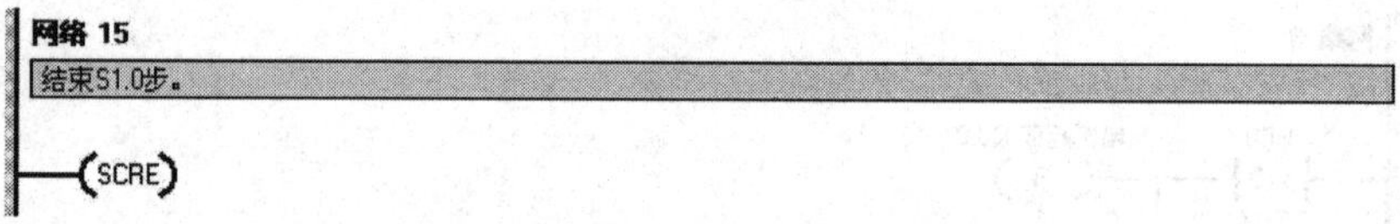

网络 15

结束S1.0步。

```
 (SCRE)
```

图 10-36 结束 S1.0 步

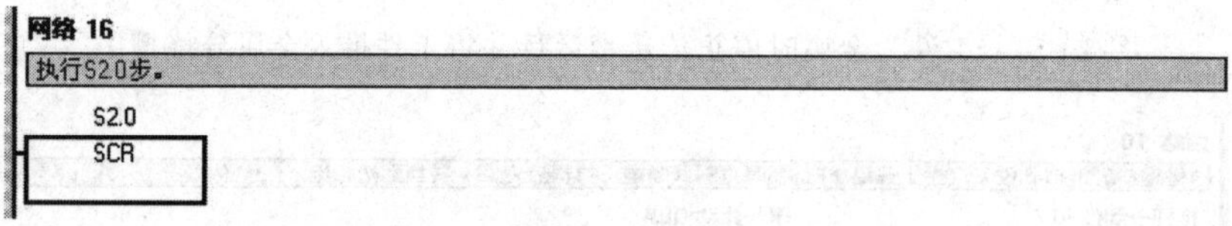

网络 16

执行S2.0步。

```
 S2.0
 SCR
```

图 10-37 执行 S2.0 步

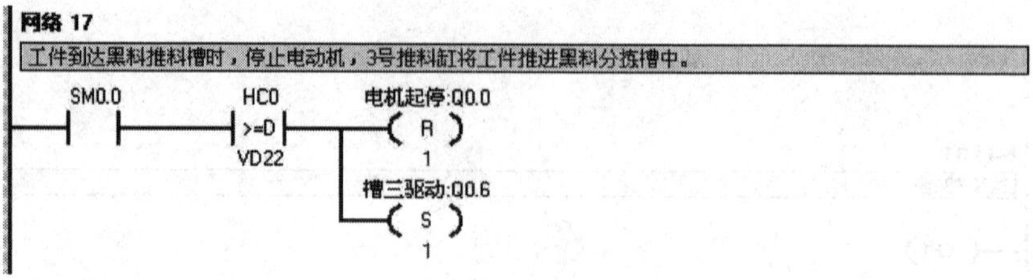

网络 17

工件到达黑料推料槽时，停止电动机，3号推料缸将工件推进黑料分拣槽中。

```
 SM0.0        HC0       电机起停:Q0.0
  ┤├          ┤>=D├        ( R )
              VD22           1
                        槽三驱动:Q0.6
                           ( S )
                             1
```

图 10-38 工件为黑料时停止传送带运行并将工件推入黑料分拣槽中

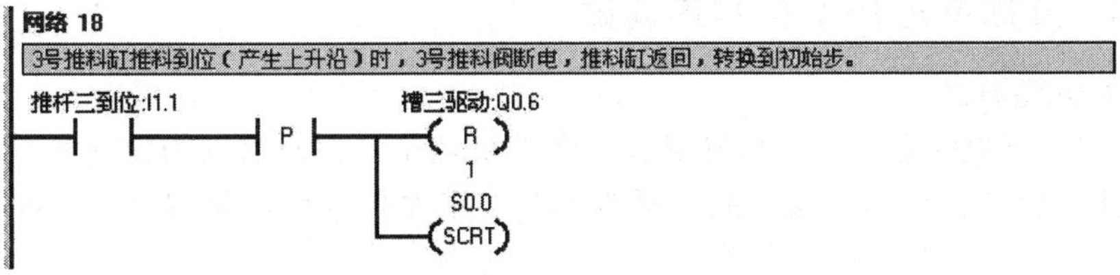

网络 18

3号推料缸推料到位（产生上升沿）时，3号推料阀断电，推料缸返回，转换到初始步。

推杆三到位:I1.1　　　　　　　槽三驱动:Q0.6
　　┤├──┤P├──────(R)
　　　　　　　　　　　　　　　　1
　　　　　　　　　　　　　　　　S0.0
　　　　　　　　　　　　　　(SCRT)

图 10-39　推料成功后推料缸返回并转换到初始步

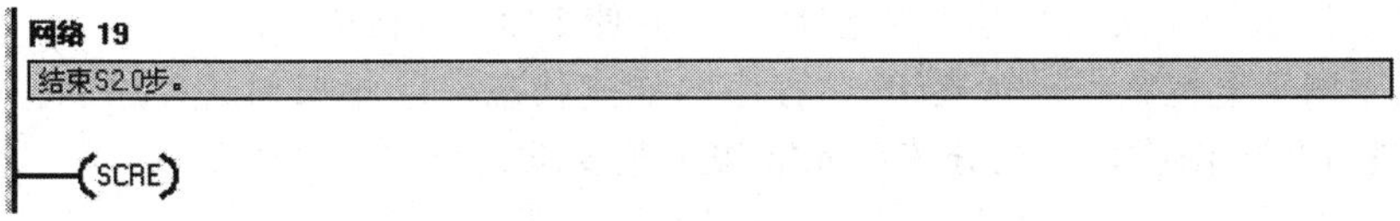

网络 19

结束S2.0步。

──(SCRE)

图 10-40　结束 S2.0 步

3. HSC ＿ INIT 子程序

HSC ＿ INIT 子程序梯形图如图 10-41 所示。

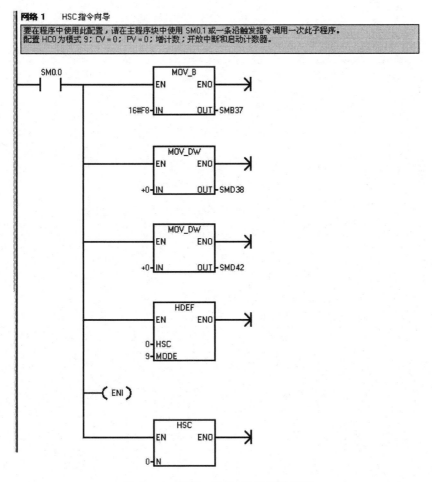

图 10-41　HSC ＿ INIT 子程序梯形图

10.4.3　分拣单元 PLC 的程序调试

1. 程序的仿真调试

学习 PLC 最有效的方法是多练习编程和多上机调试，但有时因为缺乏实验的条件，编写程序后无法检验是否正确，编程能力很难提高。宇龙仿真软件是解决这一问题的理想工具，具体应用后续模块四项目二中详细介绍。

2. 程序的运行调试

① 设置通信端口和通信波特率，建立上位机与 PLC 的通信连接。

② PLC 程序编译无误后将其下载至 PLC，并使 PLC 处于 RUN 状态。

③ 将程序调至监视状态，观察 PLC 程序的能流状态，以此来判断程序的正确与否，并有针对性地进行程序修改，直至分拣单元能按工艺要求运行。

项目 11 输送工作单元安装与调试

输送单元是 YL-335B 自动生产线的主单元，其功能是：驱动机械手精确定位到指定单元的物料台，在物料台上抓取工件，把抓取到的工件输送到指定地点，然后放下。输送单元配有触摸屏，它承担着生产线全部单元的联机控制和管理任务。

输送单元既可以独立完成输送，也可以与其他工作单元协同操作。本项目的主要任务是对输送单元实施机电安装、编程调试及运行等操作，其目的是锻炼学生识图、安装、布线、编程及装调的综合能力。输送单元装调的具体任务如下。

（1）输送单元的装配与测试

包括输送单元的机械装配与调整、气动元件的安装与连接、传感器的安装与接线、PLC 的安装与接线、输送单元的功能测试。

（2）输送单元的编程与单站调试

包括输送单元 PLC 程序设计、PLC 梯形图设计、PLC 程序调试。

输送单元装调的工作任务内容参照表 11-1。

表 11-1 输送单元装调的工作任务

任　务	工作内容	计划时间	实际完成时间	完成情况
输送单元的装配与测试	1.输送单元的机械装配与调整			
	2.气动元件的安装与连接			
	3.传感器的安装与接线			
	4.PLC 的安装与接线			
	5.输送单元的功能测试			
输送单元的编程与单站调试	1.输送单元 PLC 设计			
	2.PLC 梯形图设计			
	3.PLC 程序调试			

11.1 输送工作单元结构

输送单元由抓取机械手装置、直线运动传动组件、拖链装置、PLC 模块和接线端口以及按钮/指示灯模块等部件组成。图 11-1 是安装在工作台面上的输送单元装置侧部分。

1. 抓取机械手装置

抓取机械手装置是一个能实现三自由度运动（升降、伸缩、气动手指夹紧/松开和沿垂直轴旋转）的工作单元，该装置整体安装在直线运动传动组件的滑动溜板上，在传动组件带动下整体作直线往复运动，定位到其他各工作单元的物料台，然后完成抓取和放下工件的功能。图 11-2 是该装置实物图。

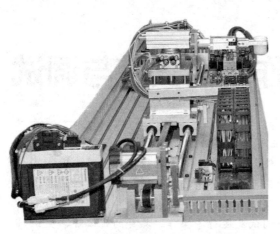

图 11-1　输送单元装置侧部分

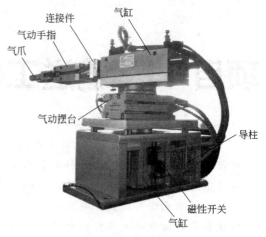

图 11-2　抓取机械手装置

具体构成如下：

① 气动手爪用于在各个工作站物料台上抓取/放下工件。由一个二位五通双向电控阀控制。

② 伸缩气缸用于驱动手臂伸出缩回。由一个二位五通单向电控阀控制。

③ 回转气缸用于驱动手臂正反向 90°旋转，由一个二位五通双向电控阀控制。

④ 提升气缸用于驱动整个机械手提升与下降。由一个二位五通单向电控阀控制。

2. 直线运动传动组件

直线运动传动组件用以拖动抓取机械手装置作往复直线运动，完成精确定位的功能。图 11-3 是该组件的俯视图。

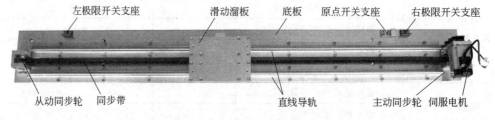

图 11-3　直线运动传动组件图

图 11-4 给出了直线运动传动组件和抓取机械手装置组装起来的示意图。

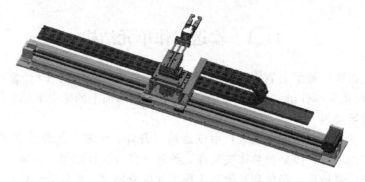

图 11-4　伺服电机传动和机械手装置

传动组件由直线导轨底板、伺服电机及伺服放大器、同步轮、同步带、直线导轨、滑动溜板、拖链和原点接近开关、左、右极限开关组成。

伺服电机由伺服电机放大器驱动，通过同步轮和同步带带动滑动溜板沿直线导轨作往复直线运动。从而带动固定在滑动溜板上的抓取机械手装置作往复直线运动。同步轮齿距为 5mm，共 12 个齿即旋转一周搬运机械手位移 60mm。

抓取机械手装置上所有气管和导线沿拖链敷设，进入线槽后分别连接到电磁阀组和接线端口上。

原点接近开关和左、右极限开关安装在直线导轨底板上，如图 11-5 所示。原点接近开关是一个无触点的电感式接近传感器，用来提供直线运动的起始点信号。左、右极限开关均是有触点的微动开关，用来提供越程故障时的保护信号：当滑动溜板在运动中越过左或右极限位置时，极限开关会动作，从而向系统发出越程故障信号。

图 11-5　原点开关和右极限开关

3. 电磁阀组和气动元件

输送单元中用到的气动元件主要有 1 个伸缩气缸、1 个旋转气缸、1 个提升气缸、1 个手爪气缸、4 组气缸节流阀和 4 个电磁阀组。

输送单元的伸缩气缸、提升气缸分别由 2 个单电控换向阀组来控制，而旋转气缸、手爪气缸分别由 2 个双电控换向阀组来控制。

双电控电磁阀与单电控电磁阀的区别在于：对于单电控电磁阀，在无电控信号时，阀芯在弹簧力的作用下会被复位；而对于双电控电磁阀，在两端都无电控信号时，阀芯的位置取决于前一个电控信号。注意双电控电磁阀的两个电控信号不能同时为"1"，即在控制过程中不允许两个线圈同时得电，否则可能会造成电磁线圈烧毁。

11.2　输送工作单元设备清单

输送单元主要设备清单如表 11-2 所示。

表 11-2　输送单元清单

序号	名称	型号/规格/编号	单位	数量	链接
1	可编程控制器 PLC	S7-200-226 DC/DC/DC I24/O16 DC24V 供电	台	1	
2	薄型气缸	SDAS-50×20	只	1	
3	三轴气缸	TC-M-16×75-S	只	1	
4	回转气缸	HRQ10	只	1	
5	气爪（Y 型）	HFY16	只	1	
6	单向节流阀	JSC4-M5	只	8	

序号	名称	型号/规格/编号	单位	数量	链接
7	电磁换向阀	4V110-M5-B	只	2	
8	电磁换向阀	4V120-M5-B	只	2	
9	电磁阀组	100M-4F	套	1	
10	磁性开关	CS1-G-020	只	7	
11	金属传感器	TL-W5F1	只	1	
12	微动开关	S5-54	只	2	
13	松下伺服电机	MHMD022P1U	台	1	
14	伺服电机驱动器	MADDT1207003	台	1	

11.3　输送工作单元的装配与测试

11.3.1　输送单元的机械装配与调整

1. 机械组件的组成

输送单元的机械组件包括直线运动传动组件、抓取机械手装置、拖链装置等。输送单元的整体结构除了机械组件之外，还有一些配合机械动作的气动元件和传感器。

2. 机械组件的安装方法

为了提高安装的速度和准确性，对本单元的安装同样遵循先成组件，再进行总装的原则。

（1）直线运动组件的安装方法

① 在底板上装配直线导轨。直线导轨是精密机械运动部件，其安装、调整都要遵循一定的方法和步骤，而且该单元中使用的导轨的长度较长，要快速准确的调整好两导轨的相互位置，使其运动平稳、受力均匀、运动噪音小。

② 装配大溜板、四个滑块组件：将大溜板与两直线导轨上的四个滑块的位置找准并进行固定，在拧紧固定螺栓的时候，应一边推动大溜板左右运动一边拧紧螺栓。直到滑动顺畅为止。

③ 连接同步带：将连接了四个滑块的大溜板从导轨的一端取出。由于用于滚动的钢球嵌在滑块的橡胶套内，一定要避免橡胶套受到破坏或用力太大致使钢球掉落。将两个同步带固定座安装在大溜板的反面，用于固定同步带的两端。

接下来分别将调整端同步轮安装支架组件、电机侧同步轮安装支架组件上的同步轮，套入同步带的两端，在此过程中应注意电机侧同步轮安装支架组件的安装方向、两组件的相对位置，并将同步带两端分别固定在各自的同步带固定座内，同时也要注意保持连接安装好后的同步带平顺一致。完成以上安装任务后，再将滑块套在柱形导轨上，套入时，一定不能损坏滑块内的滑动滚珠以及滚珠的保持架。

④ 同步轮安装支架组件装配：先将电机侧同步轮安装支架组件用螺栓固定在导轨安装底板上，再将调整端同步轮安装支架组件与底板连接，然后调整好同步带的张紧度，锁紧螺栓。

⑤ 伺服电机安装：将电机安装板固定在电机侧同步轮支架组件的相应位置，将电机与电机安装活动连接，并在主动轴、电机轴上分别套接同步轮，安装好同步带，调整电机位置，锁紧连接螺栓。最后安装左右限位以及原点传感器支架。

注意：在以上各构成零件中，轴承以及轴承座均为精密机械零部件，拆卸以及组装需要较熟练的技能和专用工具，因此，不可轻易对其进行拆卸或修配工作。

（2）抓取机械手装置的安装方法

① 把气动摆台固定在组装好的提升机构上，然后在气动摆台上安装导杆气缸安装板，安装时注意要先找好导杆气缸安装板与气动摆台连接的原始位置，以便有足够的回转角度。

② 连接气动手指和导杆气缸，然后把导杆气缸安装到导杆气缸安装板上，完成抓取机械手装置的装配。

图 11-6　装配完成的抓取机械手装置

③ 把抓取机械手装置安装到直线运动组件的大溜板上，如图 11-6 所示。

④ 检查摆台上的导杆气缸、气动手指组件的回转位置是否满足在其他各工作单元上抓取和放下工件的要求，根据具体情况进行适当的调整。

装配完成后的输送单元装配侧结构组成如图 11-7 所示。

电磁阀组　末端同步轮及固定架　拖链　直线导轨　同步带　抓取机械手装置　步进电机及同步轮机构

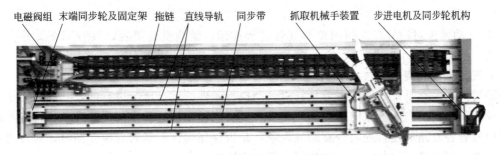

图 11-7　装配完成后的输送单元装配侧结构组成

11.3.2　输送单元气动元件的安装与连接

1. 气动系统的组成

输送单元的气动系统主要包括气源、气动汇流板、直线气缸、摆动气缸、气动手指、单电控换向阀、双电控换向阀、单向节流阀、消声器、快插接头和气管等，它们的主要作用是完成机械手的伸缩、抓取、升降、旋转等操作。

输送单元的气动执行元件由 2 个双作用气缸组成。其中，1B1、1B2 为提升气缸上的 2 个位置检测磁性开关；2B1、2B2 为摆动气缸上的 2 个位置检测磁性开关；3B1、3B2 为机械手伸缩气缸上的 2 个位置检测磁性开关；4B 为气动手指的夹紧位置检测磁性开关；单向节流阀用于气缸的调速，气动汇流板用于组装单电控换向阀及附件。

2. 气路控制原理

输送单元的气路控制原理图如图 11-8 所示，图中气源经过汇流板分给 4 个换向阀的进气口，气缸 1A、2A、3A、4A 的两个工作口与电磁阀工作口之间均安装了单向节流阀，通过尾气节流来调整对应气动执行元件的工作速度。排气口安装的消声可减小排气的噪音。

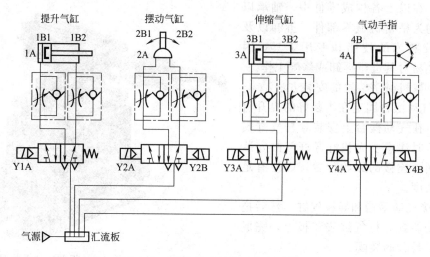

图 11-8　输送单元的气路控制原理图

3. 气动元件（气路）的连接方法

① 单向节流阀应分别安装在气缸的工作口上，并缠绕好密封带，以免运行时漏气。

② 单电控换向阀、双电控换向阀的进气口和工作口应安装好快插接头，并缠绕好密封带，以免运行时漏气。

③ 汇流板的排气口应安装好消声器，并缠绕好密封带，以免运行时漏气。

④ 气动元件对应气口之间用塑料气管进行连接，做到安装美观，气管不交叉并保证气路畅通。

4. 气路系统的调试方法

输送单元气路系统的调试主要是针对气动执行元件的运行情况进行的，其调试方法是通过手动控制单向换向阀、双向换向阀，观察各气动执行元件的动作情况，气动执行元件运行过程中检查各管路的连接处是否有漏气现象，是否存在气管不畅通现象。同时，通过对各单向节流阀的调整来获得稳定的气动执行元件运行速度。

11.3.3　输送单元传感器的安装与接线

1. 磁性开关的安装与接线

（1）磁性开关的安装

输送单元中涉及 2 个双作用气缸、1 个摆动气缸、1 个手爪气缸，由 7 个磁性开关作为气缸的极限位置检测元件。磁性开关的安装方法与供料单元中磁性开关的安装方法相同。

（2）磁性开关的接线

磁性开关的输出为 2 线（棕色＋；蓝色－），连接时，1B1、1B2、2B1、2B2、3B1、3B2、4B 的棕色线分别与 PLC 的 I0.3、I0.4、I0.5、I0.6、I0.7、I1.0、I1.1 输入点相连，蓝色线与直流电源的"－"相连。

2. 金属接近开关的安装与接线

（1）金属接近开关的安装

输送单元中的金属接近开关用于对金属工件进行检测，当有金属工件通过时，金属接近开关向 PLC 发出检测信号。金属接近开关的安装方法与供料单元中金属接近开关的安装方法相同。

（2）金属接近开关的接线

金属接近开关的输出为 3 线（棕色＋；蓝色－；黑色 NO 输出），棕色线与直流电源的"＋"连接，蓝色线与直流电源的"－"连接，黑色线与 PLC 的输入点 I0.0 连接。

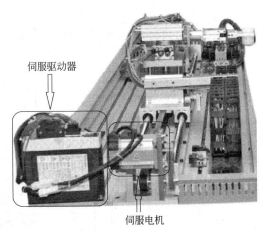

图 11-9　YL-335B 输送单元中的
伺服电机及驱动器

11.3.4　输送单元伺服系统的安装与接线

1. 输送单元伺服系统的安装

在 YL-335B 的输送单元中，采用了松下 MHMD022G1U 永磁同步交流伺服电机及 MADKT1507E 全数字交流永磁同步伺服驱动装置作为运输机械手的运动控制装置，如图 11-9 所示。伺服驱动器面板如图 11-10 所示，伺服电机连接器示意图如图 11-11 所示。

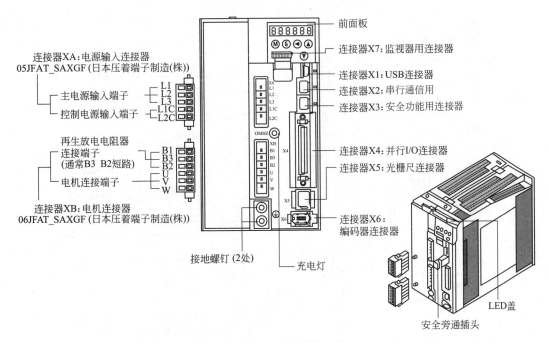

图 11-10　伺服驱动器的面板图

MHMD022G1U 的含义：MHMD 表示电机类型为大惯量，02 表示电机的额定功率为 200W，2 表示电压规格为 200V，G 表示编码器为增量式编码器，脉冲数为 20 位，分辨率 1048576，输出信号线数为 5 根线。

MADKT1507E 的含义：MADK 表示松下 A5 系列 A 型驱动器，T1 表示最大额定电流为 10A，5 表示电源电压规格为单相/三相 200V，07 表示电流检测器额定电流为 7.5A，E 表示位置控制专用。

YL-335B 输送单元中，伺服电机用于定位控制，选用位置控制模式。所采用的是简化接线方式，如图 11-12 所示。

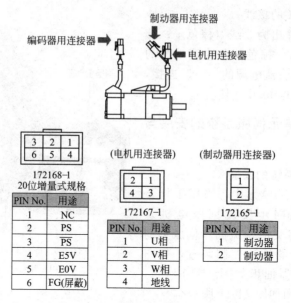

图 11-11　伺服电机连接器示意图

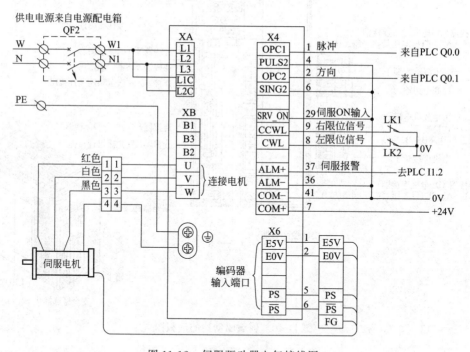

图 11-12　伺服驱动器电气接线图

　　XA 为电源输入接口，AC220V 电源连接到 L1.L3 主电源端子，同时连接到控制电源端子 L1C、L2C 上。

　　XB 为电机接口和外置再生放电电阻器接口。U、V、W 端子用于连接电机。必须注意，电源电压务必按照驱动器铭牌上的指示，电机接线端子（U、V、W）不可以接地或短路，交流伺服电机的旋转方向不像感应电动机可以通过交换三相相序来改变，必须保证驱动器上的 U、V、W、E 接线端子与电机主回路接线端子按规定的次序一一对应，否则可能造成驱动器损坏。电机的接线端子和驱动器的接地端子以及滤波器的接地端子必须保证可靠连接到同一个接地点上。机身也必须接地。B1、B3、B2 端子是外接放电电阻，YL-335B 没有使用外接放电电阻。

X6 为连接到电机编码器信号接口，连接电缆应选用带有屏蔽层的双绞电缆，屏蔽层应接到电机侧的接地端子上，并且应确保将编码器电缆屏蔽层连接到插头的外壳（FG）上。

X4 为 I/O 控制信号端口，其中有 10 路开关量输入点，在 YL-335B 中使用了 3 个输入端口，29 端（SRV-ON）伺服使能端接低电平，8 端（CWL）接左限位开关输入，9 端（CCWL）接右限位开关输入；有 6 路开关量输出，只用到了 37 端（ALM）伺服报警；脉冲和方向指令信号被送到 S7-226PLC 的高速输出端 Q0.0 和 Q0.1。

2. 伺服驱动器的参数设置与调整

YL-335B 中伺服驱动装置工作于位置控制模式，S7-226 的 Q0.0 输出脉冲作为伺服驱动器的位置指令，脉冲的数量决定伺服电机的旋转位移，即机械手的直线位移，脉冲的频率决定了伺服电机的旋转速度，即机械手的运动速度，S7-226 的 Q0.1 输出脉冲作为伺服驱动器的方向指令。对于控制要求较为简单，伺服驱动器可采用自动增益调整模式。根据上述要求，伺服驱动器参数设置如表 11-3 所示。

表 11-3　伺服参数设置表

序号	参数		设置数值	功能和含义
	参数编号	参数名称		
1	Pr5.28	LED 初始状态	1	显示电机转速
2	Pr0.01	控制模式设定	0	位置控制（相关代码 P）
3	Pr5.04	驱动禁止输入设定	2	当左或右（POT 或 NOT）限位动作，则会发生 Err38 行程限位禁止输入信号出错报警。设置此参数值必须在控制电源断电重启之后才能修改、写入成功。
4	Pr0.04	惯量比	250	
5	Pr0.02	设定实时自动调整	1	实时自动调整为标准模式，运行时负载惯量的变化情况很小。
6	Pr0.03	实时自动调整机器刚性设定	13	此参数值设得越大，响应越快。
7	Pr0.06	指令脉冲旋转方向设定	1	
8	Pr0.07	指令脉冲输入模式设定	3	
9	Pr0.08	电机每旋转 1 圈的指令脉冲数	6000	

注：其他参数的说明及设置请参看松下 MINAS A5 系列伺服电机驱动器使用说明书。

11.3.5　输送单元 PLC 的安装与接线

1. 输送单元电气控制原理图

输送单元中的 PLC 选用西门子 S7-200 系列产品，其型号是 CPU226 DC/DC/DC。本机工作电源为 AC 220V，输入/输出电源均采用直流 24V，输送单元电气控制原理图如图 11-13 所示。

2. 输送单元电气端子排接线

（1）装置侧接线

装置侧接线，一是把输送单元各传感器信号线、电源线、0 V 线按规定接至装置侧左边较宽的接线端子排，二是把输送单元电磁阀的信号线接至装置侧右边较窄的接线端子排。各传感器信号线及电磁阀信号线与装置侧对应的端子排号见表 11-4。

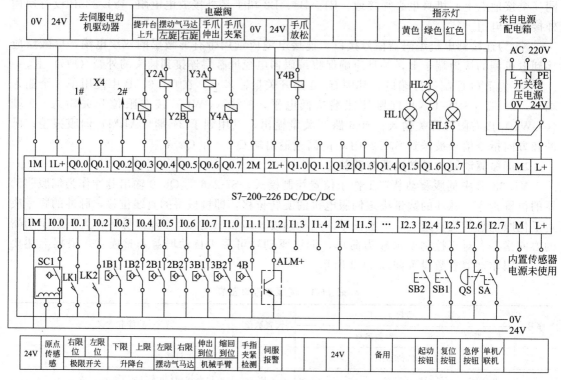

图 11-13　输送单元电气控制原理图

表 11-4　输送单元装置侧接线端子排号表

输入端口中间层			输出端口中间层		
端子号	设备符号	信号线	端子号	设备符号	信号线
2	SC1	原点开关	2	X4-1	伺服脉冲
3	LK1	右限位开关	3	X4-2	伺服方向
4	LK2	左限位开关	4	Y1A	提升台上升
5	1B1	机械手抬升下限	5	Y2A	机械手左旋
6	1B2	机械手抬升上限	6	Y2B	机械手右旋
7	2B1	机械手旋转左限	7	Y3A	机械手伸出
8	2B2	机械手旋转右限	8	Y4A	机械手夹紧
9	3B1	机械手伸出	9	Y4B	机械手松
10	3B2	机械手缩回			
11	4B	机械手夹紧			
12	ALM+	伺服报警			
13#～17#端子没有连接			10#～14#端子没有连接		

（2）PLC 侧接线

PLC 侧接线包括电源接线和 PLC 输入/输出端子的接线，以及按钮模块的接线三个部分。PLC 侧接线端子排为双层两列端子，左边较窄的一列主要接 PLC 的输出口端子，右边较宽的一列接 PLC 的输入口端子。两列中的下层分别接 24 V 电源和 0 V。左列上层接 PLC 的输出口信号，右列上层接 PLC 的输入口信号。PLC 的按钮接线端子连接至 PLC 的输入口，信号指示灯信号端接至 PLC 的输出口。

11.3.6　输送单元的功能测试

1. 传感器的功能测试

（1）磁性开关功能测试

输送单元通电、通气，用手动控制电磁阀 Y1A、Y2A、Y2B、Y3A、Y4A、Y4B 工作，实现升降气缸、摆动气缸、伸缩气缸、气动手指的动作，观察 PLC I0.3、I0.4、I0.5、I0.6、I0.7、I1.0、I1.1 的 LED 是否亮，若不亮应检查磁性开关及连接线。

（2）金属接近开关功能测试

输送单元通电，将机械手返回到原始点，观察 PLC I0.0 的 LED 是否亮，若不亮应检查金属接近开关及连接线。

2. 按钮/指示灯的功能测试

（1）按钮功能测试

输送单元通电，用手按动停止/启动按钮、急停按钮、单机/联机转换开关，观察 PLC I2.4、I2.5、I2.6、I2.7 的 LED 是否亮（灭），若不亮（灭）应检查对应按钮及连接线。

（2）指示灯功能测试

输送单元通电，进入 STEP 7-Micro/WIN SP5 编程软件，利用强制功能，分别强制 PLC Q1.5、Q1.6、Q1.7，观察 PLC Q1.5、Q1.6、Q1.7 的 LED 是否亮，外部指示灯黄色、绿色、红色是否亮，若不亮应检查指示灯及连接线。

（3）限位开关功能测试

输送单元通电，用手按动限位开关，观察 PLC I0.1、I0.2 的 LED 是否亮（灭），若不亮（灭）应检查对应限位开关及连接线。

3. 气动单元的功能测试

（1）按钮功能测试

输送单元通电（接通气源），进入 STEP 7-Micro/WIN SP5 编程软件，利用强制功能，强制 PLC Q0.3，使其接通/断开一次，观察 PLC Q0.3 的 LED 是否亮，外部升降气缸是否执行升降动作，若不执行应检查升降气缸 1A、升降电磁阀 Y1A 的气路连接部分及升降电磁阀 Y1A 的接线。

（2）电磁阀 Y2A、Y2B 功能测试。

输送单元通电（接通气源），进入 STEP 7-Micro/WIN SP5 编程软件，利用强制功能，分别强制 PLC Q0.4、Q0.5，使其接通/断开一次，观察 PLC Q0.4、Q0.5 的 LED 是否亮，外部摆动气缸是否执行旋转摆动，若不执行应检查摆动气缸 2A，摆动电磁阀 Y2A、Y2B 的气路连接部分及摆动电磁阀 Y2A、Y2B 的接线。

（3）电磁阀 Y3A 功能测试。

输送单元通电（接通气源），进入 STEP 7-Micro/WIN SP5 编程软件，利用强制功能，强制 PLC Q0.6，使其接通/断开一次，观察 PLC Q0.6 的 LED 是否亮，外部伸缩气缸是否执行伸缩动作，若不执行应检查伸缩气缸 3A、伸缩电磁阀 Y3A 的气路连接部分及伸缩电磁阀 Y3A 的接线。

（4）电磁阀 Y4A、Y4B 功能测试。

输送单元通电（接通气源），进入 STEP 7-Micro/WIN SP5 编程软件，利用强制功能，分别强制 PLC Q0.7、Q1.0，使其接通/断开一次，观察 PLC Q0.7、Q1.0 的 LED 是否亮，外部气动手指是否执行夹紧和放松动作，若不执行应检查气动手指 4A，气动手指电磁阀 Y4A、Y4B 的气路连接部分及气动手指电磁阀 Y4A、Y4B 的接线。

4. 伺服系统的功能测试

伺服系统的功能测试主要是通过 PLC 发出 PWM 脉冲调速信号（Q0.0）和换向信号（Q0.2）给伺服驱动器，检查伺服电动机的运行速度和正、反向换向情况。同时，通过 PLC 设置不同位置的脉冲数量与伺服电动机的编码器脉冲数量比较，来精确定位机械手的位置。若不能运行或位置不准确，应检查伺服系统及连接线。

5. PLC 的功能测试

PLC 的功能测试主要是对输送单元测试程序（用户随意编写）进行上传与下载、监控功能的调试。

11.4 输送工作单元的编程与调试

11.4.1 输送单元 PLC 程序设计思路

1. 输送单元 PLC I/O 地址分配表

根据输送单元电气控制原理图，配置 PLC I/O 地址分配表，见表 11-5。

表 11-5 输送单元 PLC I/O 地址分配表

序号	PLC 输入点	信号名称	信号来源	序号	PLC 输出点	信号名称	信号来源
1	I0.0	原点传感器检测		1	Q0.0	脉冲	
2	I0.1	右限位保护		2	Q0.1	方向	
3	I0.2	左限位保护		3	Q0.2		
4	I0.3	机械手抬升下限检测		4	Q0.3	抬升台上升电磁阀	
5	I0.4	机械手抬升上限检测		5	Q0.4	回转气缸左旋电磁阀	
6	I0.5	机械手旋转左限检测	装置侧	6	Q0.5	回转气缸右旋电磁阀	装置侧
7	I0.6	机械手旋转右限检测		7	Q0.6	手爪伸出电磁阀	
8	I0.7	机械手伸出检测		8	Q0.7	手爪夹紧电磁阀	
9	I1.0	机械手缩回检测		9	Q1.0	手爪放松电磁阀	
10	I1.1	机械手夹紧检测		10	Q1.1		
11	I1.2	伺服报警		11	Q1.2		
12	I1.3			12	Q1.3		
13	I1.4			13	Q1.4		
14	I1.5			14	Q1.5	报警指示	
15	I1.6			15	Q1.6	运行指示	按钮指示模块
16	I1.7			16	Q1.7	停止指示	
17	I2.0						
18	I2.1						
19	I2.2						
20	I2.3						
21	I2.4	启动按钮					
22	I2.5	复位按钮	按钮指示模块				
23	I2.6	急停按钮					
24	I2.7	方式选择					

2. 控制程序顺序控制功能图

输送单元的控制程序可按照七个部分进行设计，即控制主程序、回原点子程序、初态检查复位子程序、急停处理子程序、运行控制子程序、抓料子程序和放料子程序。

（1）主程序

输送单元主程序是一个周期循环扫描的程序。通电短暂延时后进行初态检查，即调用初态检查子程序。如果初态检查不成功，则说明设备未就绪，也就是不能起动输送单元使之运行。如果初态检查成功，则会调用回原点子程序，返回原点成功，这样设备进入准备就绪状态，允许启动。启动后，系统进入运行状态，此时主程序每个扫描周期调用运行控制子程序。如果在运行状态下发出停止指令，则系统运行一个周期后转入停止状态，等待系统下一次启动。输送单元主程序顺序控制功能图如图 11-14 所示。

（2）初态检查复位子程序

输送单元初态检查复位子程序顺序控制功能图如图 11-15 所示。该子程序主要完成机械手初始状态复位和返回原点操作。当机械手手爪松开、右旋、下降、缩回 4 个状态条件满足时，表示机械手处于初始状态，延时 500ms 后执行回原点操作。当机械手刚好位于原点位置时，则绝对位移 30mm，执行 Home 模块（绝对位移 30mm—装载参考点位置—返回原点成功标志）。当机械手位于原点左侧位置时（不可能位于原点右侧），则直接执行 Home 模块（绝对位移 30 mm—装载参考点位置—返回原点成功标志）。

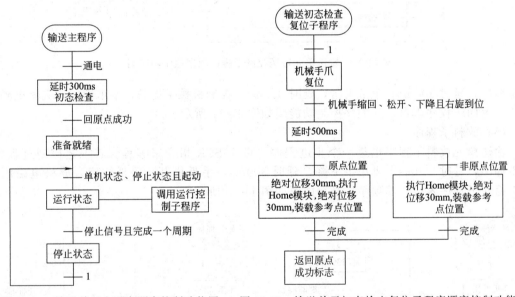

图 11-14　输送单元主程序顺序控制功能图　　图 11-15　输送单元初态检查复位子程序顺序控制功能图

（3）输送控制子程序

输送控制子程序编程思路如下：机械手正常返回原点后，机械手伸出抓料，绝对位移 430mm 移动到加工单元，放料；延时 2s，抓料，绝对位移 780mm 移动到装配单元，放料；延时 2s，抓料，机械手左旋 90°，绝对位移 1050mm 移动到分拣单元，放料；高速返回绝对位移 200mm 处，机械手右旋，低速返回原点，完成一个周期的操作，其顺序控制功能图如图 11-16 所示。

（4）抓料子程序

输送单元抓料子程序也是一个步进程序，可用 SCR 指令来编程。其工艺控制过程为：

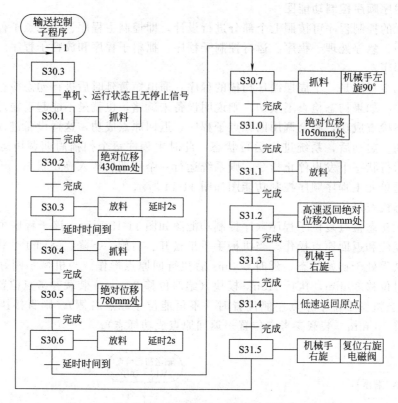

图 11-16　输送单元输送控制子程序顺序控制功能图

手爪伸出，延时 300ms，手爪夹紧，延时 300ms，控制机械手提升，手爪缩回，夹紧电磁阀复位，返回子程序入口，其顺序控制功能图如图 11-17 所示。

（5）放料子程序

输送单元放料子程序也是一个步进程序，可用 SCR 指令来编程。其工艺控制过程为：手爪伸出，延时 300ms，机械手下降，延时 300ms，手爪松开，手爪缩回，放松电磁阀复位，返回子程序入口，其顺序控制功能图如图 11-18 所示。

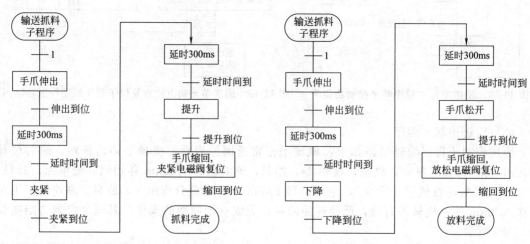

图 11-17　输送单元抓料子程序顺序控制功能图　　图 11-18　输送单元放料子程序顺序控制功能图

11.4.2 输送单元 PLC 梯形图程序设计

1. 主程序

主程序及状态显示梯形图如图 11-19～图 11-29 所示。

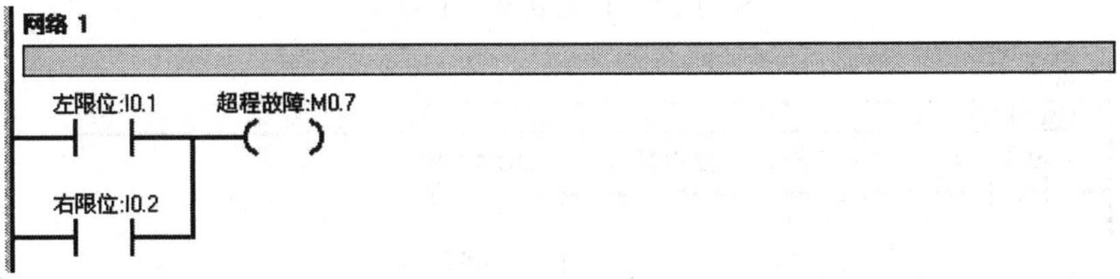

网络 1

左限位:I0.1 超程故障:M0.7
右限位:I0.2

图 11-19 超程报警标志

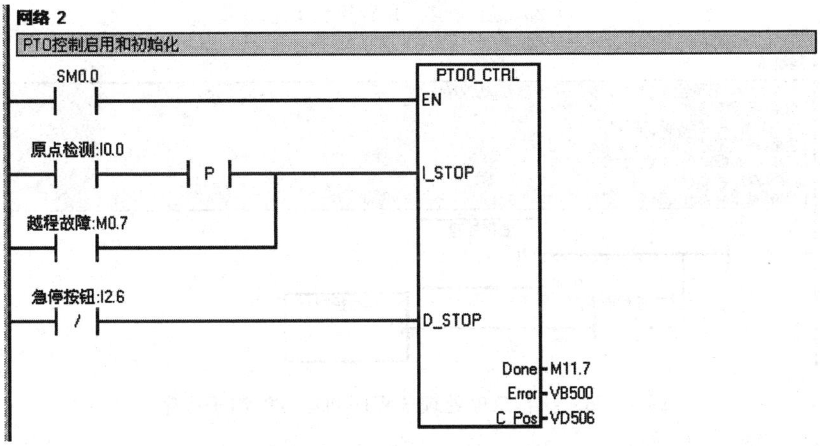

网络 2

PTO控制启用和初始化

SM0.0 —— EN　PTO0_CTRL

原点检测:I0.0 —— P —— I_STOP
越程故障:M0.7

急停按钮:I2.6 —/ —— D_STOP

Done—M11.7
Error—VB500
C_Pos—VD506

图 11-20 PTO 控制启用和初始化

网络 3

SM0.1 主站就绪:M5.2 (R) 1
运行状态:M1.0 (R) 1

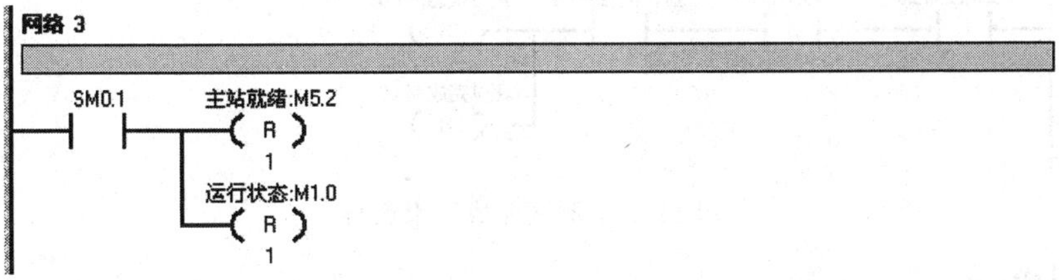

图 11-21 清除主站就绪和运行状态

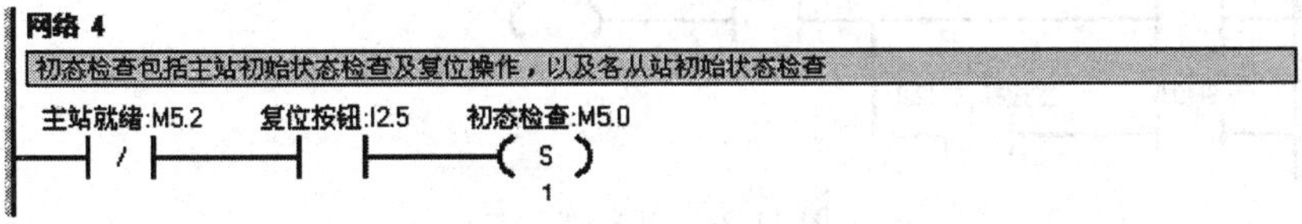

网络 4

初态检查包括主站初始状态检查及复位操作,以及各从站初始状态检查

主站就绪:M5.2 —/ 复位按钮:I2.5 初态检查:M5.0 (S) 1

图 11-22 初态检查置位

网络 5

初态检查:M5.0 —— 初态检查复位 EN

图 11-23 执行初态检查复位子程序

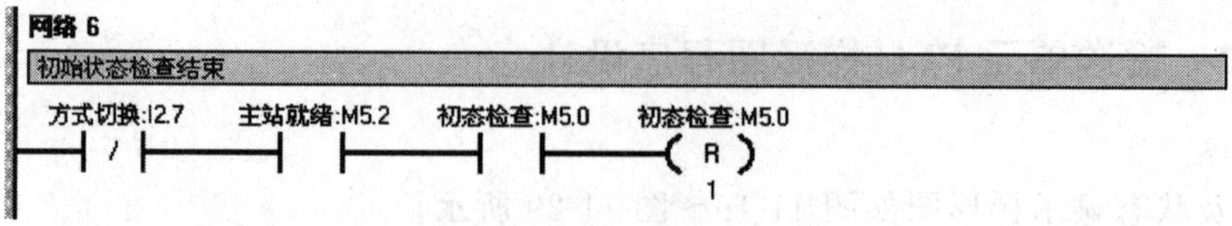

网络 6

初始状态检查结束

方式切换:I2.7	主站就绪:M5.2	初态检查:M5.0	初态检查:M5.0

```
 方式切换:I2.7    主站就绪:M5.2    初态检查:M5.0    初态检查:M5.0
────┤/├──────────┤├──────────────┤├────────────────( R )
                                                     1
```

图 11-24 初始状态检查结束

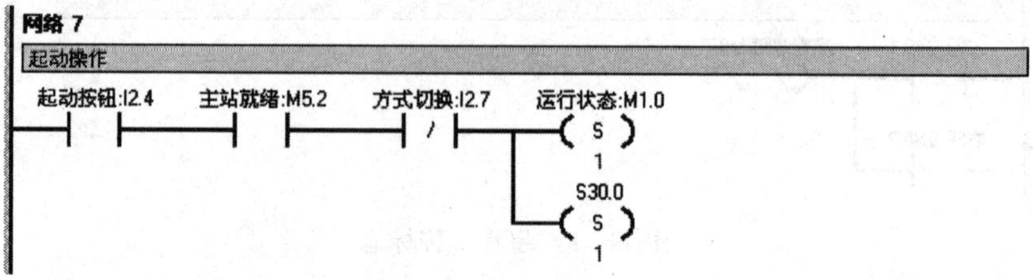

网络 7

起动操作

```
 起动按钮:I2.4   主站就绪:M5.2    方式切换:I2.7    运行状态:M1.0
────┤├──────────┤├──────────────┤├──────┤/├────────( S )
                                                      1
                                               S30.0
                                                ( S )
                                                  1
```

图 11-25 启动运行并转换到 S30.0 步

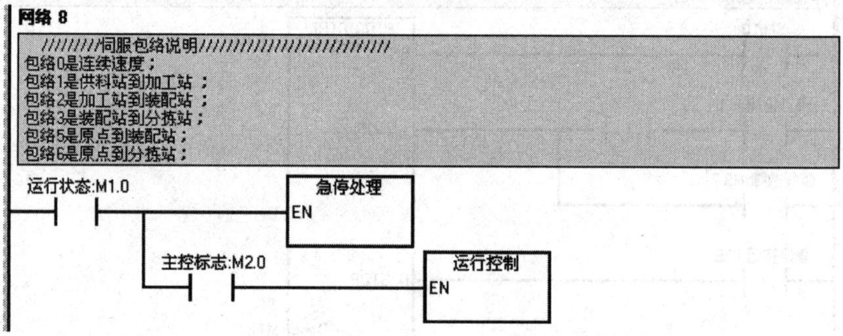

网络 8

////////伺服包络说明////////////////////////////////////
包络0是连续速度；
包络1是供料站到加工站；
包络2是加工站到装配站；
包络3是装配站到分拣站；
包络5是原点到装配站；
包络6是原点到分拣站；

```
 运行状态:M1.0                 ┌─────────┐
────┤├───────┬────────────────│ 急停处理 │
             │                │ EN      │
             │                └─────────┘
             │  主控标志:M2.0    ┌─────────┐
             └──────┤├──────────│ 运行控制 │
                                │ EN      │
                                └─────────┘
```

图 11-26 执行急停处理子程序和运行控制子程序

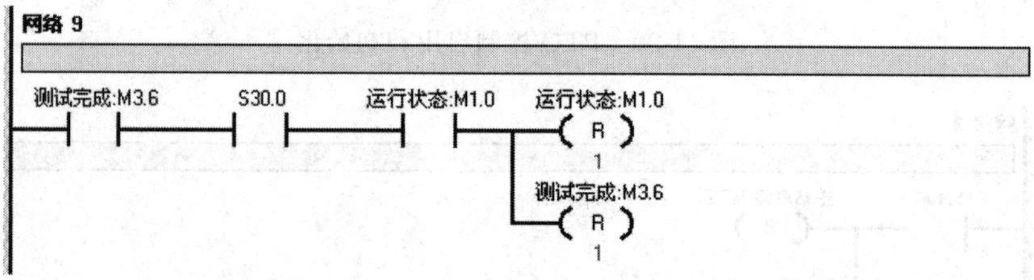

网络 9

```
 测试完成:M3.6      S30.0      运行状态:M1.0    运行状态:M1.0
────┤├──────────┤├──────────┤├──────┤├────────( R )
                                                 1
                                         测试完成:M3.6
                                              ( R )
                                                1
```

图 11-27 测试完成结束运行

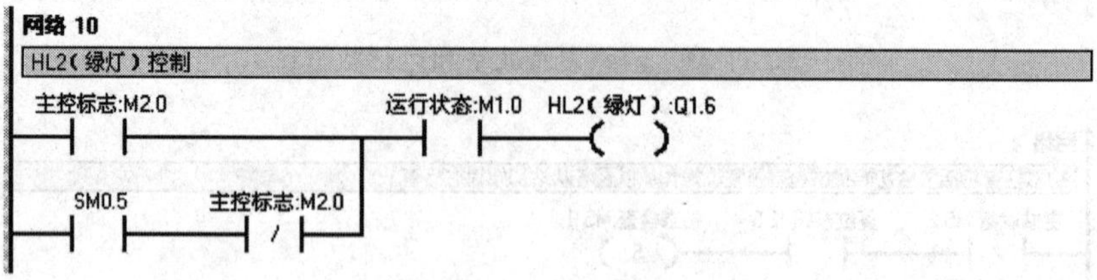

网络 10

HL2（绿灯）控制

```
 主控标志:M2.0                 运行状态:M1.0   HL2（绿灯）:Q1.6
────┤├───────┬────────────────┤├──────────────( )
             │
    SM0.5    │  主控标志:M2.0
────┤├───────┴──────┤/├
```

图 11-28 运行指示灯

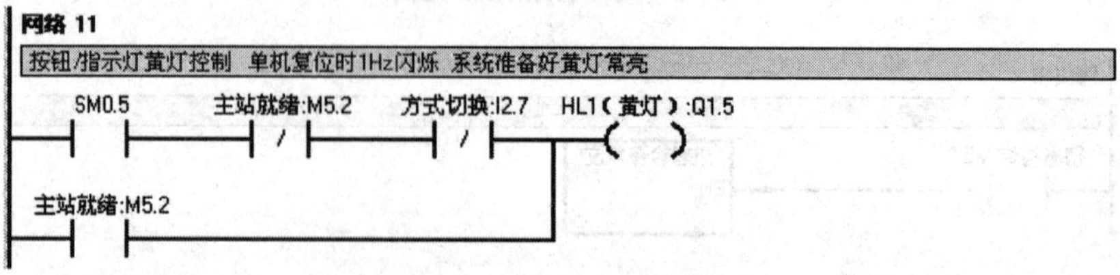

网络 11

按钮/指示灯黄灯控制 单机复位时1Hz闪烁 系统准备好黄灯常亮

```
    SM0.5       主站就绪:M5.2    方式切换:I2.7   HL1（黄灯）:Q1.5
────┤├──────┬───┤├──────────────┤/├─────────────( )
            │
  主站就绪:M5.2
────┤├──────┘
```

图 11-29 准备就绪指示灯

2. 输送控制子程序

输送控制子程序梯形图如图 11-30～图 11-32 所示。

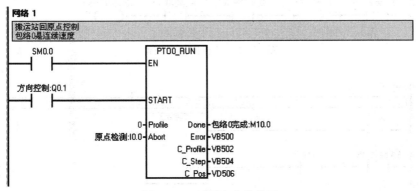

网络 1

搬运站回原点控制
包络0是连续速度

图 11-30 回原点参数设置

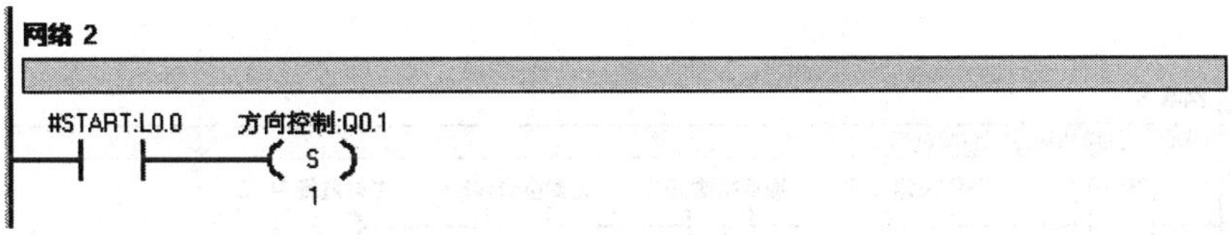

网络 2

图 11-31 方向控制置位

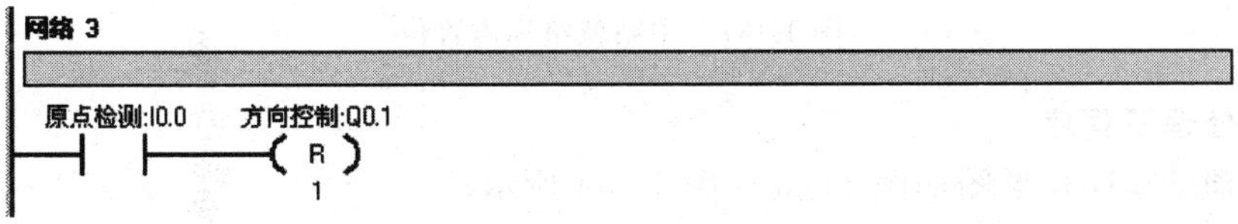

网络 3

图 11-32 方向控制复位

3. 初态检查复位子程序

初态检查复位子程序梯形图如图 11-33～图 11-37 所示。

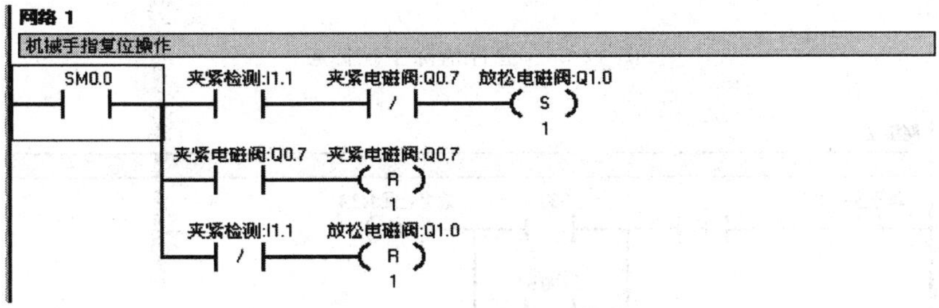

网络 1

机械手指复位操作

图 11-33 机械手指复位操作

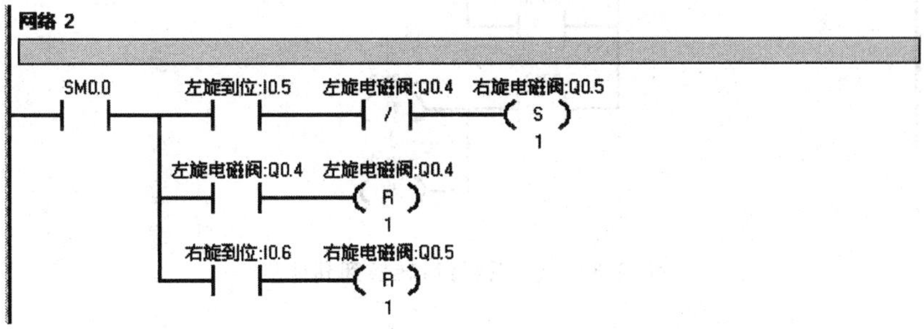

网络 2

图 11-34 右旋、左旋电磁阀执行置位/复位操作

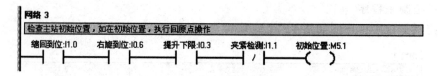

图 11-35　执行回原点操作

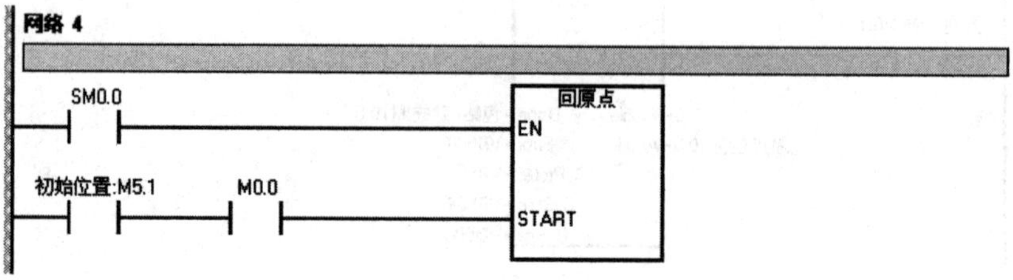

图 11-36　调用回原点子程序

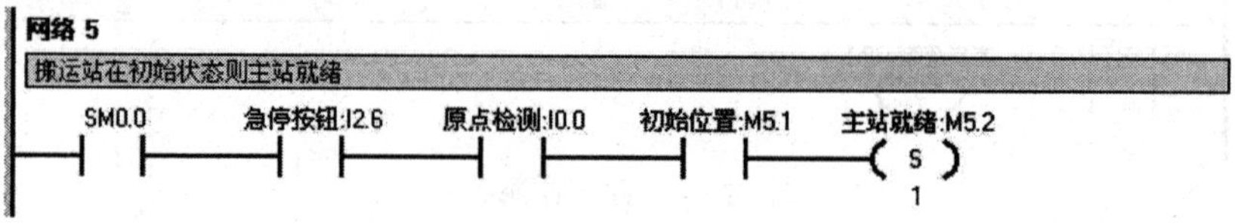

图 11-37　主站就绪标志置位

4. 急停处理子程序

急停处理子程序梯形图如图 11-38～图 11-44 所示。

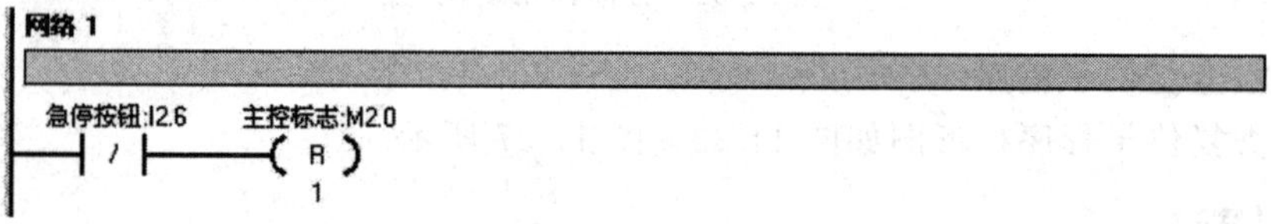

图 11-38　急停清除主控标志

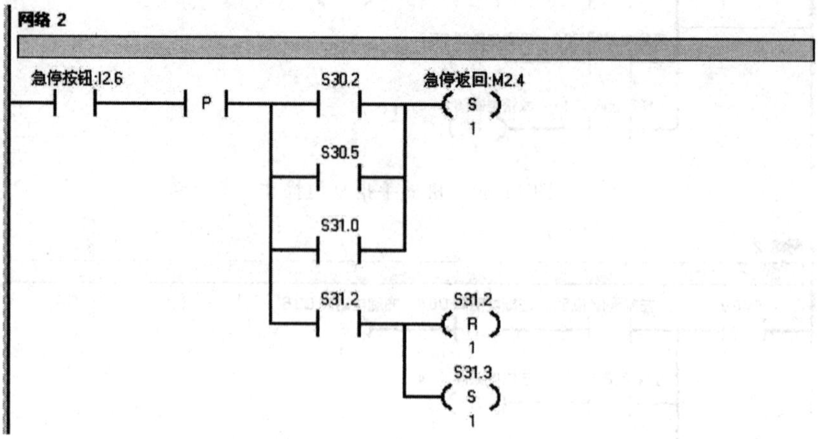

图 11-39　急停执行后转换到其他步

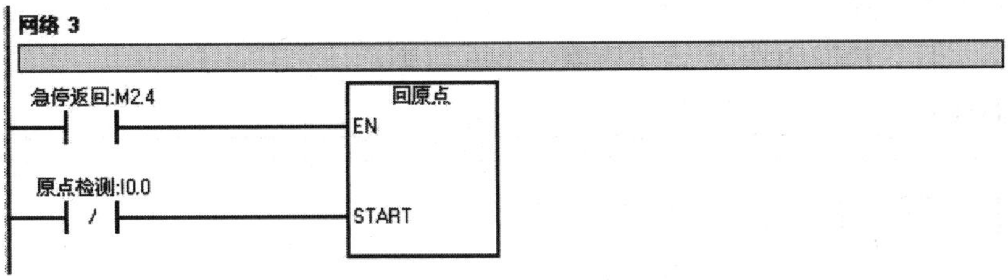

图 11-40   按急停执行回原点子程序

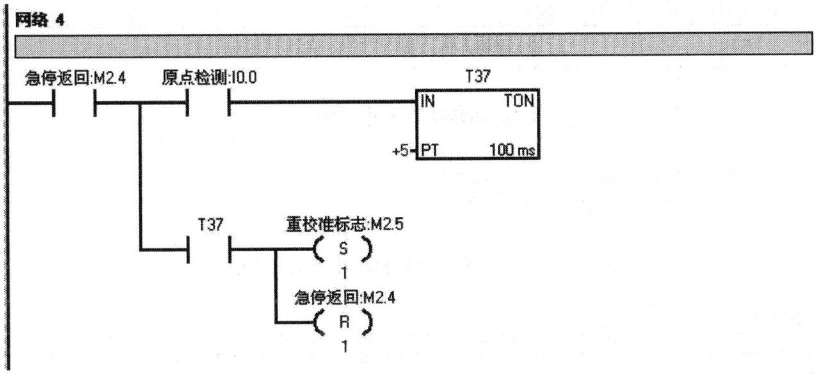

图 11-41   原点检测延时 5ms 后重校准标志置位

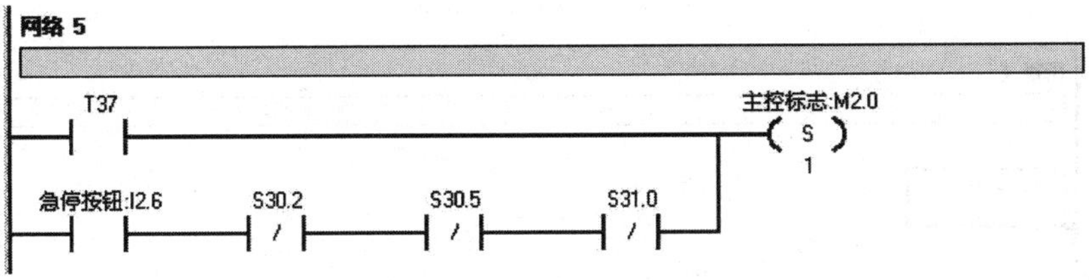

图 11-42   主控标志置位

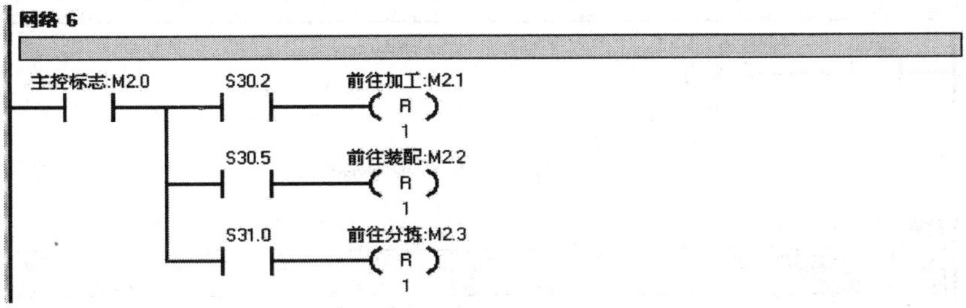

图 11-43   清除加工、装配、分拣标志位

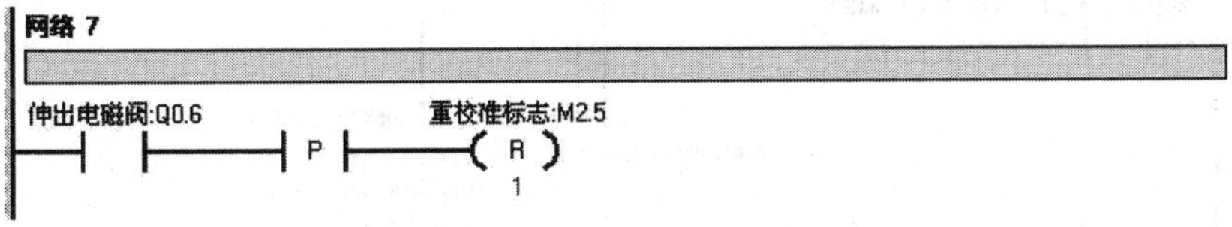

图 11-44   伸出电磁阀到位后重校准标志复位

5. 运行控制子程序

运行控制子程序梯形图如图 11-45～图 11-95 所示。

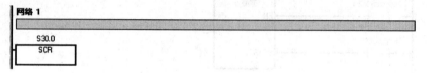

图 11-45　执行初始步骤

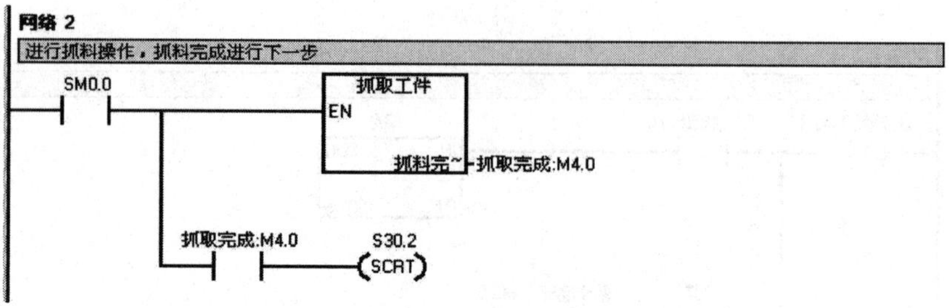

网络 2

进行抓料操作，抓料完成进行下一步

图 11-46　进行抓料操作后转换到 S30.2 步

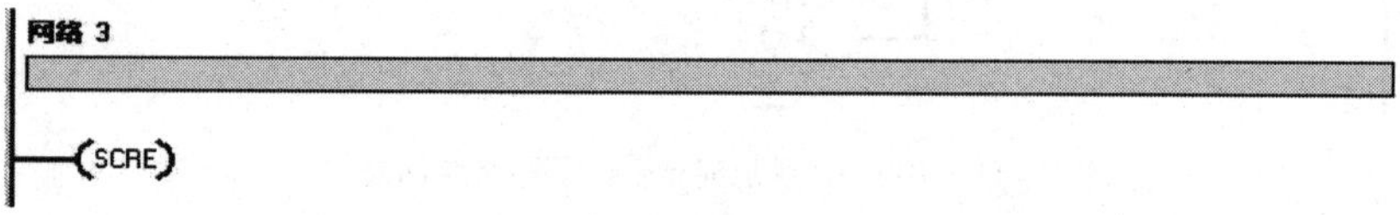

网络 3

图 11-47　结束 S30.0 步

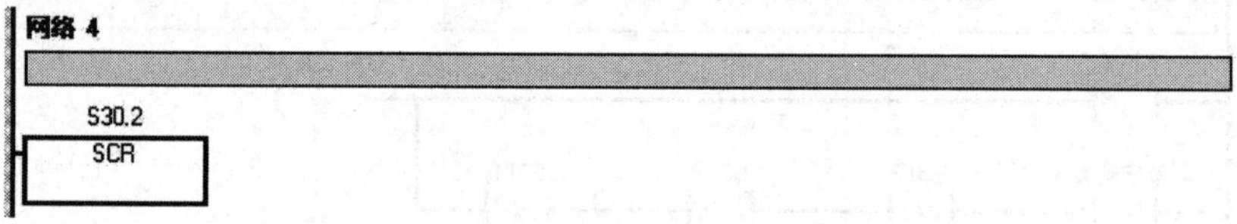

网络 4

图 11-48　执行 S30.2 步

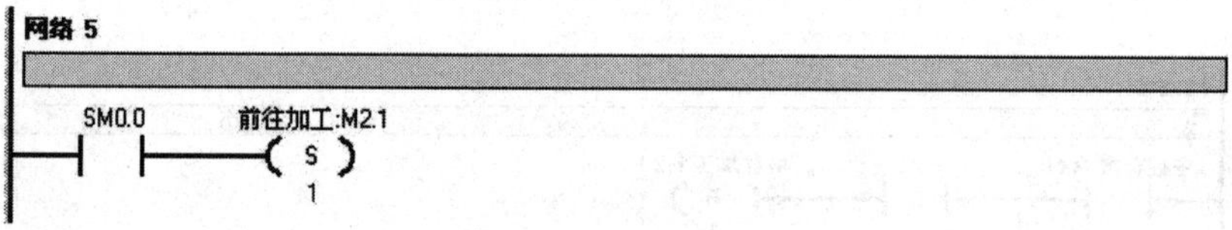

网络 5

图 11-49　前往加工单元标志置位

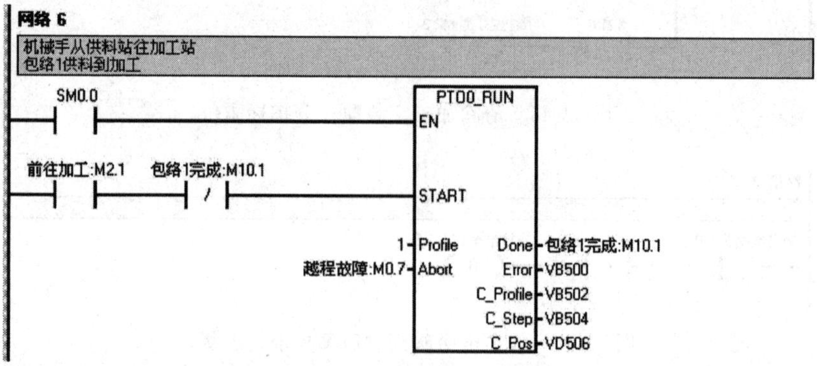

网络 6

机械手从供料站往加工站
包络1供料到加工

图 11-50　前往加工单元

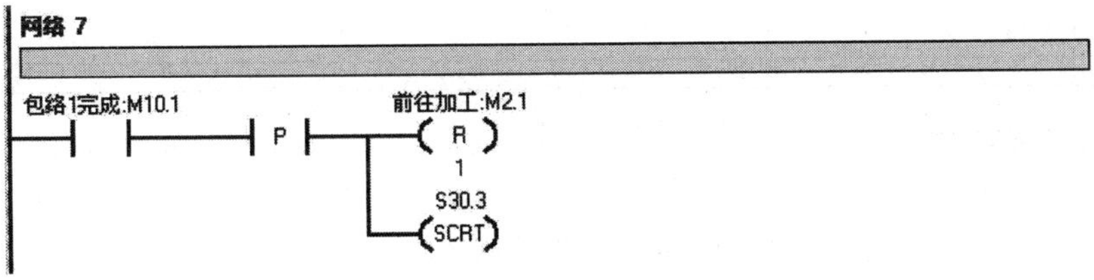

网络 7

包络1完成:M10.1　　　　　　　　前往加工:M2.1
├──┤├──────┤ P ├──────(R)
　　　　　　　　　　　　　　　　　　　1
　　　　　　　　　　　　　　　　　S30.3
　　　　　　　　　　　　　　　　（SCRT）

图 11-51　清除前往加工单元标志后转换到 S30.3 步

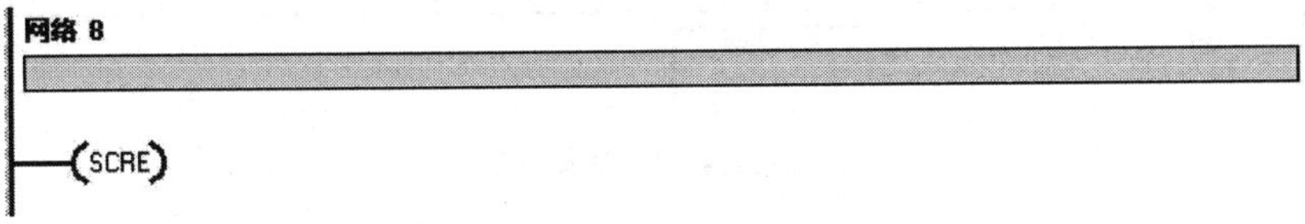

网络 8

├──（SCRE）

图 11-52　结束 S30.2 步

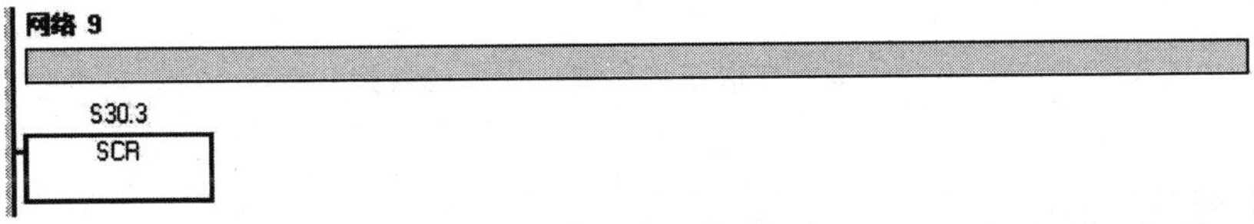

网络 9

S30.3
SCR

图 11-53　执行 S30.3 步

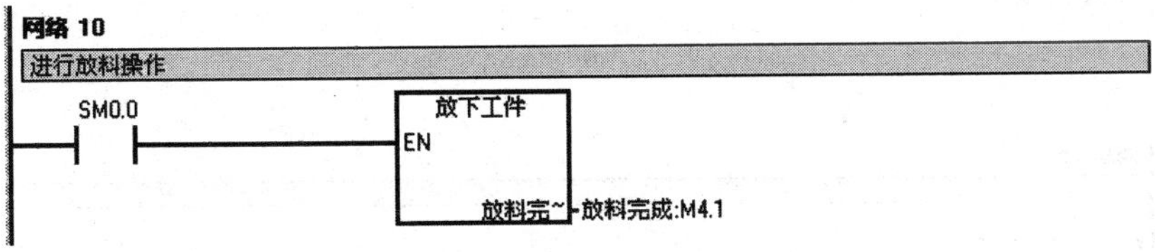

网络 10
进行放料操作

SM0.0　　　　　　　　放下工件
├──┤├──────────EN
　　　　　　　　放料完~├放料完成:M4.1

图 11-54　执行放料操作

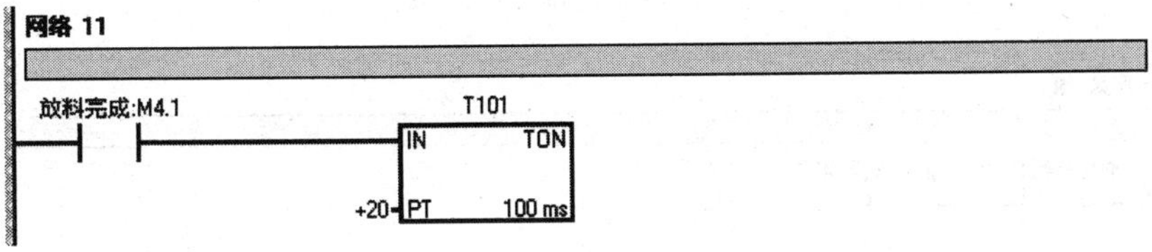

网络 11

放料完成:M4.1　　　　　　　T101
├──┤├──────────IN　　TON
　　　　　　　　　　　+20─PT　　100 ms

图 11-55　放料完成后延时 2s

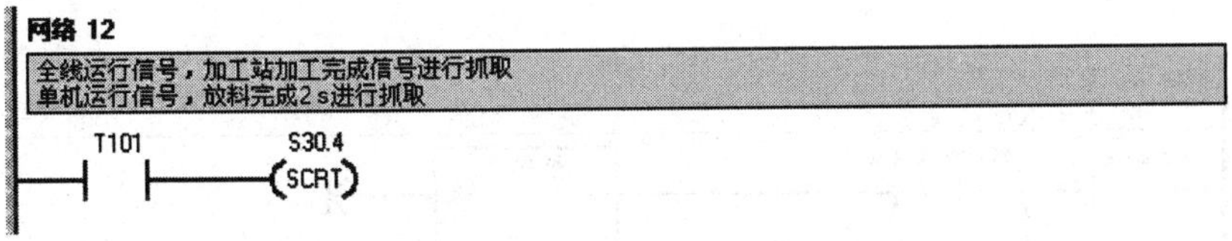

网络 12
全线运行信号，加工站加工完成信号进行抓取
单机运行信号，放料完成2 s进行抓取

T101　　　S30.4
├──┤├──（SCRT）

图 11-56　放料完成后 2s 转换到 S30.4 步

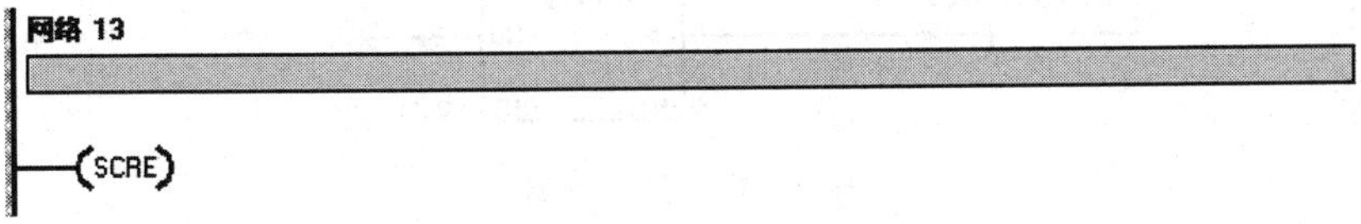

网络 13

├──（SCRE）

图 11-57　结束 S30.3 步

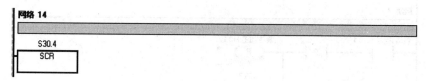

网络 14

S30.4
SCR

图 11-58　执行 S30.4 步

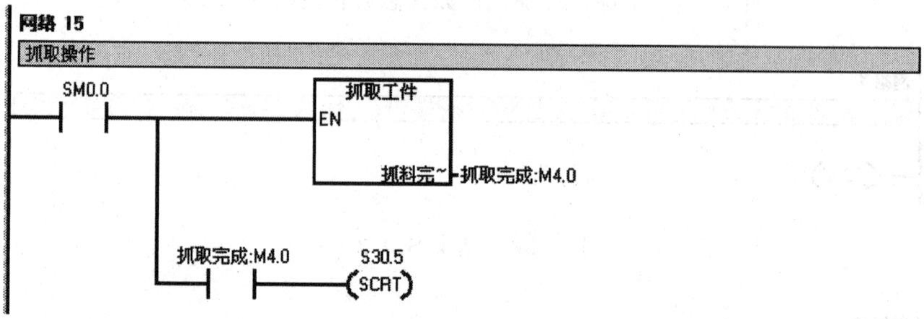

网络 15

抓取操作

SM0.0 —| |—————————————————— 抓取工件
                              EN

                              抓料完~—抓取完成:M4.0

         抓取完成:M4.0   S30.5
         —| |———————(SCRT)

图 11-59　进入抓取子程序抓取完成转换到 S30.5

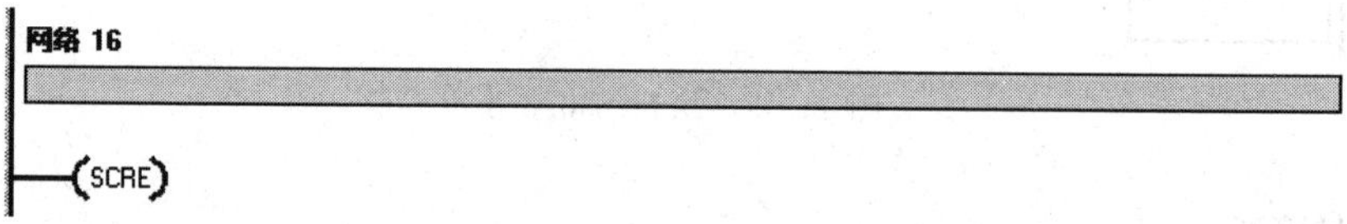

网络 16

—(SCRE)

图 11-60　结束 S30.4 步

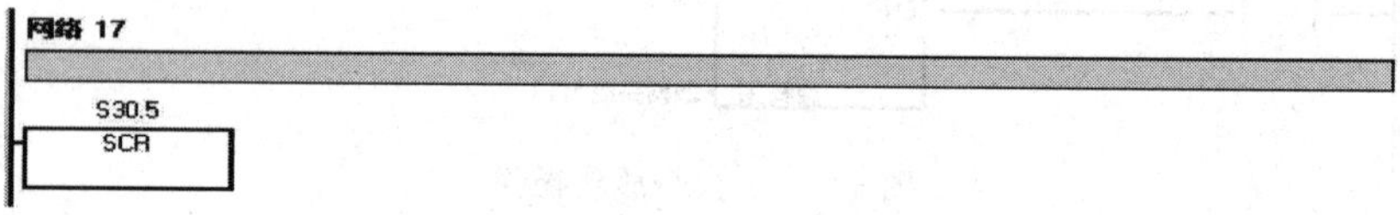

网络 17

S30.5
SCR

图 11-61　执行 S30.5 步

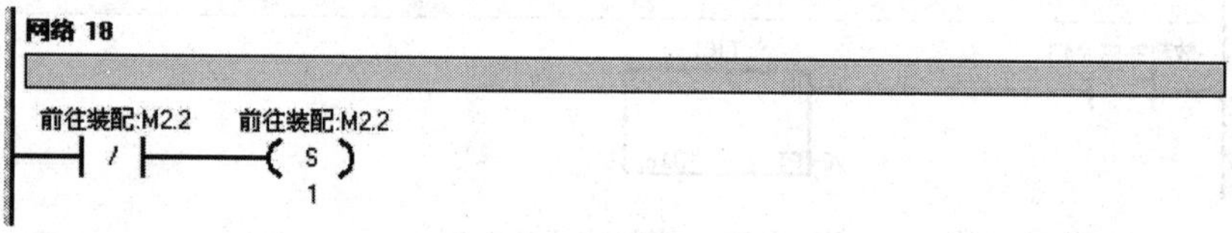

网络 18

前往装配:M2.2   前往装配:M2.2
—| / |——————(S)
                 1

图 11-62　前往装配单元标志置位

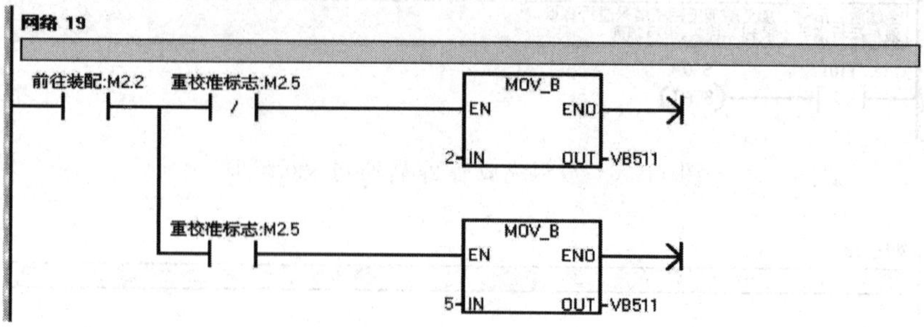

网络 19

前往装配:M2.2   重校准标志:M2.5   MOV_B
—| |—————| / |——————————EN   ENO—

                           2—IN   OUT—VB511

              重校准标志:M2.5   MOV_B
              —| |——————————EN   ENO—

                           5—IN   OUT—VB511

图 11-63　传送数据

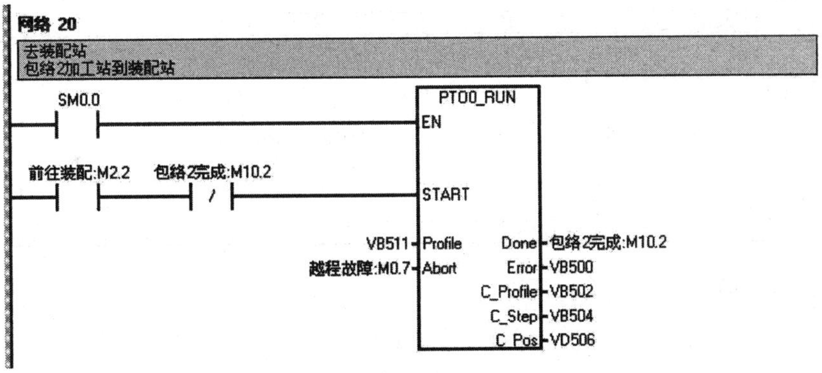

网络 20

去装配站
包络2加工站到装配站

```
      SM0.0                                      PTOO_RUN
   ──┤ ├──┬──────────────────────────────────┤EN
           │
   前往装配:M2.2   包络2完成:M10.2            │
   ──┤ ├────────┤/├──────────────────────────┤START
                                              │
                                 VB511─┤Profile      Done├─包络2完成:M10.2
                              越程故障:M0.7─┤Abort      Error├─VB500
                                                  C_Profile├─VB502
                                                     C_Step├─VB504
                                                      C_Pos├─VD506
```

图 11-64   去装配单元的参数设置

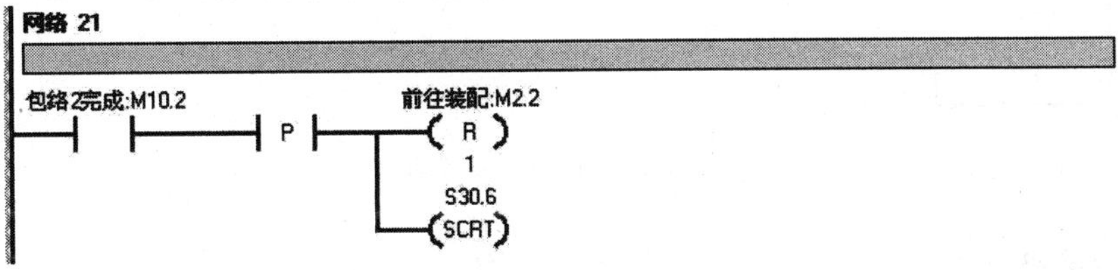

网络 21

```
   包络2完成:M10.2                前往装配:M2.2
   ──┤ ├──────────┤P├──────────────( R )
                                        1
                                       S30.6
                                     (SCRT)
```

图 11-65   清除前往装配单元标志转换到 S30.6 步

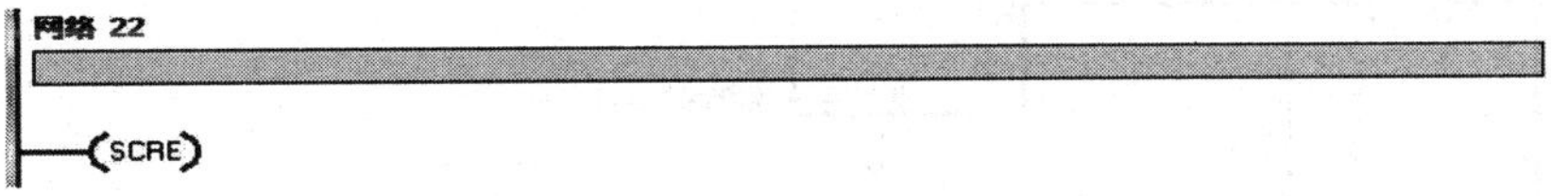

网络 22

```
   ──(SCRE)
```

图 11-66   结束 S30.5 步

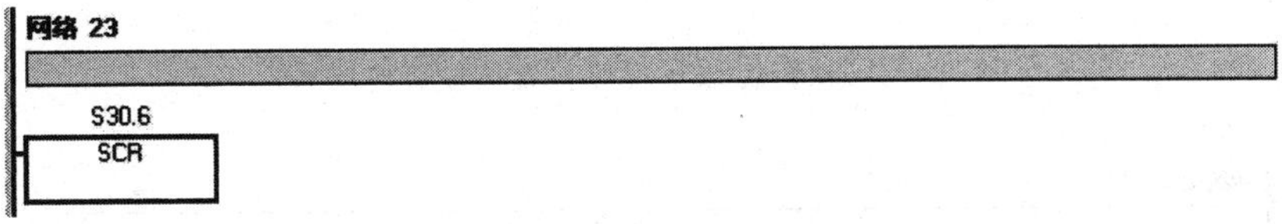

网络 23

```
       S30.6
       ┌─────┐
   ────┤ SCR │
       └─────┘
```

图 11-67   执行 S30.6 步

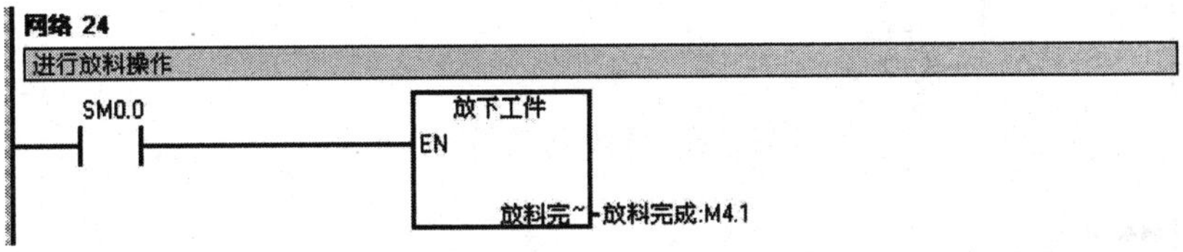

网络 24

进行放料操作

```
      SM0.0          ┌──────────┐
   ──┤ ├─────────────┤放下工件    │
                     │EN         │
                     │           │
                     │放料完~├─放料完成:M4.1
                     └──────────┘
```

图 11-68   执行放料子程序

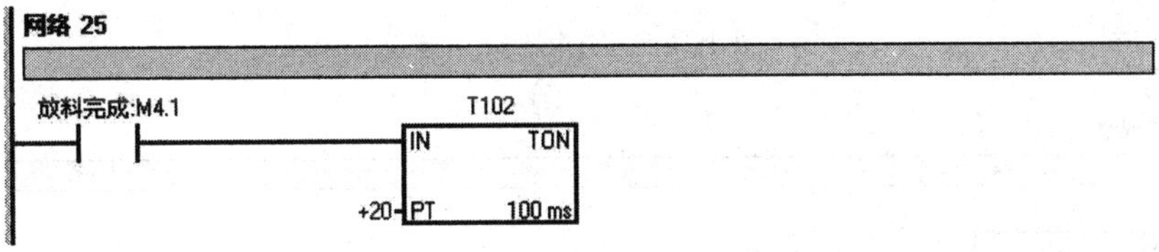

网络 25

```
   放料完成:M4.1              T102
   ──┤ ├──────────────────┤IN    TON
                            │
                    +20─┤PT    100 ms
```

图 11-69   放料完成后延时 2s

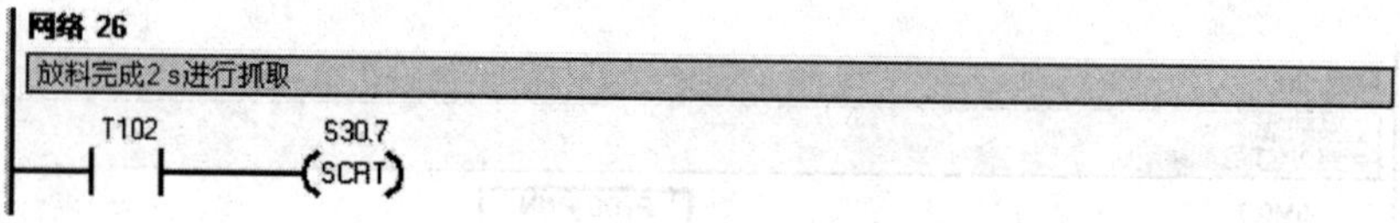

网络 26

放料完成2s进行抓取

```
    T102        S30.7
─────┤ ├────┤ ├──(SCRT)
```

图 11-70 放料完成后 2s 转换到 S30.7 步

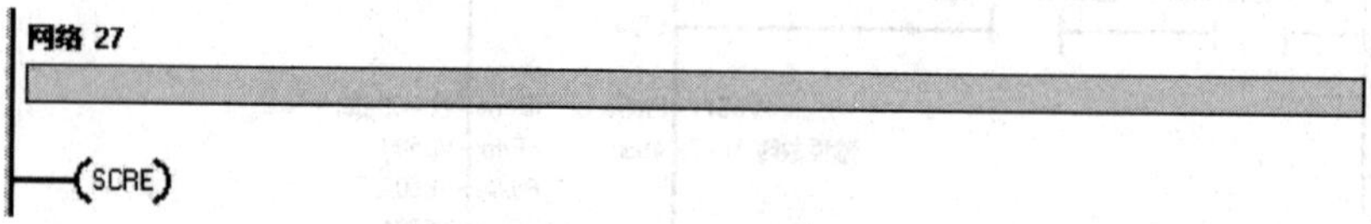

网络 27

```
──(SCRE)
```

图 11-71 结束 S30.6 步

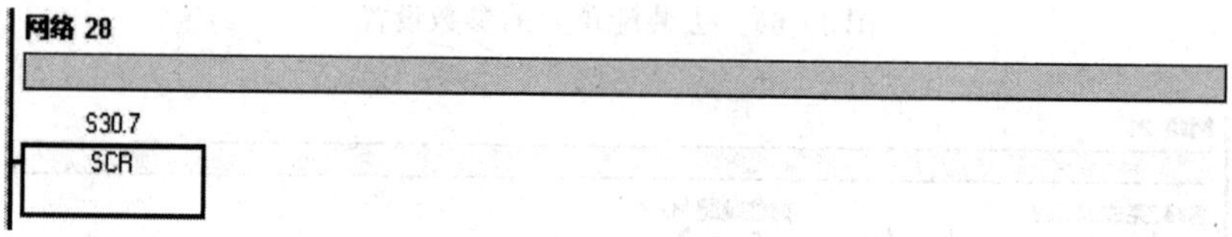

网络 28

```
    S30.7
  ┌──────┐
  │ SCR  │
  └──────┘
```

图 11-72 执行 S30.7 步

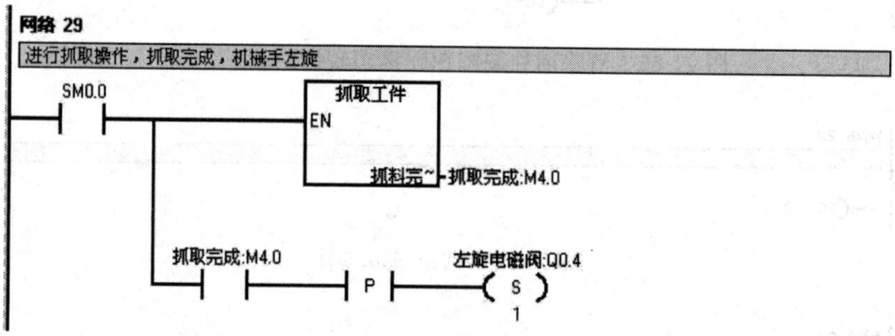

网络 29

进行抓取操作,抓取完成,机械手左旋

```
    SM0.0              ┌──────────┐
─────┤ ├──────┬───────│ 抓取工件  │
              │       │ EN       │
              │       │          │
              │       │   抓料完~├抓取完成:M4.0
              │       └──────────┘
              │
              │  抓取完成:M4.0          左旋电磁阀:Q0.4
              └────┤ ├──┤P├──────────────( S )
                                            1
```

图 11-73 执行抓取子程序并置位左旋电磁阀

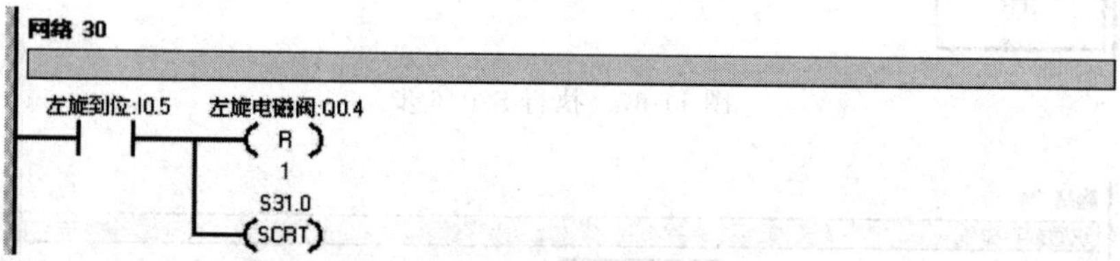

网络 30

```
  左旋到位:I0.5   左旋电磁阀:Q0.4
─────┤ ├────┤ ├─────( R )
                      1
                     S31.0
                    (SCRT)
```

图 11-74 左旋到位转换到 S31.0 步

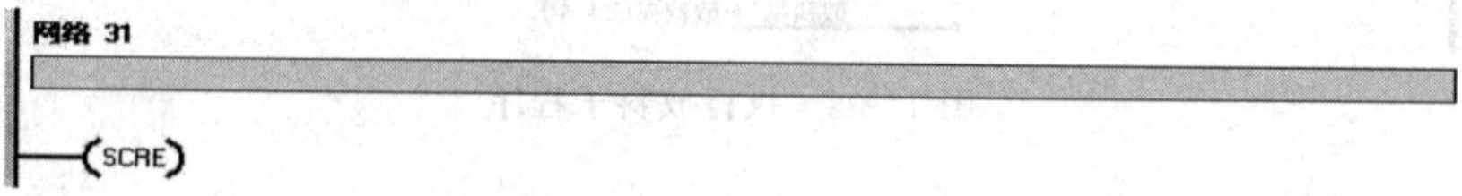

网络 31

```
──(SCRE)
```

图 11-75 结束 S30.7 步

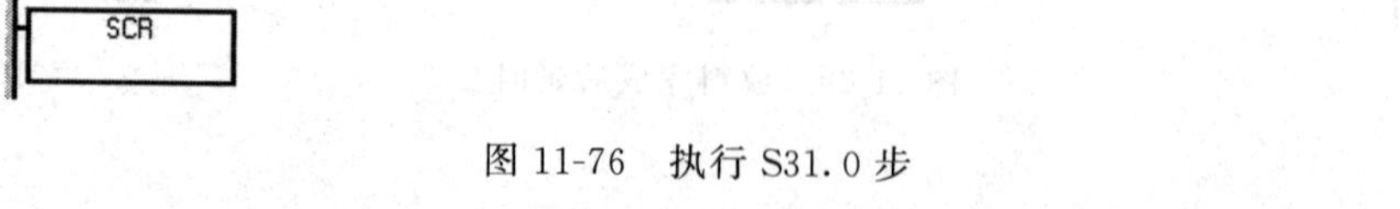

网络 32

```
    S31.0
  ┌──────┐
  │ SCR  │
  └──────┘
```

图 11-76 执行 S31.0 步

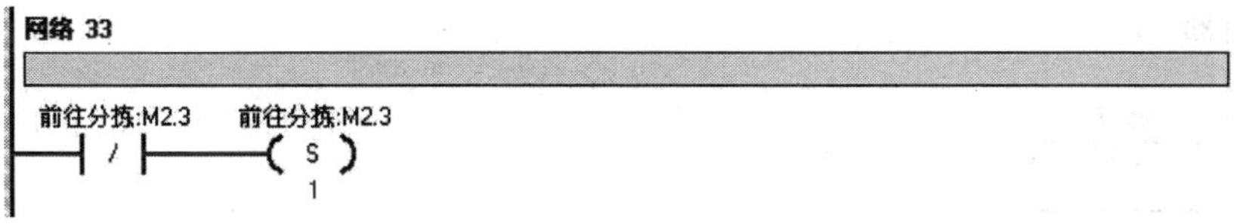

网络 33

图 11-77　前往分拣标志置位

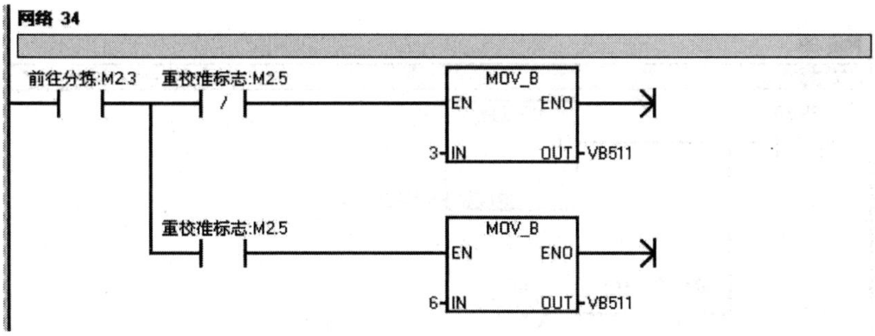

网络 34

图 11-78　传送数据

网络 35

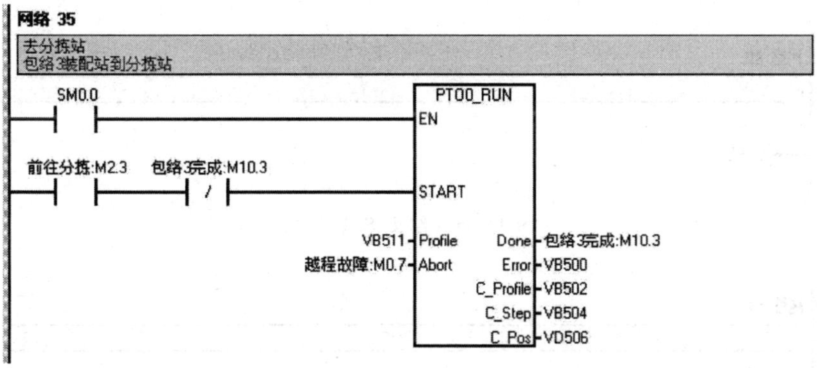

图 11-79　去分拣站的参数设置

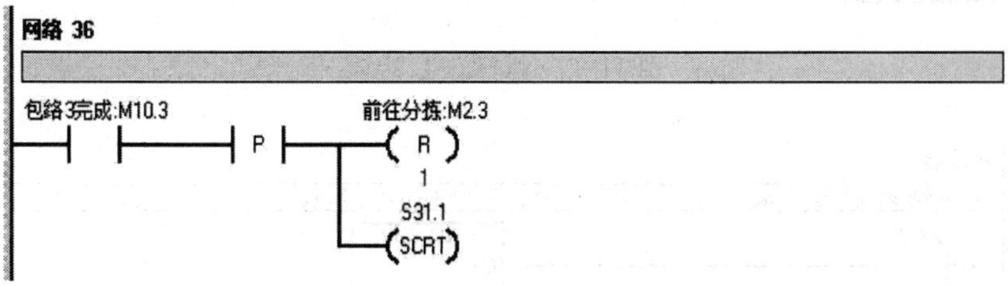

网络 36

图 11-80　转换到 S31.1 步

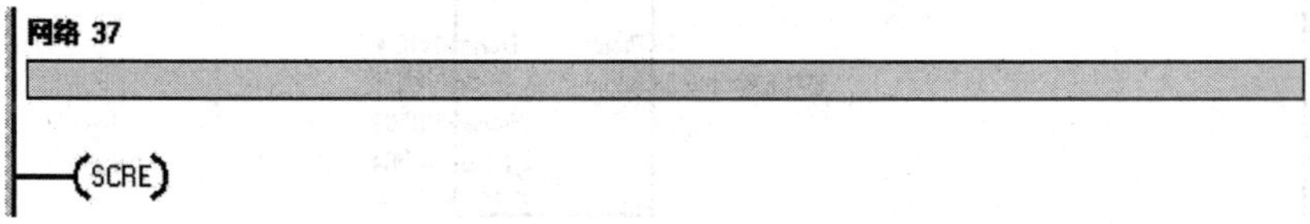

网络 37

图 11-81　结束 S31.0 步

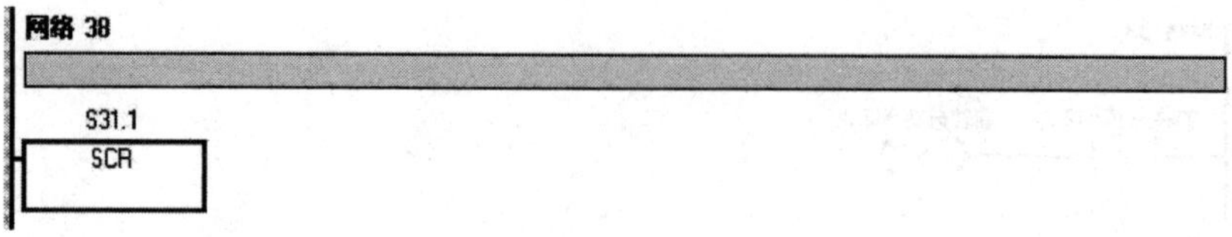

网络 38

```
S31.1
SCR
```

图 11-82 执行 S31.1 步

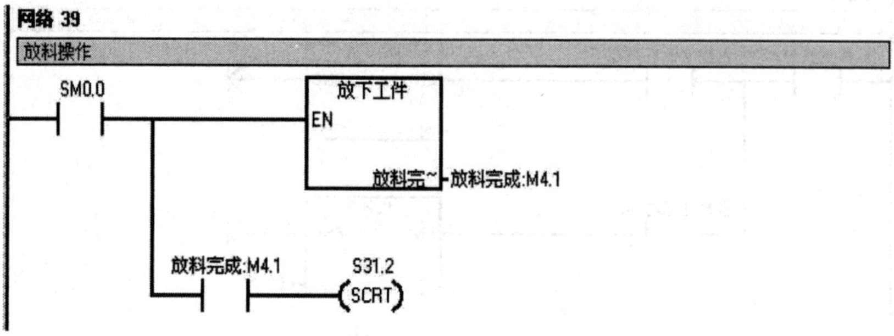

网络 39

放料操作

```
SM0.0              放下工件
 ─┤├──────────────┤EN
                   │
                   │  放料完~├─放料完成:M4.1
                   │
  放料完成:M4.1     S31.2
 ──┤├──────────────(SCRT)
```

图 11-83 执行放料操作子程序并转换到 S31.2 步

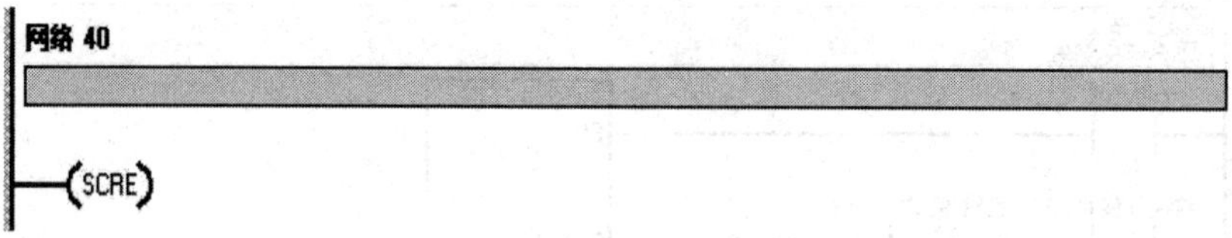

网络 40

```
──(SCRE)
```

图 11-84 结束 S31.1 步

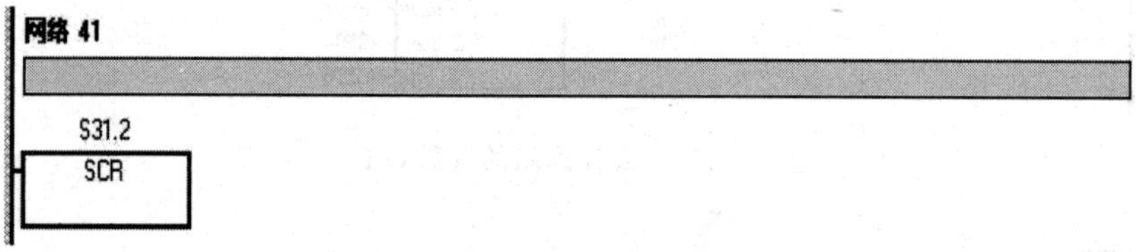

网络 41

```
S31.2
SCR
```

图 11-85 执行 S31.2 步

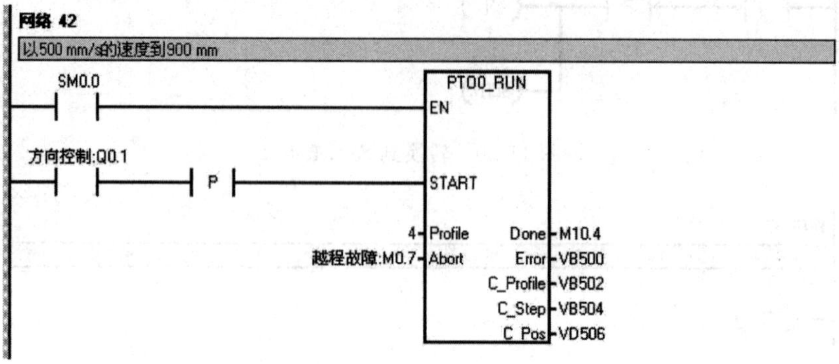

网络 42

以 500 mm/s 的速度到 900 mm

```
SM0.0                        PTO0_RUN
 ─┤├────────────────────────┤EN
                             │
方向控制:Q0.1                 │
 ─┤├──┤├──┤P├───────────────┤START
                             │
                    4─┤Profile      Done├─M10.4
          越程故障:M0.7─┤Abort       Error├─VB500
                             │   C_Profile├─VB502
                             │     C_Step├─VB504
                             │      C_Pos├─VD506
```

图 11-86 行程 900 mm 参数设置

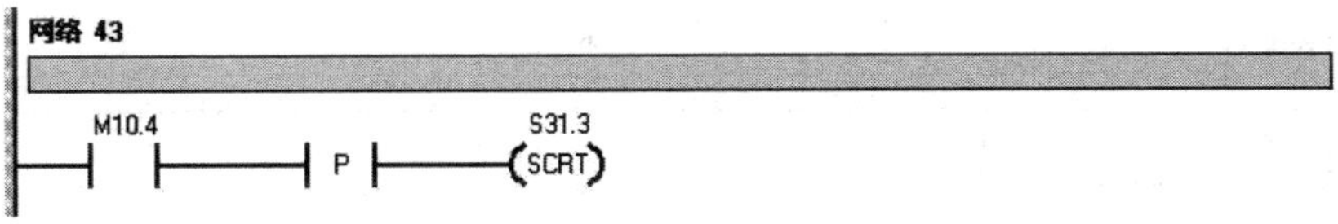

网络 43

```
    M10.4              S31.3
   ──┤├──────┤P├──────(SCRT)
```

图 11-87　输出方向控制

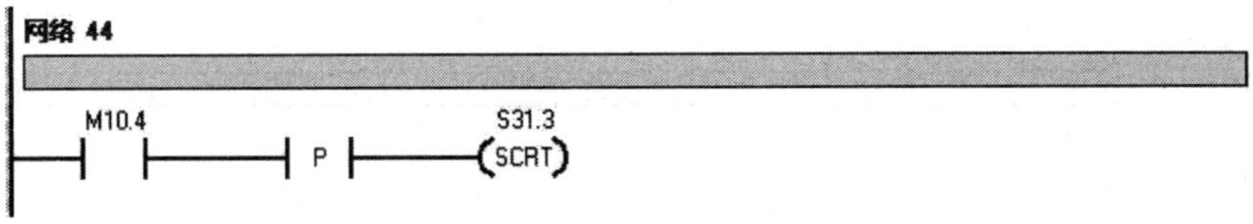

网络 44

```
    M10.4              S31.3
   ──┤├──────┤P├──────(SCRT)
```

图 11-88　转换到 S31.3 步

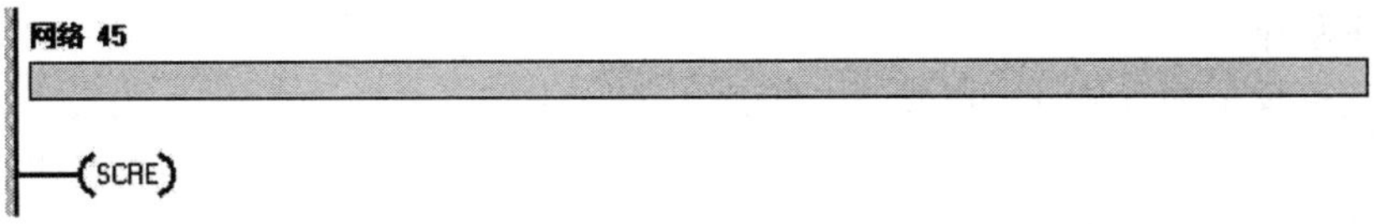

网络 45

```
   ──(SCRE)
```

图 11-89　结束 S31.2 步

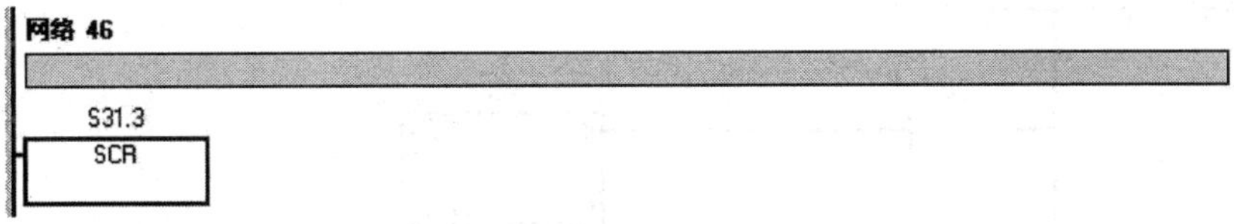

网络 46

```
    S31.3
  ┌─────────┐
  │  SCR    │
  └─────────┘
```

图 11-90　执行 S31.3 步

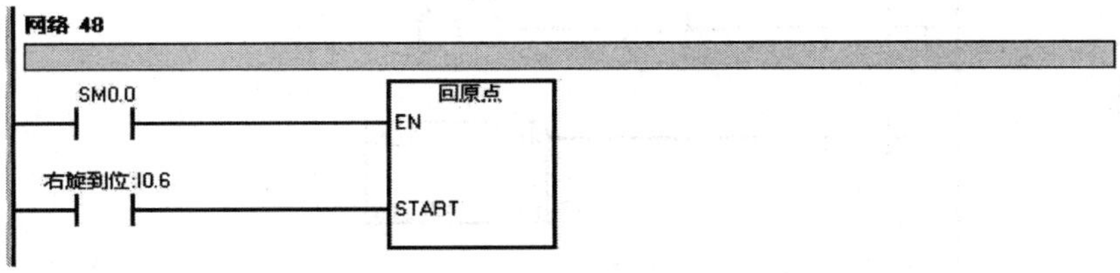

网络 48

```
    SM0.0            回原点
   ──┤├────────┬───EN
                │
  右旋到位:I0.6  │
   ──┤├────────┴───START
```

图 11-91　回原点

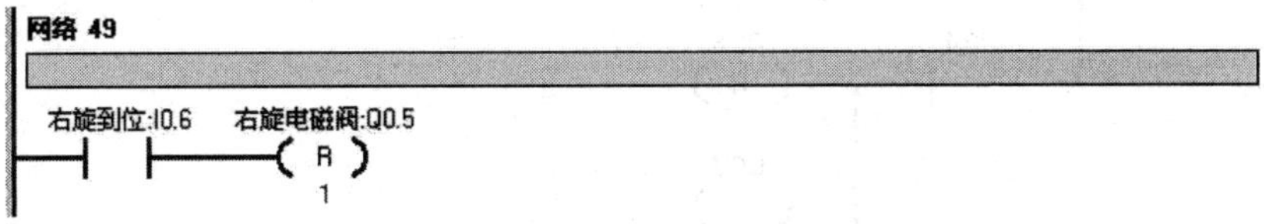

网络 49

```
  右旋到位:I0.6  右旋电磁阀:Q0.5
   ──┤├──────┤├──────( R )
                        1
```

图 11-92　右旋到位关断右旋电磁阀控制

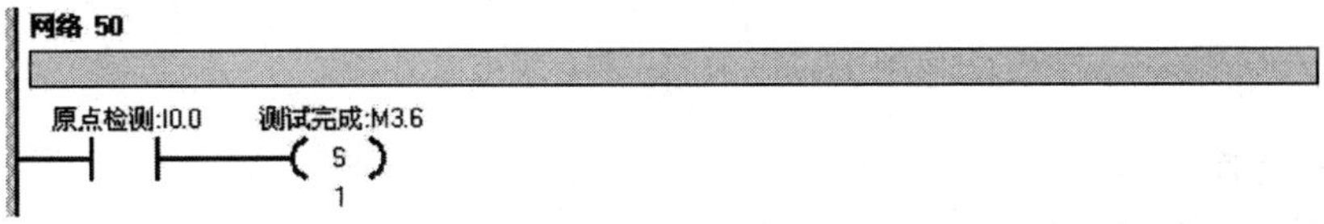

网络 50

```
  原点检测:I0.0  测试完成:M3.6
   ──┤├──────────────( S )
                        1
```

图 11-93　到原点后测试完成标志置位

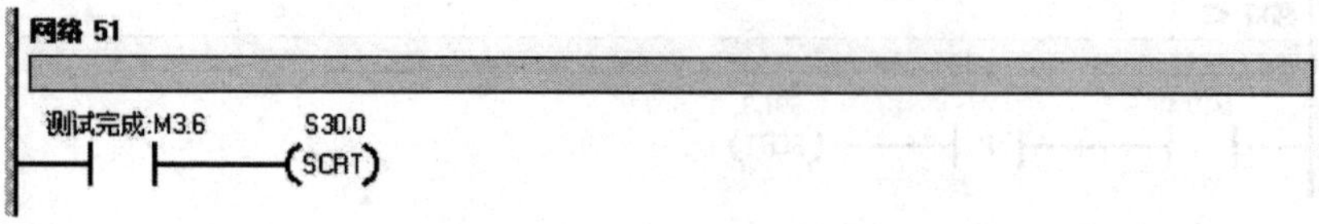

网络 51

测试完成:M3.6　S30.0
─┤├──────────（SCRT）

图 11-94　测试完成时转换到初始步

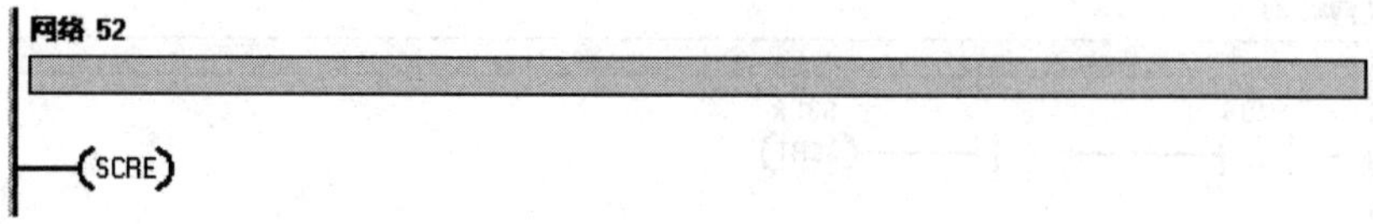

网络 52

──（SCRE）

图 11-95　结束 S31.3 步

6. 抓料子程序

抓料子程序梯形图如图 11-96 所示。

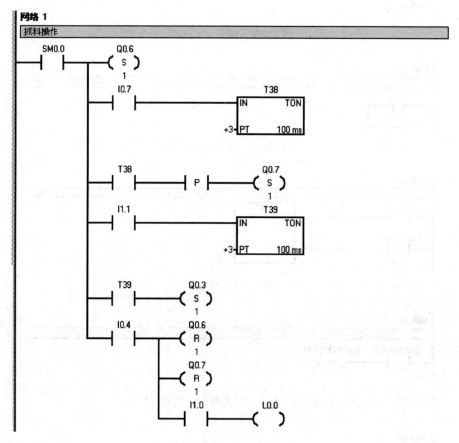

图 11-96　抓料子程序梯形图

7. 放料子程序

放料子程序梯形图如图 11-97 所示。

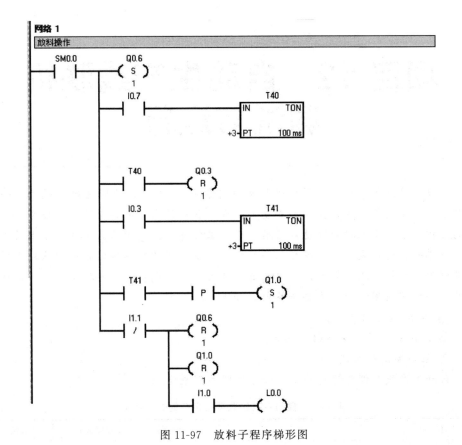

图 11-97　放料子程序梯形图

11.4.3　输送单元 PLC 的程序调试

1. 程序的仿真调试

学习 PLC 最有效的方法是多练习编程和多上机调试，但有时因为缺乏实验的条件，编写程序后无法检验是否正确，编程能力很难提高，宇龙仿真软件是解决这一问题的理想工具。

2. 程序的运行调试

① 用 PC/PPI 电缆将 PLC 的通信端口与 PC 的 USB 接口（或 RS232 端口）相连，打开 PLC 编程软件，设置通信端口和通信波特率，建立上位机与 PLC 的通信连接。

② PLC 程序编译无误后将其下载至 PLC，并使 PLC 处于 RUN 状态。

③ 将程序调至监视状态，观察 PLC 程序的能流状态，以此来判断程序的正确与否，并有针对性地进行程序修改，直至输送单元能按工艺要求运行。

项目 12 自动生产线联机调试与运行

自动生产线各工作单元联机运行是通过各 PLC 之间的数据交换实现的。一般情况下，将输送单元作为主站负责整体协调，各从站在完成各自的控制任务后即向主站发出申请，主站收到联动数据后，开始工作并将提交申请的工作单元上的工件向下一单元输送，直至完成成品工件的分拣。本任务是在各从站程序的基础上增加联动程序和触摸屏组态控制，通过训练使学生能够完成较复杂的控制编程，锻炼学生的综合技术应用能力，主要任务内容如下。

① 各站 PLC 网络连接。

② 连接触摸屏并实施组态设计。

③ 程序编制及调试流程。

自动生产线联调与运行的工作任务内容参照表 12-1。

表 12-1 自动生产线联调与运行的工作任务

任　务	工作内容	计划时间	实际完成时间	完成情况
各站的 PLC 网络连接	1. 站间 PPI 通信的端口 0 连接			
	2. 各工作单元数据位定义			
连接触摸屏并实施组态设计	1. 工程分析和创建			
	2. 欢迎画面组态			
	3. 主画面组态			
程序编制及调试流程	1. 单机运行模式调试			
	2. 全线运行模式调试			

12.1 各站 PLC 网络连接

系统的控制方式为采用 PPI 协议的分布式网络控制，并指定输送单元作为系统主站。系统主令工作信号由触摸屏人机界面提供，但系统紧急停止信号由输送单元的按钮/指示灯模块的急停按钮提供。安装在工作桌面上的警示灯应能显示整个系统的主要工作状态，如复位、启动、停止、报警等。各工作单元的数据位定义见表 12-2～表 12-6。

表 12-2　输送站（1♯站）数据位定义

输送站位地址	数据意义	备　　注	输送站位地址	数据意义	备　　注
V1000.0	全线运行		V1001.3	允许加工信号	
V1000.2	急停信号	急停动作＝1	V1001.5	允许分拣信号	
V1000.4	复位标注		V1001.6	供料单元物料不足	
V1000.5	全线复位		V1001.7	供料单元物料没有	
V1000.7	HMI 全线/单机方式	1＝全线，0＝单机	V1002	最高频率设置	
V1001.2	允许供料信号				

表 12-3　供料站（2♯站）数据位定义

供料站位地址	数据意义	备　　注	供料站位地址	数据意义	备　　注
V1020.0	供料单元在初始状态		V1020.5	运行信号	
V1020.1	一次推料完成		V1020.6	物料不足	
V1020.4	全线/单机方式	1＝全线，0＝单机	V1020.7	物料没有	

表 12-4　加工站（3♯站）数据位定义

加工站位地址	数据意义	备　　注	加工站位地址	数据意义	备　　注
V1030.0	加工单元在初始状态		V1030.4	全线/单机方式	1＝全线，0＝单机
V1030.1	加工完成信号		V1030.5	运行信号	

表 12-5　装配站（4♯站）数据位定义

装配站位地址	数据意义	备　　注	装配站位地址	数据意义	备　　注
V1040.0	装配单元在初始状态		V1040.6	物料不足	
V1040.1	装配完成信号		V1040.7	物料没有	
V1040.4	全线/单机方式	1＝全线，0＝单机			

表 12-6　分拣站（5♯站）数据位定义

分拣站位地址	数据意义	备　　注	分拣站位地址	数据意义	备　　注
V1050.0	分拣单元在初始状态		V1050.4	全线/单机方式	1＝全线，0＝单机
V1050.1	分拣完成信号		V1050.5	运行信号	

12.2　自动生产线组态设计

　　触摸屏应连接到系统中主站的 PLC 编程口，在 TPC7062K 人机界面上，包括主界面和欢迎界面两个窗口，其中欢迎界面是启动界面，在触摸屏上电后运行，屏幕上方的标题文字向右循环移动。欢迎界面如图 12-1 所示。

　　当触摸欢迎界面上任意部位时，都将切换到主界面。主界面中组态控件应具有下列功能：

　　① 提供系统工作方式（单站/全线）选择信号和系统复位、启动和停止信号；

　　② 在人机界面上设定分拣单元变频器的输入运行频率（40Hz～50Hz）；

　　③ 在人机界面上动态显示输送单元机械手装置当前位置（以原点位置为参考点，度量单位为毫米）；

　　④ 指示网络的运行状态（正常、故障）；

图 12-1　欢迎界面

⑤ 指示各工作单元的运行、故障状态，其中故障状态包括：

a. 供料单元的供料不足状态和缺料状态；

b. 装配单元的供料不足状态和缺料状态；

c. 输送单元抓取机械手装置越程故障（左或右极限开关动作）。

⑥ 指示全线运行时系统的紧急停止状态。

主界面如图 12-2 所示。

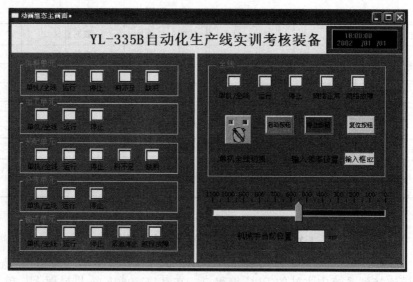

图 12-2　主界面

12.3　程序编制要求及调试流程

系统的工作分为单机运行和全线运行两种模式。

从单机运行模式切换到全线运行模式的条件是：各工作站均处于停止状态，各站的按钮/指示灯模块上的工作方式选择开关置于全线模式，此时若人机界面中选择开关切换到全线运行模式，系统进入全线运行状态。

要从全线运行模式切换到单机运行模式，仅限当前工作周期完成后，人机界面中选择开关切换到单机运行模式才有效。在全线运行模式下，各工作站仅通过网络接收来自人机界面的主令信号，除主站急停按钮外，所有单站主令信号无效。

（1）单机运行模式测试

单机运行模式下，各单元工作的主令信号和工作状态显示信号来自其 PLC 旁边的按钮/指示灯模块，且按钮/指示灯模块上的工作方式选择开关 SA 应置于"单机方式"位置。各站的具体控制要求如下。

1）供料站单站运行工作要求

① 设备上电和气源接通后，若工作单元的两个气缸满足初始位置要求，且料仓内有足够的待加工工件，则"正常工作"指示灯 HL1 常亮，表示设备准备好；否则该指示灯以 1Hz 频率闪烁。

② 若设备准备好，按下启动按钮，工作单元启动，"设备运行"指示灯 HL2 常亮。启动后，若出料台上没有工件，则应把工件推到出料台上。出料台上的工件被人工取出后，若没有停止信号，则进行下一次推出工件操作。

③ 若在运行中按下停止按钮，则在完成本工作周期任务后，各工作单元停止工作，HL2 指示灯熄灭。

④ 若在运行中料仓内工件不足，则工作单元继续工作，但"正常工作"指示灯 HL1 以 1Hz 的频率闪烁，"设备运行"指示灯 HL2 保持常亮。若料仓内没有工件，则 HL1 指示灯和 HL2 指示灯均以 2Hz 频率闪烁。工作站在完成本周期任务后停止。除非向料仓补充足够的工件，工作站不能再启动。

2）加工站单站运行工作要求

① 上电和气源接通后，若各气缸满足初始位置要求，则"正常工作"指示灯 HL1 常亮，表示设备准备好。否则，该指示灯以 1Hz 频率闪烁。

② 若设备准备好，按下启动按钮，设备启动，"设备运行"指示灯 HL2 常亮。当待加工工件送到加工台上并被检出后，设备执行将工件夹紧，送往加工区域冲压，完成冲压动作后返回待料位置的工件加工工序。如果没有停止信号输入，当再有待加工工件送到加工台上时，加工单元又开始下一周期工作。

③ 在工作过程中，若按下停止按钮，加工单元在完成本周期的动作后停止工作。HL2 指示灯熄灭。

④ 当待加工工件被检出而加工过程开始后，如果按下急停按钮，本单元所有机构应立即停止运行，HL2 指示灯以 1Hz 频率闪烁。急停按钮复位后，设备从急停前的断点开始继续运行。

3）装配站单站运行工作要求

① 设备上电和气源接通后，若各气缸满足初始位置要求，料仓上已经有足够的小圆柱零件；工件装配台上没有待装配工件。则"正常工作"指示灯 HL1 常亮，表示设备准备好。否则，该指示灯以 1Hz 频率闪烁。

② 若设备准备好，按下启动按钮，装配单元启动，"设备运行"指示灯 HL2 常亮。如果回转台上的左料盘内没有小圆柱零件，就执行下料操作；如果左料盘内有零件，而右料盘内没有零件，执行回转台回转操作。

③ 如果回转台上的右料盘内有小圆柱零件，且装配台上有待装配工件，执行装配机械手抓取小圆柱零件，放入待装配工件中的控制。

④ 完成装配任务后，装配机械手应返回初始位置，等待下一次装配。

⑤ 若在运行过程中按下停止按钮，则供料机构应立即停止供料，在装配条件满足的情

况下，装配单元在完成本次装配后停止工作。

⑥ 在运行中发生"零件不足"报警时，指示灯 HL3 以 1Hz 的频率闪烁，HL1 和 HL2 灯常亮；在运行中发生"零件没有"报警时，指示灯 HL3 以亮 1 秒，灭 0.5 秒的方式闪烁，HL2 熄灭，HL1 常亮。

4）分拣站单站运行工作要求

① 初始状态：设备上电和气源接通后，若工作单元的三个气缸满足初始位置要求，则"正常工作"指示灯 HL1 常亮，表示设备准备好。否则，该指示灯以 1Hz 频率闪烁。

② 若设备准备好，按下启动按钮，系统启动，"设备运行"指示灯 HL2 亮。当传送带入料口人工放下已装配的工件时，变频器即启动，驱动传动电动机，把工件带往分拣区。

③ 如果金属工件上的小圆柱工件为白色，则该工件对到达 1 号滑槽中间，传送带停止，工件对被推到 1 号槽中；如果塑料工件上的小圆柱工件为白色，则该工件对到达 2 号滑槽中间，传送带停止，工件对被推到 2 号槽中；如果工件上的小圆柱工件为黑色，则该工件对到达 3 号滑槽中间，传送带停止，工件对被推到 3 号槽中。工件被推出滑槽后，该工作单元的一个工作周期结束。仅当工件被推出滑槽后，才能再次向传送带下料。

如果在运行期间按下停止按钮，该工作单元在本工作周期结束后停止运行。

5）输送站单站运行工作要求

单站运行的目标是测试设备传送工件的功能。要求其他各工作单元已经就位，并且在供料单元的出料台上放置了工件。具体测试过程要求如下。

① 输送单元在通电后，按下复位按钮 SB1，执行复位操作，使抓取机械手装置回到原点位置。在复位过程中，"正常工作"指示灯 HL1 以 1Hz 的频率闪烁。

当抓取机械手装置回到原点位置，且输送单元各个气缸满足初始位置的要求，则复位完成，"正常工作"指示灯 HL1 常亮。按下起动按钮 SB2，设备启动，"设备运行"指示灯 HL2 也常亮，开始功能测试过程。

② 抓取机械手装置从供料站出料台抓取工件，抓取的顺序是：手臂伸出→手爪夹紧抓取工件→提升台上升→手臂缩回。

③ 抓取动作完成后，伺服电机驱动机械手装置向加工站移动，移动速度不小于 300mm/s。

④ 机械手装置移动到加工站物料台的正前方后，即把工件放到加工站物料台上。抓取机械手装置在加工站放下工件的顺序是：手臂伸出→提升台下降→手爪松开放下工件→手臂缩回。

⑤ 放下工件动作完成 2 秒后，抓取机械手装置执行抓取加工站工件的操作。抓取的顺序与供料站抓取工件的顺序相同。

⑥ 抓取动作完成后，伺服电机驱动机械手装置移动到装配站物料台的正前方。然后把工件放到装配站物料台上。其动作顺序与加工站放下工件的顺序相同。

⑦ 放下工件动作完成 2 秒后，抓取机械手装置执行抓取装配站工件的操作。抓取的顺序与供料站抓取工件的顺序相同。

⑧ 机械手手臂缩回后，摆台逆时针旋转 90°，伺服电机驱动机械手装置从装配站向分拣站运送工件，到达分拣站传送带上方入料口后把工件放下，动作顺序与加工站放下工件的顺序相同。

⑨ 放下工件动作完成后，机械手手臂缩回，然后执行返回原点的操作。伺服电机驱动机械手装置以 400mm/s 的速度返回，返回 900mm 后，摆台顺时针旋转 90°，然后以 100mm/s 的速度低速返回原点停止。

当抓取机械手装置返回原点后，一个测试周期结束。当供料单元的出料台上放置了工件时，再按一次启动按钮 SB2，开始新一轮的测试。

（2）系统正常的全线运行模式测试

全线运行模式下各工作站部件的工作顺序以及对输送站机械手装置运行速度的要求，与单站运行模式一致。全线运行步骤如下。

1）系统在上电，PPI 网络正常后开始工作

触摸人机界面上的复位按钮，执行复位操作，在复位过程中，绿色警示灯以 2Hz 的频率闪烁。红色和黄色灯均熄灭。复位过程包括：使输送站机械手装置回到原点位置和检查各工作站是否处于初始状态。

各工作站初始状态是指：

① 各工作单元气动执行元件均处于初始位置；

② 供料单元料仓内有足够的待加工工件；

③ 装配单元料仓内有足够的小圆柱零件；

④ 输送站的紧急停止按钮未按下。

当输送站机械手装置回到原点位置，且各工作站均处于初始状态，则复位完成，绿色警示灯常亮，表示允许启动系统。这时若触摸人机界面上的启动按钮，系统启动，绿色和黄色警示灯均常亮。

2）供料站的运行

系统启动后，若供料站的出料台上没有工件，则应把工件推到出料台上，并向系统发出出料台上有工件信号。若供料站的料仓内没有工件或工件不足，则向系统发出报警或预警信号。出料台上的工件被输送站机械手取出后，若系统仍然需要推出工件进行加工，则进行下一次推出工件操作。

3）输送站运行 1

当工件推到供料站出料台后，输送站抓取机械手装置应执行抓取供料站工件的操作。动作完成后，伺服电机驱动机械手装置移动到加工站加工物料台的正前方，把工件放到加工站的加工台上。

4）加工站运行

加工站加工台的工件被检出后，执行加工过程。当加工好的工件重新送回待料位置时，向系统发出冲压加工完成信号。

5）输送站运行 2

系统接收到加工完成信号后，输送站机械手应执行抓取已加工工件的操作。抓取动作完成后，伺服电机驱动机械手装置移动到装配站物料台的正前方。然后把工件放到装配站物料台上。

6）装配站运行

装配站物料台的传感器检测到工件到来后，开始执行装配过程。装入动作完成后，向系统发出装配完成信号。如果装配站的料仓或料槽内没有小圆柱工件或工件不足，应向系统发出报警或预警信号。

7）输送站运行 3

系统接收到装配完成信号后，输送站机械手应抓取已装配的工件，然后从装配站向分拣站运送工件，到达分拣站传送带上方入料口后把工件放下，然后执行返回原点的操作。

8）分拣站运行

输送站机械手装置放下工件、缩回到位后，分拣站的变频器即启动，驱动传动电动机以

80%最高运行频率（由人机界面指定）的速度，把工件带入分拣区进行分拣，工件分拣原则与单站运行相同。当分拣气缸活塞杆推出工件并返回后，应向系统发出分拣完成信号。

9）仅当分拣站分拣工作完成，并且输送站机械手装置回到原点，系统的一个工作周期才认为结束。如果在工作周期期间没有触摸过停止按钮，系统在延时1秒后开始下一周期工作。如果在工作周期期间曾经触摸过停止按钮，系统工作结束，警示灯中黄色灯熄灭，绿色灯仍保持常亮。系统工作结束后若再按下启动按钮，则系统又重新工作。

（3）异常工作状态测试

1）工件供给状态的信号警示

如果发生来自供料站或装配站的"工件不足够"的预报警信号或"工件没有"的报警信号，则系统动作如下。

① 如果发生"工件不足够"的预报警信号警示灯中红色灯以1Hz的频率闪烁，绿色和黄色灯保持常亮。系统继续工作。

② 如果发生"工件没有"的报警信号，警示灯中红色灯以亮1秒，灭0.5秒的方式闪烁；黄色灯熄灭，绿色灯保持常亮。

若"工件没有"的报警信号来自供料站，且供料站物料台上已推出工件，系统继续运行，直至完成该工作周期尚未完成的工作。当该工作周期工作结束，系统将停止工作，除非"工件没有"的报警信号消失，系统不能再启动。

若"工件没有"的报警信号来自装配站，且装配站回转台上已落下小圆柱工件，系统继续运行，直至完成该工作周期尚未完成的工作。当该工作周期工作结束，系统将停止工作，除非"工件没有"的报警信号消失，系统不能再启动

2）急停与复位

系统工作过程中按下输送站的急停按钮，则输送站立即停车。在急停复位后，应从急停前的断点开始继续运行。但若急停按钮按下时，机械手装置正在向某一目标点移动，则急停复位后输送站机械手装置应首先返回原点位置，然后再向原目标点运动。

模块3 LZ_Me101生产线安装与调试

项目13 安装调试 LZ_ Me101 生产线

　　LZ_ Me101 生产线（可拆装机电一体化实训系统）包含了 PLC、气动推料、定位检测、气动移位顶升、电动齿轮、按钮盒、端子台、信号塔等模块，可实现目标工件在多工位之间的自循环。学生在具备 PLC 编程、强弱电安全配线、气路搭建与控制、传感技术、机械拆装、电机拖动、电气调试技术能力的基础上，重点训练电气与机械的装配、调试能力。系统外观图如图 13-1 所示。

图 13-1　LZ_ Me101 自动生产线全貌

（1）LZ_ Me101 生产线运动方式说明

　　本装置通过各部件的巧妙安装与衔接配合，实现连续传送一小型圆柱工件。控制过程为：推料组件气缸 1♯ 将工件从初始原位推出，送至摆臂夹持口→对工件材质进行检测→直流电机驱动摆臂翻转 180°，将工件送至气动移位顶升组件的双气缸托碗，后面步骤有两个分支。

　　① 分支 1　尼龙材质工件步骤。气动移位顶升组件的推送气缸 2♯ 动作，使托碗载工件

推出100行程，停止→提升气缸3♯动作，将载工件托碗升起40行程，并撞击主滑道组件→工件进入滑道，顺势滑落至初始原位→3♯缸下降回位→2♯缸收缩回位。

② 分支2　金属材质工件步骤。3♯提升气缸动作，将载工件托碗升起40行程，并撞击副滑道→工件进入滑道组件→滑行至终端→高空搬运组件气缸4♯下降，夹取工件→提升40行程→移位至主滑道组件→放下工件→4♯气缸回位。

当系统回复初始状态后，工件继续循环运行。

（2）控制过程说明

初始状态时，电机处于停止状态；摆臂处于原位（摆臂左侧限位柱组件上微动开关受压）；推料组件气缸1♯处于收回位；气动移位顶升组件2♯气缸均处于收回位，3♯气缸处于下降位；高空搬运组件气缸4♯处于收回位并置于最右端。系统运行过程说明如下。

① 将工件放在初始位置，由安装在定位检测组件上的光电开关对工件进行检测，发出信号，经2秒确认后启动1♯电磁阀，将工件推送至摆臂组件的夹持口上。

② 当1♯气缸发出至位信号后，1♯缸电磁阀失电，使气缸回缩归位，2秒后确认工件材质。

③ 摇臂摆动继电器得电，启动电机正转，执行放件动作，即将工件摆送至双气缸组件的托碗上。

④ 当1♯气缸复位且摆臂至位后发出信号，摇臂摆动继电器失电，1秒后摇臂返回继电器得电，启动电机反转，执行返回动作。

当工件检测结果为尼龙材质工件时：

① 摇臂返回，微动开关发出信号，2♯气缸电磁阀得电伸出，执行持工件推出动作；

② 2♯气缸推出至位信号发出1秒后，3♯气缸电磁阀得电提升。3♯缸上连接的托碗撞击滑道组件，使之发生倾斜，工件顺主滑道送至定位检测组件的初始位；

③ 3♯气缸推出至位信号发出2秒后，3♯缸电磁阀失电，气缸降落归位；

④ 3♯气缸下落复位后发出信号，延时1秒，2♯缸电磁阀失电，2♯气缸执行回缩动作；

⑤ 2♯气缸回缩归位后，系统回到初始状态。

当工件检测结果为金属材质工件时：

① 摇臂返回后，微动开关发出信号，3♯气缸电磁阀得电提升，3♯缸上连接的托碗撞击副滑道组件，使之发生倾斜，工件顺滑道下滑至终端挡板处停止；

② 3♯气缸推出至位信号发出2秒后，3♯缸电磁阀失电，使气缸降落归位；

③ 天车取件检测信号发出后，4♯气缸电磁阀得电伸出，对工件进行夹持；

④ 4♯气缸下降至位信号发出后，4♯气缸电磁阀失电，使气缸上升归位；

⑤ 4♯气缸上升复位信号发出1秒后，步进电机驱动器接收脉冲信号和方向信号，步进电机带动工件进行平移；

⑥ 脉冲发送完毕后，步进电机移位至主滑道上方，停止2秒后，4♯气缸电磁阀得电伸出，对工件进行释放，工件顺主滑道送至定位检测组件的初始位；

⑦ 4♯气缸下降至位信号发出2秒后，4♯气缸电磁阀失电，使气缸上升归位；

⑧ 4♯气缸上升复位信号发出1秒后，步进电机驱动器接收脉冲信号，步进电机带动夹爪回位。

本项目的主要学习任务如下：

① 了解LZ_Me101自动生产线的机械主体结构，熟悉齿轮传动机构的传动过程和弹性夹持、碰撞释放机构的工作原理；

② 通过系统运行过程理解传感检测元件和执行机构的作用；

③ 读懂工程图纸，学会照图完成安装接线，掌握检查方法；

④ 根据控制要求编制和调试 PLC 程序；

⑤ 系统调试、分析，查找并排除故障。

本项目涉及光、机、电、气多种专业的综合操作技能，具体完成步骤如图 13-2 所示。

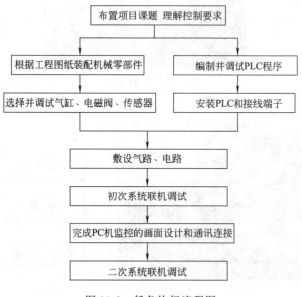

图 13-2 任务执行流程图

13.1 系统组成

LZ _ Me101 自动生产线选用可编程序控制器（PLC）作为主要控制设备，通过 4 个气缸、一个步进电机、一个直流电机产生推进、摇臂往复、工件吊起、移位等动作，依次完成工件的循环传送。为确保系统运行可靠，在系统的初始位置装设有光电传感器，用于检测工件，并在推送终端并行安装电感式传感器来确定推送到位的工件材质，另在每个气缸和摆臂电机的原位和到位处及均装有接近开关或微动开关，在步进电机的原点装有槽型光电开关，以保障执行机构动作的准确性。

本系统全部设备安装在一张 900×750mm 的铝合金型材组装板上，用户可以在型材底板上按照"插入→卡紧"的方法轻松快捷地完成结构件和元器件的安装连接。

LZ _ Me101 自动生产线实训平台采用分立组件形式设计，分别介绍如下。

1. 推料组件

推料组件结构如图 13-3 所示，由一个标准气缸和附带的两个磁性开关、两个单向截流阀等组成，可将工件推进移位 100mm 行程。

2. 定位检测组件

定位检测组件如图 13-4 所示，由导向管和光电传感器、电感式传感器等组成。导向管主要是为工件提供定位推送通道，防止偏离。光电传感器用于检测初始工件是否放入，电感式传感器用于确定到位工件材质。

图 13-3　推料组件

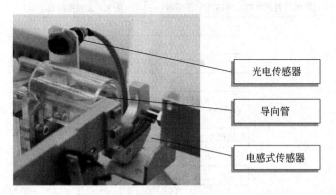

图 13-4　定位检测组件

3. 摆臂组件

摆臂组件如图 13-5 所示，由摆臂齿轮、摆臂、弹簧等组成，可对工件进行 180 度圆周摆送，并在夹持口完成对工件的弹性夹持和碰撞释放。

图 13-5　摆臂组件

4. 限位检测组件

限位检测组件如图 13-6 所示，限位检测组件分为左、右两个，由限位柱、微动开关等组成。限位柱可对摆臂作强制限位，并作为微动开关安装的依托，释放板在摆臂组件旋转到位后将工作释放。微动开关的作用是根据其通/断信号判断摆臂的位置状态。

5. 电机组件

电机组件如图 13-7 所示，电机组件主要由直流电机及其轴上连接的齿轮组成。电机作为驱动摆臂组件运动的执行机构，在本组件中带动小齿轮进行正反转的运行，进而通过小齿轮啮合摆臂组件的大齿轮实现摆送工件功能。

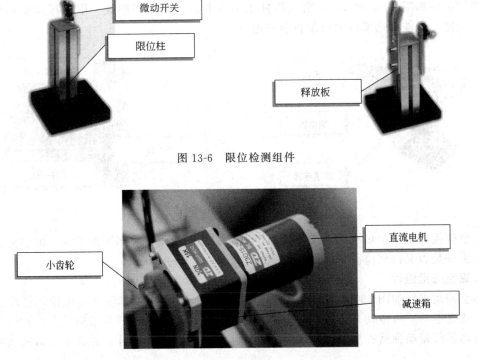

图 13-6　限位检测组件

图 13-7　电机组件

6. 气动移位顶升组件

气动移位顶升组件如图 13-8 所示，由两双作用气缸组成，且每个气缸配有 2 个磁性接近开关对其位置状态做出检测，2 个单向节流阀对其用气量进行调节。

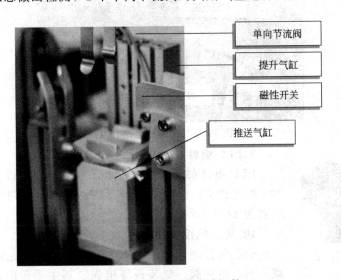

图 13-8　气动移位顶升组件

当摆臂夹持口碰撞到顶板将工件释放在摆架（托碗）后，依次完成：①100 行程气缸将工件推出；②40 行程气缸将工件提升；③当摆架（托碗）碰到滑道组件时，摆架倾斜，将工件顺滑道送出。

7. 滑道组件

滑道组件如图 13-9 所示,主滑道组件主要由滑道和限位板组成。限位板用于调节滑道的倾斜角度,工件到达滑道后可滑行至初始点。

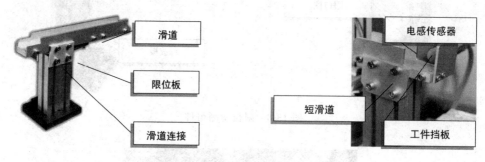

图 13-9　滑道组件

副滑道组件主要由短滑道和工件挡板组成。工件挡板用于阻挡下滑工件,电感传感器用于检测工件是否滑行到位。

8. 高空搬运组件

高空搬运组件如图 13-10 所示,步进电机通过转向轮与同步带轮进行连接,带动滑块在滑轨上往复运动,由微动开关进行行走超程保护,采用槽型光电开关采集原点位置信号,并通过气动部件带动弹簧夹爪从副滑道组件上对工件进行抓取和提升,并将工件运送至主滑道模块。

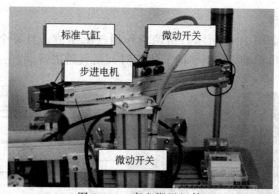

图 13-10　高空搬运组件

9. PLC 组件

PLC 组件如图 13-11 所示,本装置控制设备选用西门子 S7-200 系列 PLC,供电采用 DC24V,输出电压同样为 DC24V,I/O 点数为 24 入 16 出。

10. 电、气控制柱组件

图 13-11　PLC 组件

电、气控制柱组件如图 13-12 所示,由支架、截止阀、过滤减压阀、电磁阀、集装板等组成,其主要作用是控制供气气源。截止阀用于控制总气路的通断;过滤减压阀用于调节用气设备气压的大小;电磁阀接收程序指令控制对应气缸的工作状态;步进电机驱动器根据程序指令来驱动步进电机运动。

11. 其他组件

其他组如图 13-13、图 13-14 所示。断路器组件由保护罩、断路器等组成。断路器作

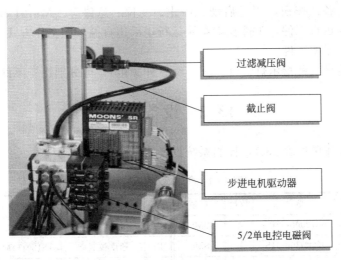

图 13-12　电、气控制柱组件

为本装置的总电源进线开关，外部引入的 AC220V 电源经过断路器后，再分配至各用电单元。

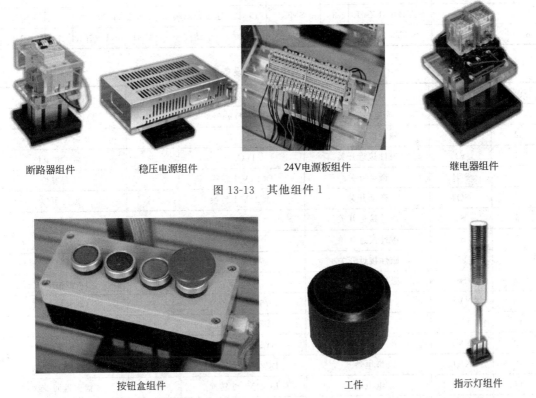

图 13-13　其他组件 1

图 13-14　其他组件 2

　　稳压电源将 AC220V 供电转换为 DC24V，并配有发光二极管进行状态显示。在本装置中主要为输出设备提供 DC24V 供电电源。

　　继电器组件由 2 个继电器组成，主要用于接收程序指令信号，控制电机正反转以驱动摆臂运动。

按钮盒内装有各式按钮，用于启动、停止、复位、急停等。Me101 模块为可拆装机电一体化实训平台的运行工件，工件在本系统运行中采用自循环的工作方式。根据工件材质不同分为金属工件、尼龙工件。

指示灯组件装设三种指示灯（红、黄、绿三种颜色），可分别用于不同工作状态的显示。

13.2　设备清单

气动元件设备清单见表 13-1，控制系统设备清单见表 13-2。

表 13-1　气动元件设备清单

序号	名称	型号	数量	产地	序号	名称	型号	数量	产地
1	过滤减压阀	AW2000-02BG	1	SMC	9	标准气缸	CDJ2KB16-100	2	SMC
2	直接接头	KQ2H06-01S	6	SMC	10	速度控制阀	AS1201F-M5-06	2	SMC
3	直接接头	KQ2H08-01S	1	SMC	11	磁性开关	D-C73	6	SMC
4	T 型接头	KQ2T06-00	3	SMC	12	消音器	AN203-02	2	SMC
5	直接接头	KQ2H06-02S	1	SMC	13	速度控制阀	AS1201F-M5-06	2	SMC
6	三通接头	KQT06-00	1	SMC	14	45 行程气缸	CDJ2K16-45-H7A2	1	SMC
7	电磁阀	SY5120-5LZ-01	3	SMC	15	速度控制阀	AS1201F-M5-06	2	SMC
8	集装板	SS5Y5-20-03	1	SMC	16	手动阀	VHK3-06F-06FL	1	SMC

表 13-2　控制系统设备清单

序号	编号	名称	型号及规格	数量	备注
1	S0	光电传感器	S18SP6D-44693	1	初始位工件检测
2	S1	磁性接近开关	D-C73	1	1＃气缸复位
3	S2	磁性接近开关	D-C73	1	1＃气缸至位
4	SQ1	微动开关	DC24V 1 转换	1	摇臂复位
5	SQ2	微动开关	DC24V 1 转换	1	摇臂至位
6	S3	磁性接近开关	D-C73	1	2＃气缸复位
7	S4	磁性接近开关	D-C73	1	2＃气缸至位
8	S5	磁性接近开关	D-C73	1	3＃气缸复位
9	S6	磁性接近开关	D-C73	1	3＃气缸至位
10	YV1	电磁阀	SY5120-5LZ-01	1	1＃气缸控制
11	YV2	电磁阀	SY5120-5LZ-01	1	2＃气缸控制
12	YV3	电磁阀	SY5120-5LZ-01	1	3＃气缸控制
13	KA1	继电器	DC24V 4 转换	1	摇臂摆动控制
14	KA2	继电器	DC24V 4 转换	1	摇臂返回控制
15	M	直流电机	DC24V 40rpm	1	摇臂控制
16	SB1	控制按钮	绿色 一开一闭	1	启动控制
17	SB2	控制按钮	红色 一开一闭	1	停止控制
18	SB3	控制按钮	黄色 一开一闭	1	复位控制
19	SB4	控制按钮	红色 一开一闭	1	急停控制

序号	编号	名称	型号及规格	数量	备注
20	SA	转换开关	3 位置	1	工作方式选择
21	HL1		DC24V　绿色	1	运行状态
22	HL2	三节信号灯具	DC24V　红色	1	停止状态
23	HL3		DC24V　黄色	1	准备状态
24	QF	断路器	DZ47LE-32	1	AC220V 供电控制
25	WY	稳压电源	AC220/DC24V	1	AC220/DC24 电源转换
26	QS	电源开关	船型开关	1	DC24V 供电控制
27	XT1	端子板	熔断器端子	2	电源端子板
28		端子板	普通端子	4	电源端子板
29	XT2	端子板	WAGO(24 位)	1 组	输入端子板
30	XT3	端子板	WAGO(16 位)	1 组	输出端子板
31	PLC	可编程序控制器	SIEMENS CPU226	1	系统控制

13.3　LZ_Me101 生产线的安装

首先根据图 13-15 完成机械设备组装。

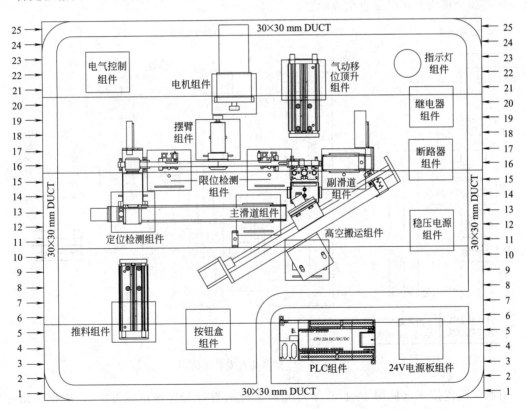

图 13-15　LZ_Me101 自动生产线元件布局图

按照以下步骤对设备进行组装。

① 将摆臂组件放入 15 号槽中，使其摆臂轴线置于底盘左右对称中线左侧约 80mm 处，摆臂置左侧卡紧。

② 将电动机组件放入 18 号槽中，使其小齿轮置于摇臂大齿轮的左侧或右侧，并相啮合，保持正确的间隙，卡紧。

③ 将导向管组件放入 10 号槽中，使导向管中线对准摆臂"U"型缺口轴线，卡紧。

④ 将滑道组件放入 10 号槽中，使其短端接近导向管的偏口，保留 1～2mm 间隙，卡紧。

⑤ 将单气缸组件放入 3 号槽中，使其推杆轴线对正导向管轴线，卡紧。

⑥ 将双气缸组件放入 18 号槽中，并将摆臂摆向右侧，当双气缸组件的水平缸伸出时，使其上的模件托中心线在摆臂"U"型缺口中线的垂直下方，卡紧。

⑦ 将限位柱组件放入 13 号槽中，置于摆臂组件连接座的左右适当位置，使摆臂在左右平置时正好压在柱顶，卡紧。

⑧ 将综合柱组件放入 19 号槽的左端，卡紧。

⑨ 将 PLC 组件放入 4 号槽中的右端，卡紧。

⑩ 将接线排组件放入 4 号槽中的右端，卡紧。

⑪ 将继电器组件放入 10 号槽中的右端，卡紧。

⑫ 将指示灯组件放入 19 号槽中的右端，卡紧。

然后对照电源系统图（见图 13-16）学习电源系统的设计与连接调试方法，，依据图纸完成供电部分接线并带电逐点检查验收。

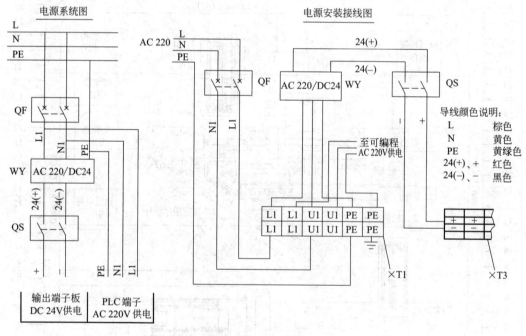

图 13-16　电源系统及安装接线图

对照气路连接图（见图 13-17）学习气路系统的设计与连接调试方法，，依据图纸完成气路部分连接并上气验收（断开电源）。

根据 PLC 电气原理接线图（见图 13-18），完成安装接线并检查验收。

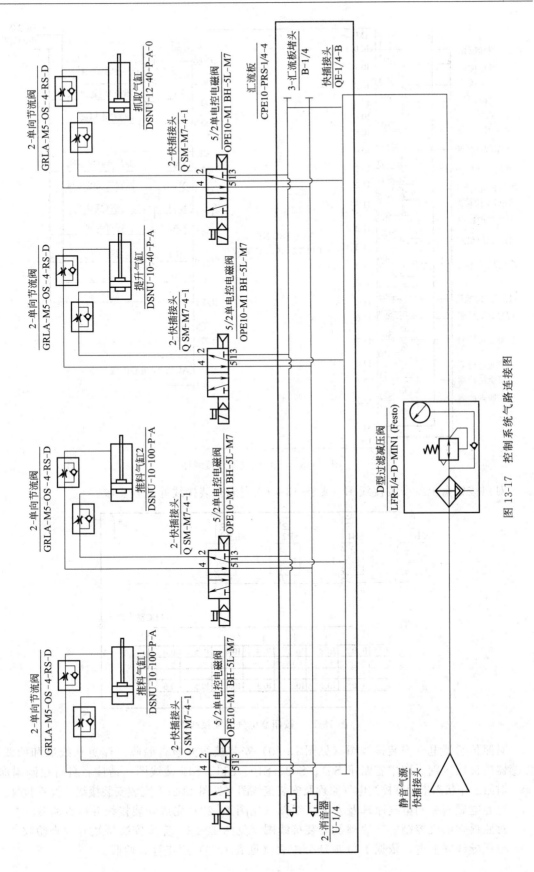

图 13-17　控制系统气路连接图

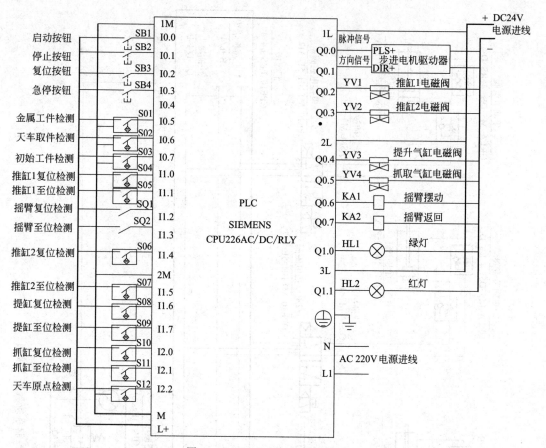

图 13-18 PLC 电气原理接线图

对照按钮盒电气安装接线图（见图 13-19）完成安装接线并检查验收。

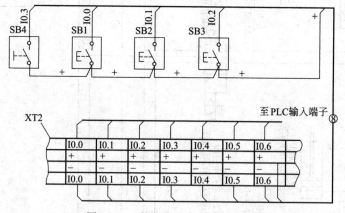

图 13-19 按钮盒电气安装接线图

对照传感器电气安装接线图（见图 13-20）安装接线并检查验收。注意三线制和两线制传感器的接线区别。图中省略了 S01、S02、S10、S11、S12 接线图，请读者自行绘制添加。

对照工作状态指示灯控制电气原理及安装接线图（见图 13-21）完成安装接线并检查验收。

对照电磁阀控制电气原理及安装接线图（见图 13-22）完成安装接线并检查验收。

对照摇臂电机控制电气原理及安装接线图（见图 13-23）完成安装接线并检查验收。

整理导线并上电，依据 I/O 地址分配表（见表 13-3）逐点检查验收。

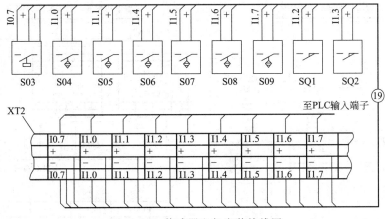

图 13-20　传感器电气安装接线图

工作状态指示灯控制电气原理图　　　　　　工作状态指示灯控制电气安装接线图

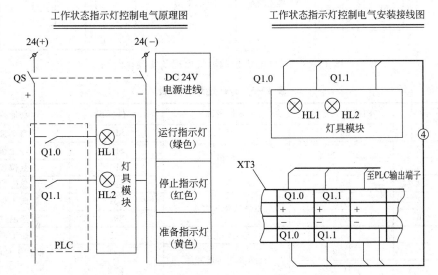

图 13-21　工作状态指示灯控制电气原理及安装接线图

电磁阀控制电气原理图　　　　　　　　　电磁阀控制电气安装接线图

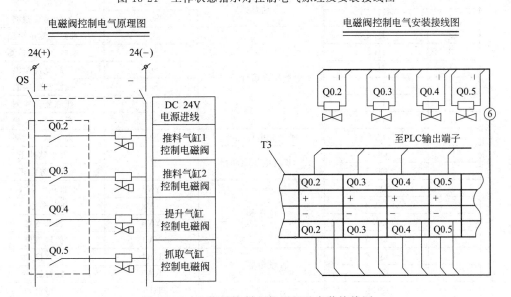

图 13-22　电磁阀控制电气原理及安装接线图

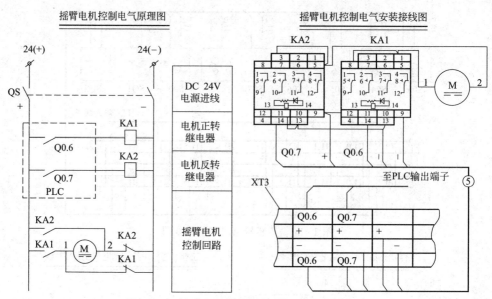

图 13-23 摇臂电机控制电气原理及安装接线图

表 13-3 I/O 地址分配表

形式	序号	PLC 输入地址	元件名称	元件标识	功能描述
输入	1	I0.0	按钮	SB1	启动按钮
	2	I0.1		SB2	停止按钮
	3	I0.2		SB3	复位按钮
	4	I0.3		SB4	急停按钮
	5	I0.5	电感式接近开关	S01	金属工件检测
	6	I0.6		S02	天车取件检测
	7	I0.7	光电传感器	S03	初始工件检测
	8	I1.0	磁感应式接近开关	S04	推缸 1 复位检测
	9	I1.1		S05	推缸 1 至位检测
	10	I1.2	微动开关	SQ1	摇臂复位检测
	11	I1.3		SQ2	摇臂至位检测
	12	I1.4	磁感应式接近开关	S06	推缸 2 复位检测
	13	I1.5		S07	推缸 2 至位检测
	14	I1.6		S08	提缸复位检测
	15	I1.7		S09	提缸至位检测
	16	I2.0		S10	抓缸复位检测
	17	I2.1		S11	抓缸至位检测
	18	I2.2	槽型光电传感器	S12	天车原点检测
输出	1	Q0.0	步进电机驱动器	P1	天车脉冲正
	2	Q0.1			天车方向正
	3	Q0.2	电磁阀	YV1	推料气缸 1
	4	Q0.3		YV2	推送气缸 2
	5	Q0.4		YV3	提升气缸
	6	Q0.5		YV4	抓取气缸
	7	Q0.6	继电器	KA1	摇臂摆动
	8	Q0.7		KA2	摇臂返回
	9	Q1.0	指示灯	HL1	绿灯
	10	Q1.1		HL2	红灯

13.4 LZ_Me101 生产线的 PLC 控制

① 反复观察机电气可拆装实训台运行演示，深刻理解控制要求。

② 参考程序流程图（图 13-24）和控制功能图（图 13-25），设计 PLC 程序，进行调试。

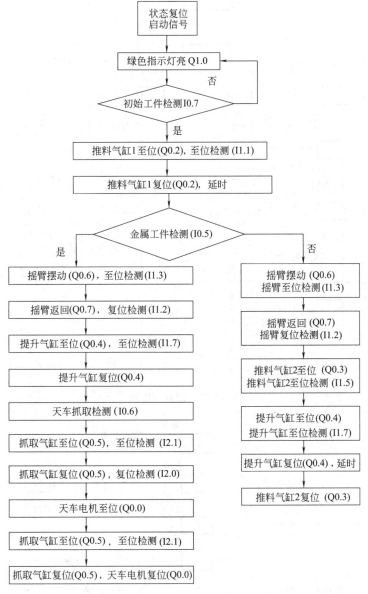

图 13-24 程序流程图

③ 将程序下载至 PLC 进行试运行（断开负载电源，依次手动给出输入信号，观察 PLC 输出灯的反应）。

④ 实现 PLC 带负载全程自动循环运行（接通负载电源）。

⑤ 增加与系统运行状态配合的指示灯状态控制功能（可自行设计状态，也可参考工作状态指示灯控制功能图 13-26）。

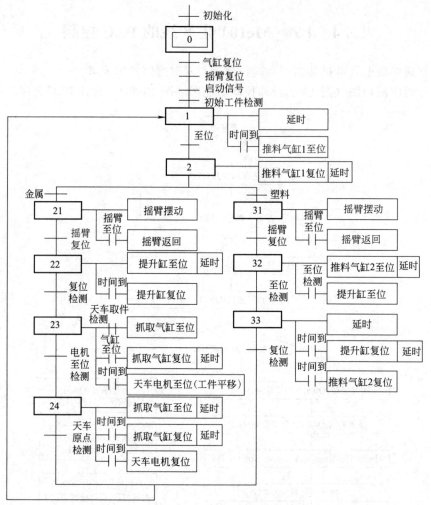

图 13-25 控制功能图

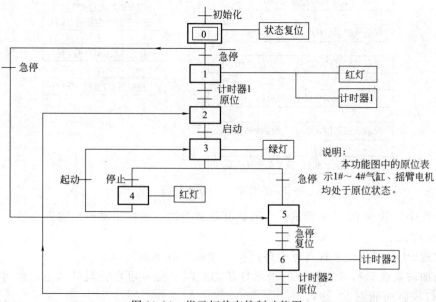

图 13-26 指示灯状态控制功能图

⑥ 学习分析、查找、排除故障的基本方法。

⑦ 实现系统运行过程的实时画面监控。

13.5　LZ _ Me101 生产线部分程序解析

一个完整的状态步程序（以 S0.0 为例）如图 13-27 所示。

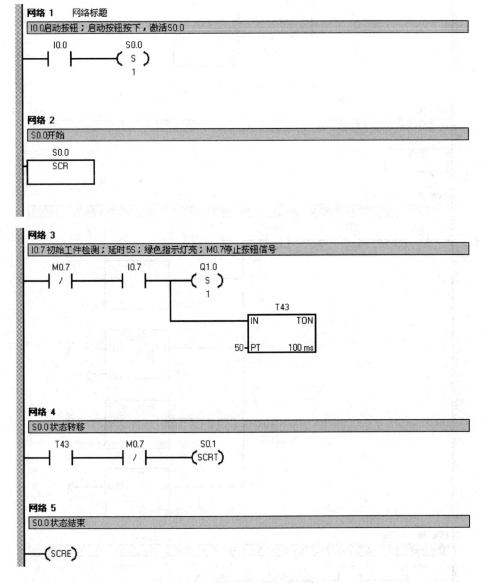

图 13-27　完整的状态步程序

工件材质检测处理程序如图 13-28 所示。

天车电机置位程序如图 13-29 所示。

天车电机复位程序如图 13-30 所示。

停止、复位程序如图 13-31 所示。

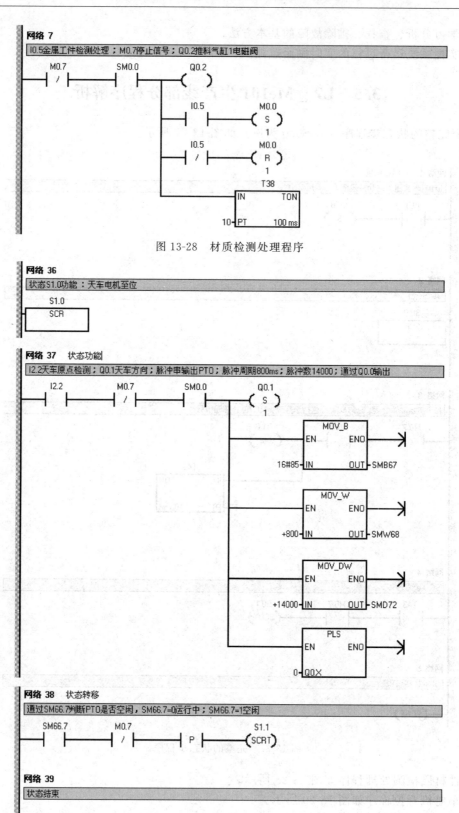

图 13-28 材质检测处理程序

图 13-29 天车电机置位程序

网络 48
状态S1.3功能：天车电机复位
S1.3
SCR
网络 49　状态功能
I2.2天车原点检测；脉冲串输出PTO；脉冲周期800ms；脉冲数6900；通过Q0.0输出
M0.7
I2.2
SM0.0
MOV_B
EN ENO
16#85-IN OUT-SMB67
MOV_W
EN ENO
+800-IN OUT-SMW68
MOV_DW
EN ENO
+6900-IN OUT-SMD72
PLS
EN ENO
0-Q0.X
网络 50　状态转移
通过SM66.7判断PTO是否空闲，I2.2判断天车是否回到原点；转移条件满足，程序跳转至初始状态
SM66.7
P
I2.2
S0.0
SCRT
网络 51
状态结束
SCRE

图 13-30　天车电机复位程序

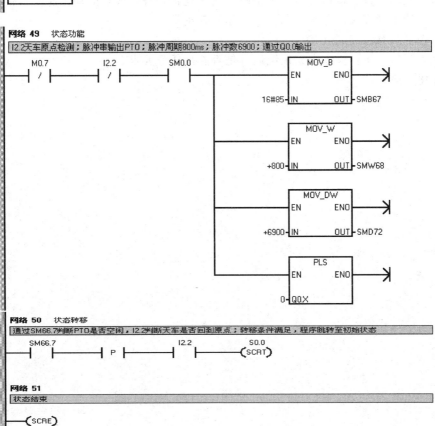

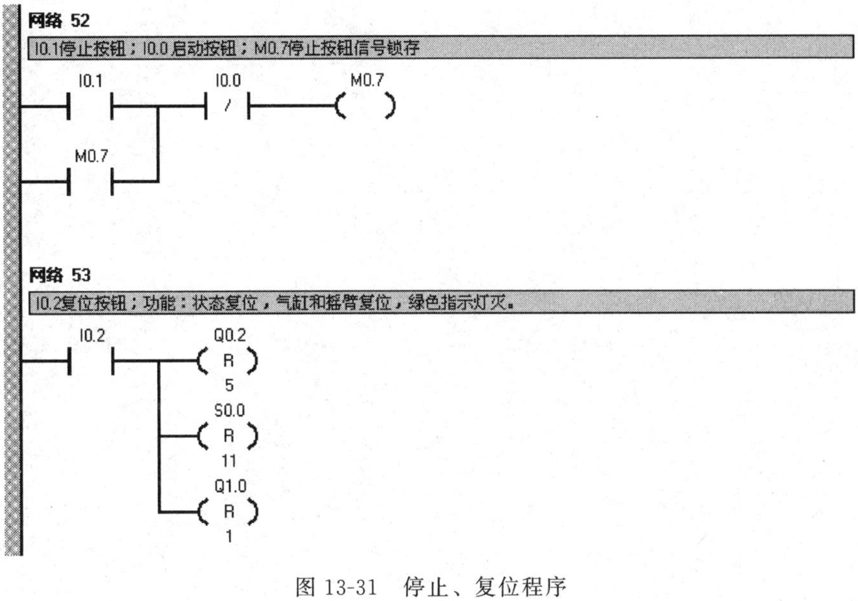

网络 52
I0.1停止按钮；I0.0启动按钮；M0.7停止按钮信号锁存
I0.1
I0.0
M0.7
M0.7
网络 53
I0.2复位按钮；功能：状态复位，气缸和摇臂复位，绿色指示灯灭。
I0.2
Q0.2
R
5
S0.0
R
11
Q1.0
R
1

图 13-31　停止、复位程序

13.6　LZ _ Me101 生产线的运行调试

① 调整气动部分，检查气路是否正确，气压是否合理，气缸的动作速度是否合理。

② 检查传感器安装位置是否到位，工作是否正常。

③ 检查 I/O 接线是否正确。

④ 放入工件，运行程序观察系统运行是否满足任务要求。

⑤ 优化程序。

模块4 机电控制系统和自动化生产线仿真

上海宇龙软件工程有限公司开发的机电控制仿真软件是用于电气自动化、机电一体化及相关专业教学和实训的仿真软件，它由一个元器件库和工作仿真区构成，元器件库由电路元器件、液压元器件、气动元器件以及各种控制对象组成，该元器件库是一个开放式的资源库，可根据需求将各种元器件和控制对象添加到现有库中。有些元器件或控制对象还可以让用户自己添加或修改。对于初学者理解和学习机电类的知识有非常好的促进作用。

利用宇龙机电控制仿真软件开发的YL_335B型自动生产线仿真系统分为供料单元、加工单元、装配单元、分拣单元、输送单元五个单站单元以及335B整站控制单元。各单站单元均建立了该单元的三维控制对象，可通过宇龙机电控制仿真软件的平台从元器件库内选择相应的元器件及PLC部件搭建其控制系统，将控制系统与三维对象一对一绑定，实现通过所搭建控制系统来控制单元三维模型的动作。整站单元则建立了完整的YL_335B型自动生产线的三维模型，通过搭建各单站单元的控制系统，绑定各单站单元PLC间的通信数据，实现整体的控制过程。

项目14 机电控制系统和自动生产线电路绘制与仿真

14.1 认识机电控制仿真系统

14.1.1 系统登录

1. 注册IP地址

单击系统"开始"→"所有程序"→"宇龙机电控制仿真软件V3.8.3"，如图14-1所示。

单击"宇龙机电控制仿真软件教师机地址",弹出图 14-2 所示对话框,按照对话框内容进输入。

设置完成后,提示设置成功,如图 14-3 所示。

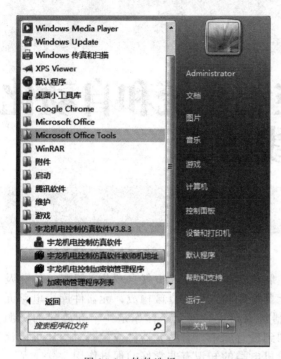

图 14-1 软件选择

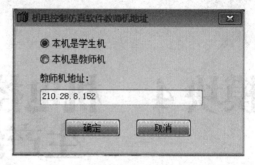

图 14-2 IP 地址设置

图 14-3 IP 地址设置成功

2. 登录系统

设置完成后,重新单击系统"开始"→"所有程序"→"宇龙机电控制仿真软件V3.8.3",选择"宇龙机电控制仿真软件",如图 14-4 所示。

在弹出的图 14-5 所示对话框中,输入用户名和密码。

14.1.2 初始界面

进入程序后,默认进入的是"宇龙机电控制仿真软件"的"机电控制系统"功能主界面,如图 14-6 所示。

该界面分为五部分:标题栏、菜单栏、工具栏、元器件库和仿真操作区。

1. 标题栏

主界面的最上方是标题栏如图 14-7所示。

2. 菜单栏

标题栏的下方是菜单栏,如图 14-8所示。

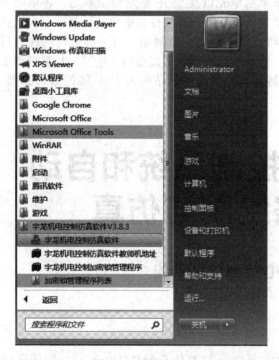

图 14-4 软件登录

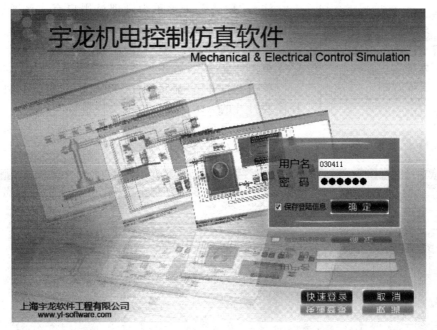

图 14-5　宇龙仿真登录界面

图 14-6　宇龙软件工作界面

图 14-7　标题栏

图 14-8　菜单栏

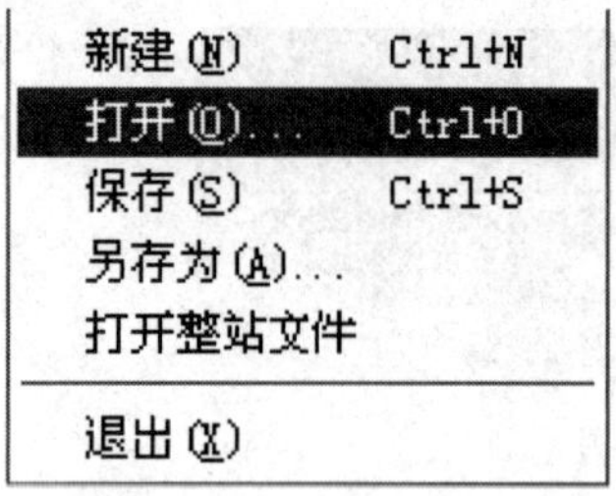

新建(N)	Ctrl+N
打开(O)...	Ctrl+O
保存(S)	Ctrl+S
另存为(A)...	
打开整站文件	
退出(X)	

图 14-9　文件菜单

注："模式"子菜单为管理员用户有，普通用户没有，普通用户其他子菜单与管理员用户相同。

单击"文件"子菜单，显示图 14-9 所示的选项。

单击"新建"，弹出子系统选择界面，如图 14-10 所示。

单击"打开"，显示图 14-11 所示的打开文件界面，选择需要打开的后缀名为.ylp 的文件。

单击"保存"或"另存为"，显示图 14-12 所示的存储界面，可保存后缀名为.ylp 的文件。

图 14-10　新建系统界面

图 14-11　打开文件界面

图 14-12　文件存储界面

单击"编辑"子菜单，显示图 14-13 所示的选项。

单击"查找"，显示图 14-14 所示的界面。

在对话框中输入要查找的元器件名称，在平台上查找所需元器件。

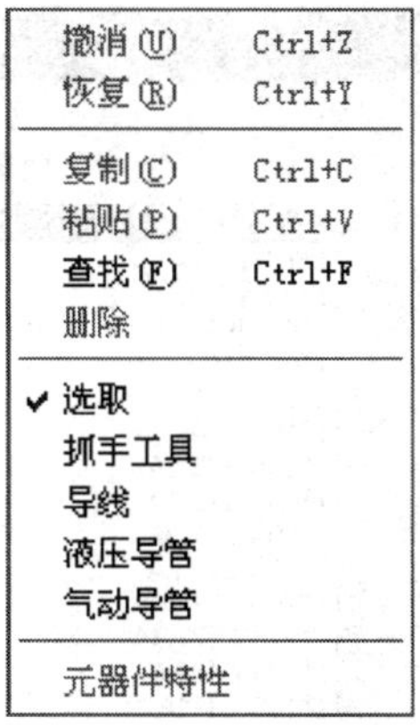

撤消 (U)	Ctrl+Z
恢复 (R)	Ctrl+Y
复制 (C)	Ctrl+C
粘贴 (P)	Ctrl+V
查找 (F)	Ctrl+F
删除	
✓ 选取	
抓手工具	
导线	
液压导管	
气动导管	
元器件特性	

图 14-13　编辑菜单

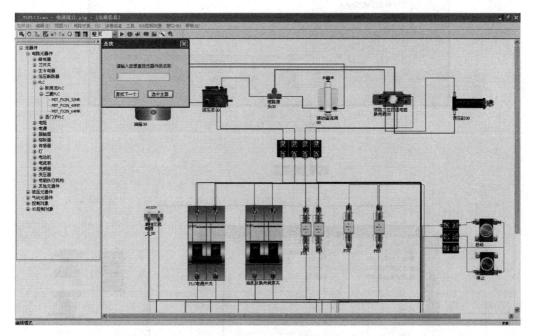

图 14-14　查找界面

单击"选取"，可以在平台上进行元器件的选中。

单击"抓手工具"，把鼠标移动到平台上，鼠标变成小手的形状，点击左键并移动鼠标，可以就将整个平台上的元器件进行整体移动。

单击"导线"，显示图 14-15 所示的界面。

根据用户的需求，选择电缆类型、电缆规格以及导线的颜色，完成电路元器件的搭建。

单击"液动管道"，可以对液压元器件进行搭建。

单击"气动管道"，可以对气动元器件进行搭建。

在平台上选取某个元器件，再单击"编辑"菜单里的"元器件特性"，显示图 14-16 所示的元器件的基本属性。

在平台上选取某个元器件，再单击"编辑"菜单里的"剪贴、复制、粘贴、删除"，可以完成对元器件的相应操作。

单击"撤销"，可以对完成的操作进行恢复，最多可恢复 16 次操作。

图 14-15　导线属性

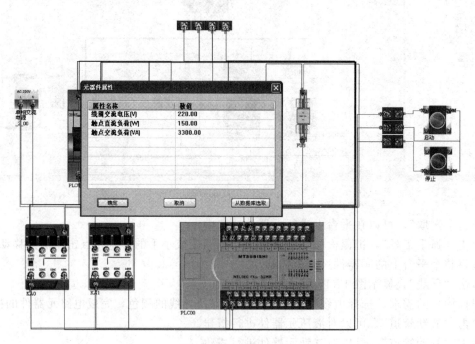

图 14-16　元器件属性

单击"视图"子菜单，在实物连线模式显示图 14-17 所示的选项。

单击"工具栏"，显示或隐藏图 14-18 所示的工具栏。

单击"状态栏"，显示或隐藏当前的状态。

单击"原理接线模式"，显示图 14-19 所示的界面。

图 14-17　视图菜单

图 14-18　工具栏

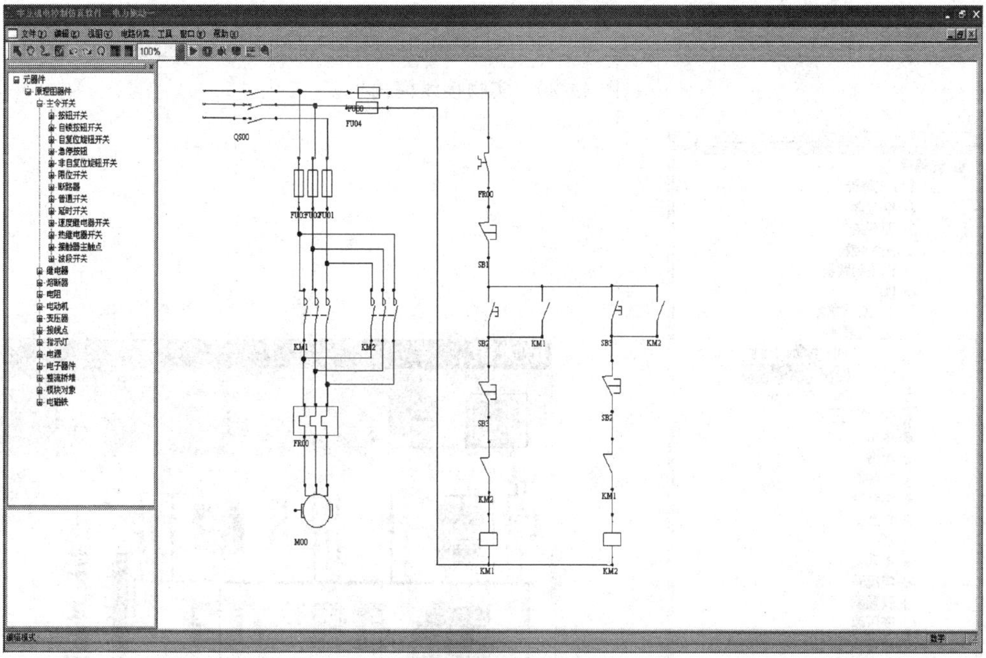

图 14-19　原理接线模式

在原理图模式下，"视图"子菜单中显示的是实物连接模式。单击"实物接线模式"，显示图 14-20 所示的界面。

单击"刷新工程树"，即元器件库重新获取所有元器件。

单击"显示工程树"，可以显示或隐藏"工程树显示区"，此处即"元器件选择区"。如图 14-21 所示。

单击"放大镜"，显示如图 14-22 所示的窗口：通过点击 ⊕ ⊖ ，改变选取框的大小，通过移动选取框，查看平台上的元器件，如图 14-23 所示。

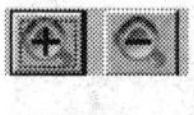

单击"显示全部导线"、"显示选中导线"、"显示选中与相关导线"，根据用户的需求可以隐藏掉部分导线，便于用户的观察与操作。

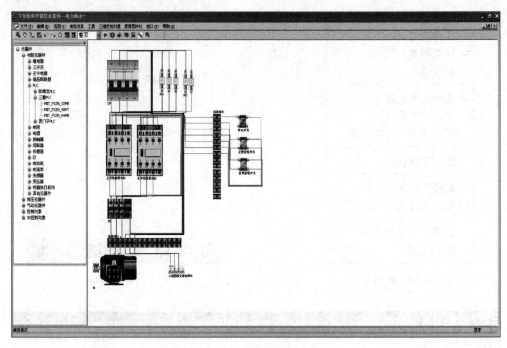

图 14-20　实物接线模式

图 14-21　元器件选择区

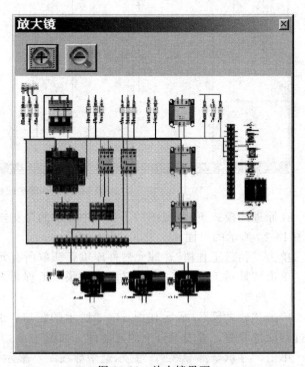

图 14-22　放大镜界面

KM1
KM2
KM3
FR1
FR2
~24V
放大镜

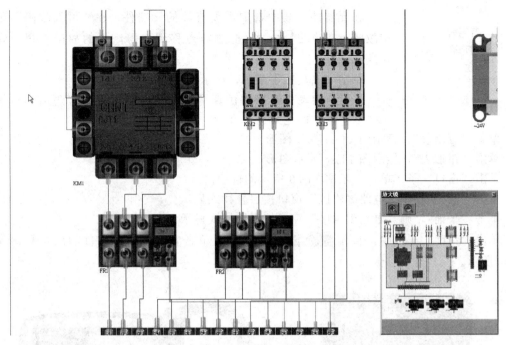

图 14-23　放大后图形

单击“显示不可见元器件”，可以显示已隐藏掉的元器件，便于用户的观察与操作。

单击“显示比例”，可调整整个仿真工作区的显示比例，以便更清楚显示工作区的元器件。

单击“电路仿真”子菜单，显示如图 14-24 所示的菜单。

单击“开始运行”，启动机电控制仿真平台。用于通车运行时，必须先启动机电控制仿真平台，否则平台上的元器件失去作用。

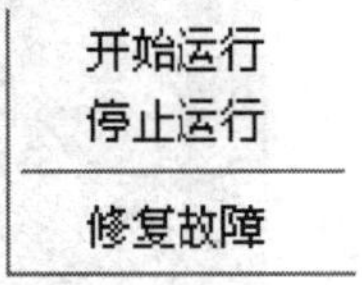

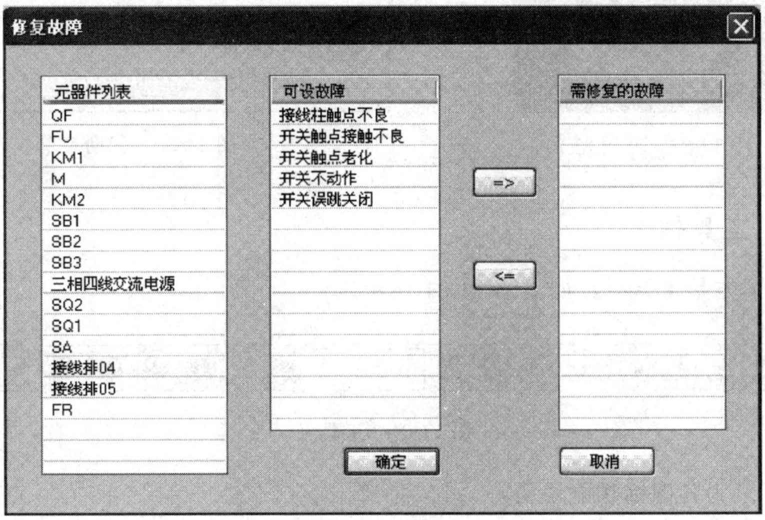

开始运行
停止运行
修复故障

图 14-24　电路仿真菜单

单击“停止运行”，停止机电控制仿真平台。用于通车结束时，必须先停止机电控制仿真平台，否则不能对平台上的系统进行修改。

单击“修复故障”，显示如图 14-25 所示的窗口。

修复故障
元器件列表
QF
FU
KM1
M
KM2
SB1
SB2
SB3
三相四线交流电源
SQ2
SQ1
SA
接线排04
接线排05
FR
可设故障
接线柱触点不良
开关触点接触不良
开关触点老化
开关不动作
开关误跳关闭
=>
<=
需修复的故障
确定
取消

图 14-25　故障修复

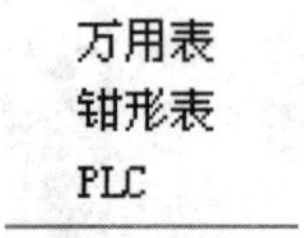

万用表

钳形表

PLC

图 14-26 测量工具选项

在元器件列表中选取需要排故的元器件，在"可设故障"里选取故障点，点击 => ，把故障点移到"需修复的故障"里，完成排故。

单击"工具"子菜单，显示图 14-26 所示选项。

注意：启动机电控制仿真平台的时候使用可用这些工具对仿真工作区中搭建的电路进行测量。

单击"万用表"，显示图 14-27 所示图形。

单击"钳形表"，显示图 14-28 所示图形。

单击"窗口"子菜单，显示图 14-29 所示的选项。

单击"层叠"，则"电路编辑区"窗口按层叠样式显示。

单击"平铺"，则"电路编辑区"窗口按平铺样式显示。

单击"帮助"子菜单，显示 关于 YLPLCSimu(A)... ，单击它，弹出此软件的版本号，如图 14-30 所示。

图 14-27 万用表

图 14-28 钳形表

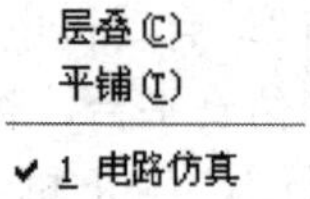

层叠(C)

平铺(T)

✔ 1 电路仿真

图 14-29 窗口菜单

图 14-30 帮助菜单

14.1.3 工具栏

菜单栏的下方是工具栏，如下图 14-31 所示。

图 14-31 工具栏

表 14-1 所示为各图标功能说明：

表 14-1　功能表

图标	功　能
	选取——设置当前状态为选取状态,可以选取元器件
	抓手工具——整体移动元器件
	导线——设置当前状态为导线状态,可以为电路元器件连接导线
	删除——删除当前选中的元器件
	撤销——返回到上一次操作
	恢复——恢复到原来的操作
	旋转——逆时针旋转当前选中的元器件
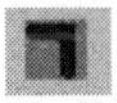	液动管道——设置当前状态为液动管道状态,可以为液路元器件进行连接
	气动管道——设置当前状态为气动管道状态,可以为气路元器件进行连接
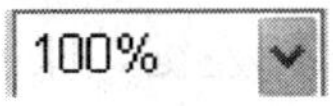 100%	改变视图的放大比例
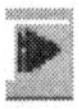	启动机电控制仿真平台
	停止机电控制仿真平台
	调整视图为屏幕大小
	查看元器件的接线图,再点击可还原为实物图
	万用表——弹出万用表,可以测量电压和电阻值
	钳形表——弹出钳形表,可以测量电流值
	放大镜——可以改变元器件的大小,细部查看元器件

14.1.4　元器件库

工具栏的下方左边部分是"元器件选择区",用鼠标左键单击某个元器件时,下方会显示该元器件的图片,如图 14-32 所示。

图 14-32 器件选择

当用鼠标右键单击某个元器件时，会弹出菜单，"刷新"选项指从服务器上重新获取元器件；单击"元器件特性"选项，弹出元器件属性对话框。

14.1.5 仿真操作区

主界面的空白部分为"仿真操作区"，用户可根据需求将元器件库里面的元器件添加到仿真操作区上，在这个操作区上用户可以自由搭建各种自己所需要的机电控制系统，并可以对系统进行直观的模拟仿真。

1. 单个元器件添加

用鼠标左键单击元器件选择区的某个元器件后，鼠标移动至机电控制仿真平台上，光标变成正方形，表示已选中某个元器件。在仿真编辑区单击鼠标左键，即可在仿真平台上添加该元器件，如图 14-33 所示。

注意：有的元器件需要进行选型，以便符合系统对元器件的要求，否则元器件会烧掉或者导线烧掉。例如：添加接触器时，会出现图 14-34 所示窗口，请根据实际的需要选择参数，然后单击 确定 按钮。

2. 多个元器件连续添加

用鼠标左键选中元器件双击选择区的某个元器件后，鼠标移动至机电控制仿真平台上，光标变成正方形，表示已选中某个元器件。在仿真编辑区单击鼠标左键，即可在仿真平台上添加该元器件，再次单击鼠标左键，可在仿真平台上再次添加该元器件，如图 14-35 所示。

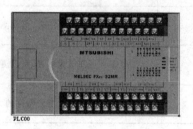

图 14-33 单个元器件添加

图 14-34　元器件属性选择

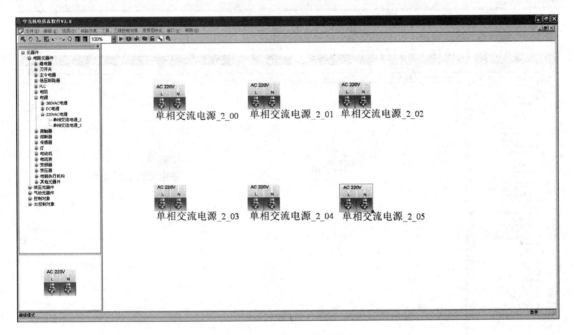

图 14-35　多个元器件添加

3. 元器件的使用

以一个简单的电路为例介绍添加后的元器件是如何进行使用和修改的。

在仿真平台上添加元器件：首先在元器件选择区中的电源栏下选取单相交流电源，单击"单相交流电源-2"选项，将鼠标移动至机电控制仿真平台的合适位置，单击鼠标左键，添加电源，如图 14-36 所示。

然后单击元器件选择区中"开关"下的"刀开关"中的 ssswitch ，将鼠标移动至机电控制仿真平台中的合适位置，单击鼠标左键，添加刀开关，如图 14-37 所示。

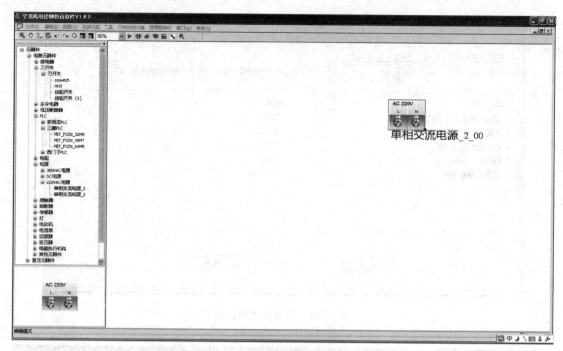

图 14-36　电源添加示意图

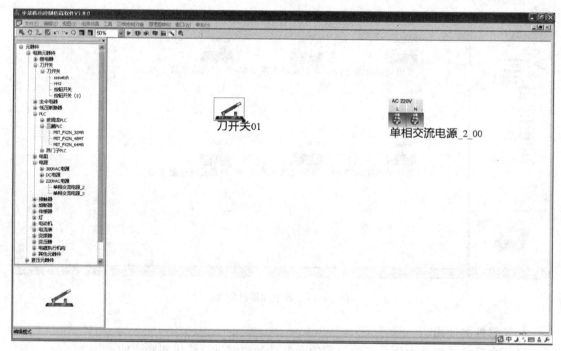

图 14-37　刀开关添加

再单击元器件选择区中"灯"下的"light"选项，将鼠标移动至电路编辑区中的合适位置，单击鼠标左键，添加灯，如图 14-38 所示。

（1）硬件接线

利用平台上的工具栏对系统进行搭建。利用工具栏中的 ，在平台上对系统的组成器

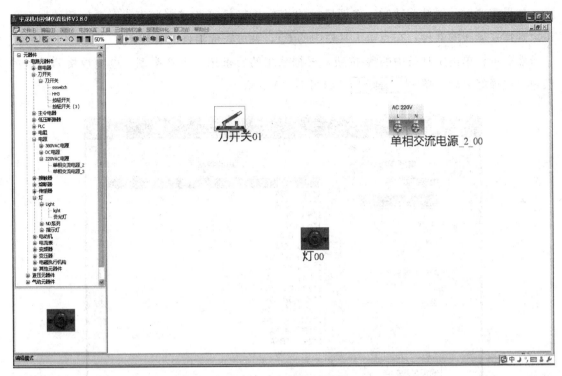

图 14-38　灯添加示意图

件进行移动，将元器件摆放到合适的位置。

　　鼠标单击工具栏中的 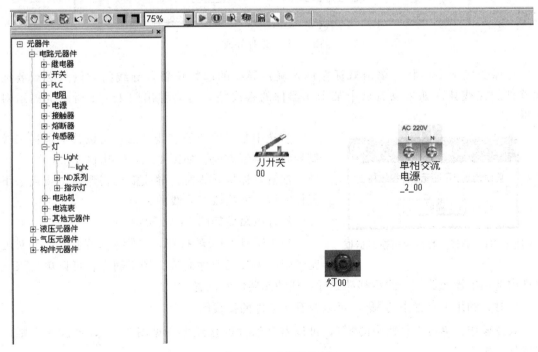，将鼠标移动在元器件上，左键单击元器件不放，移动鼠标，改变元器件在平台上的位置，如图 14-39 所示。

图 14-39　元器件排版

如果需要对元器件旋转时，先把鼠标的状态点击 K 变为选择状态，对要旋转的器件单击，选择要旋转的器件，在点击工具栏中的 ○，就可完成器件的旋转。

然后鼠标单击工具条中的 ⌇ 按钮，根据系统的要求选择电缆类型、电缆规格和导线的颜色，选择好之后，单击 ▊ 确定 ▊，如图 14-40 所示。

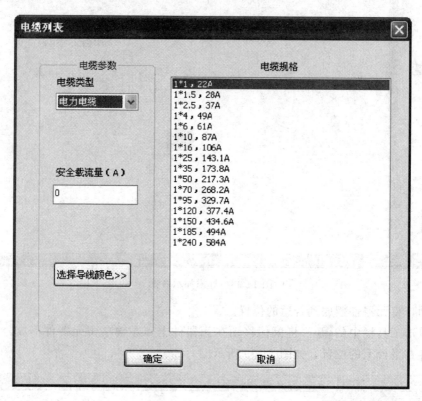

图 14-40　选择导线

光标变成十字形状，单击鼠标左键，确定导线的起始位置，导线的起始点必须要在元器件的接线柱，如果没有点中某个元器件的接线柱，将会弹出图 14-41 所示的提示对话框。

当选中某元器件的接线柱后，可以移动鼠标来控制导线的绘制方向，如图 14-42 和图 14-43 所示。

注意：连接导线时，导线需要拐弯时，要点一下鼠标左键，才能改变导线的方向。

连好电路后如图 14-44 所示。

单击工具栏中 K 按钮，设置为选择状态，如对电

图 14-41　导线连接位置错误对话框

路编辑区中某元器件的位置还不满意，可以单击该元器件内部选中该元器件，然后移动鼠标，移动元器件的位置。

此时，利用工具栏中的 ⛭，可以查看元器件的接线图。

具体操作：单击工具栏中的 ⛭，可以看到器件的接线图，见图 14-45，再次单击则回到器件的实物图。

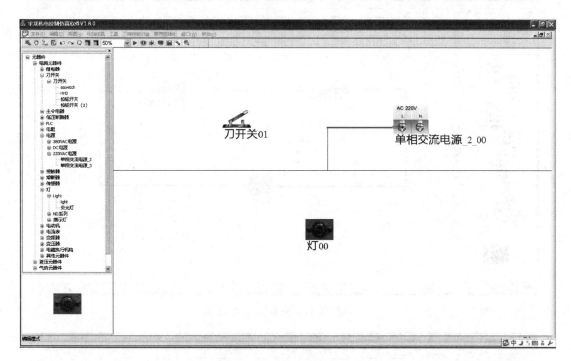

图 14-42 部分接线图 1

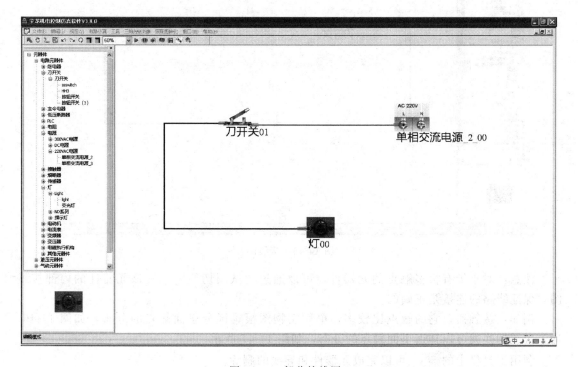

图 14-43 部分接线图 2

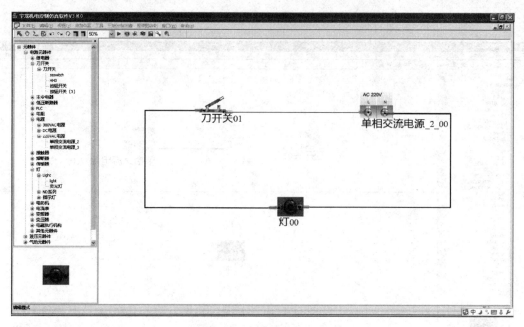

图 14-44　完整接线图

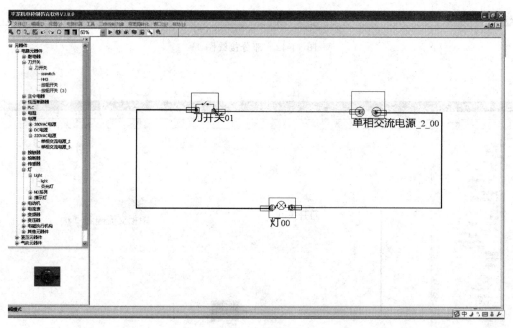

图 14-45　接线图

注意：对于带有很多触点的元器件，可以通过"试图切换"了解该元器件的内部接线图，保证线路的连接是正确的。

例如：接触器，它的触点比较多，单凭实物图很难区分里面触点的分布，如图 14-46，通过视图切换就可以知道里面触点的分布，如图 14-47 所示。

利用工具栏中的　，可以完成元器件和导线的删除。

如果导线连接出错时，先单击　把鼠标的状态变为选择状态，对要删除的器件或导线单击，选择要删除的器件或导线，单击工具栏中的　，就可完成器件或导线的删除。

图 14-46　接触器实物图

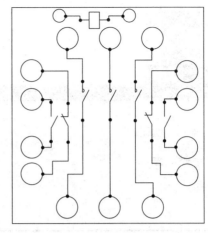

图 14-47　接触器内部接线图

单击工具栏中的 **75%** ▼，如图 14-48 所示，可选择要显示的界面的大小。

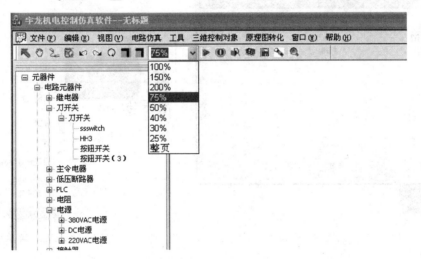

图 14-48　界面大小设置

　　右键单击需要操作的元器件，弹出允许此元器件被操作的菜单，如图 14-49 所示。

　　例如：单击"设置元器件名称"，可以对元器件进行命名。单击要命名的元器件，弹出图 14-50 所示的对话框，输入名字，单击"确定"按钮即可。以及可以对元器件名称的字体颜色和字号大小进行修改。

　　单击"元器件特性"可已设置元器件的参数。

　　根据图 14-51 和图 14-52 可设置灯泡参数（额定电压及电流）。

　　对于液压及气压中的一些元器件还带有 FLASH 动画。对有 FLASH 动画的元器件右键单击后"显示 FLASH"为黑色可选状态，例如对叶片式液压马达的操作显示如图 14-53 和图 14-54 所示。

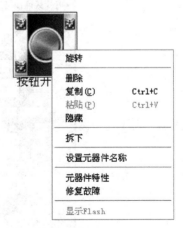

图 14-49　元器件设置

图 14-50　元器件名称

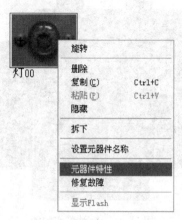

图 14-51　灯泡参数设置菜单

图 14-52　元器件属性设置

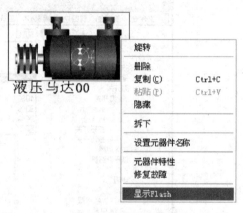

图 14-53　Flash 菜单

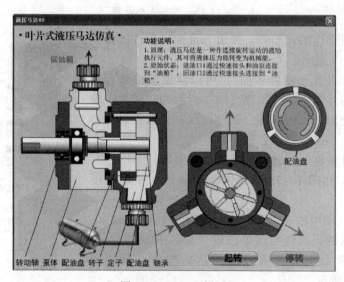

图 14-54　Flash 展示

（2）对系统进行直观的模拟仿真

单击工具条中的 ▶ 按钮，启动机电控制仿真平台，单击刀开关，如图 14-55 所示。

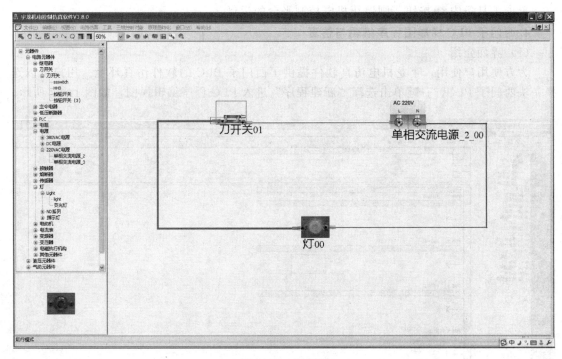

图 14-55　运行图

这时，电路开始运行，电灯通电后会发光，如图 14-56 所示。

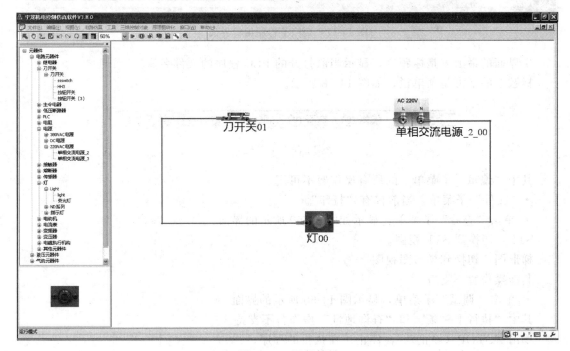

图 14-56　运行结果

注意：导线的颜色变为红色，表示线路正在运行，构成了正确的电路回路。

若再次单击刀开关，则电路断开，电灯熄灭。

单击工具条中 **❶** 按钮，则停止机电控制平台的运行。

4. 西门子 PLC 梯形图程序编辑与仿真

（1）界面介绍

为方便用户使用，宇龙机电仿真软件提供了西门子 PLC 的软件仿真环境。用户可以选择一块西门子 PLC，右键单击选择"新建程序"进入 PLC 程序编辑视图，如图 14-57 所示。

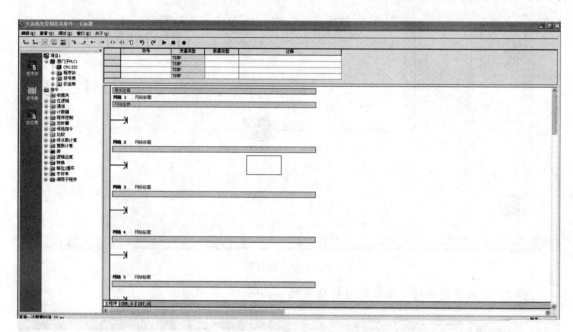

图 14-57　西门子程序编辑界面

主界面的最上方是标题栏，显示当前打开的 PLC 程序的文件名。

标题栏的下方是菜单栏，如图 14-58 所示。

文件(F)　编辑(E)　查看(V)　调试(D)　窗口(W)　关于(A)

图 14-58　菜单栏

其中"编辑"子菜单下的所有操作暂不可用。

• "文件"子菜单，当前仅有"打印"。

• 单击"查看"子菜单，显示如图 14-59 所示的界面。

STL：切换到 STL 视图。

梯形图：切换到梯形图视图。

其他操作暂不支持。

• 单击"调试"子菜单，显示图 14-60 所示的界面。

其中"执行下一条"和"查询地址"操作暂不支持。

单击"STOP（停止）"，停止正在执行的程序。

单击"编译"，编译正在执行的程序。

单击"调试执行"，弹出如图 14-61 所示的界面。

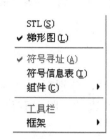

图 14-59　查看子菜单

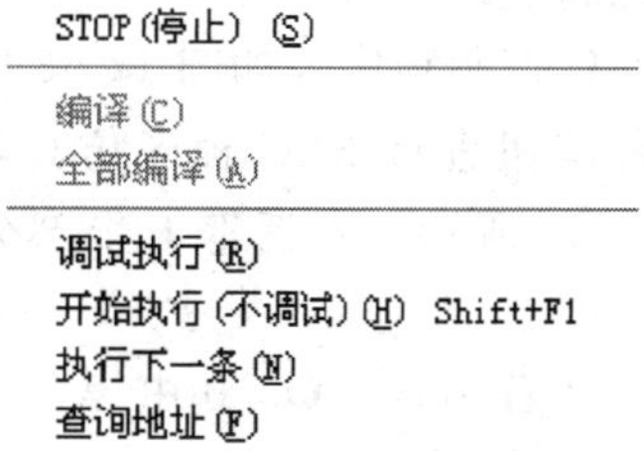

STOP (停止) (S)

编译 (C)
全部编译 (A)

调试执行 (R)
开始执行 (不调试) (H) Shift+F1
执行下一条 (N)
查询地址 (F)

图 14-60　调试子菜单

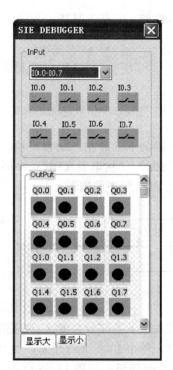

图 14-61　程序调试窗口

单击"开始执行（不调试）"则 PLC 程序自动执行。

• 单击"窗口"子菜单，显示如图 14-62 所示的操作。
其中"排列图标"操作暂不支持。

单击"层叠"，则"PLC 程序编辑区"按层叠样式显示。

单击"横向平铺"，则"PLC 程序编辑区"按横向平铺样式显示。

单击"西门子 PLC1 梯形图编辑"，显示或隐藏梯形图编辑。

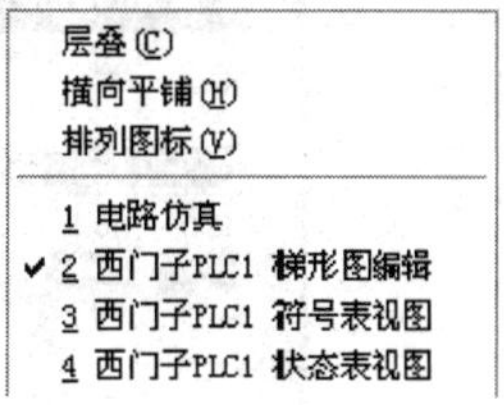

单击"西门子 PLC1 符号表视图"，显示或隐藏如图 14-63 所示的符号表视图界面。

图 14-62　窗口子菜单

	图片1	图	符号	地址	注释
1					
2					
3					
4					
5					

图 14-63　符号表

单击"西门子 PLC1 状态表视图"，显示或隐藏图 14-64 所示的状态表。

	地址	格式	当前值	新值
1		有符号		
2		有符号		
3		有符号		
4		有符号		

图 14-64　状态表

菜单栏的下方是工具栏，如图14-65所示。

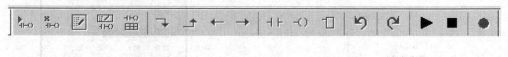

图14-65　工具栏

工具栏的下方最左边是程序块、符号表、状态表切换按键，分别对应"梯形图编辑"、"符号表视图"、"状态表视图"；中间是"工程树"显示栏；右边是"PLC程序编辑区"，可在此进行PLC程序的编辑。

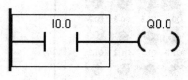

图14-66　PLC控制程序

关于梯形图编辑，可以参看STEP 7-Micro/WIN使用手册。

（2）西门子PLC控制电路

编写一段简单的PLC控制程序，如图14-66所示：

单击工具条中的 ▶ 按钮进行PLC程序仿真，弹出仿真控制对话框，如图14-67所示。对话框上半部分为PLC对应的输入，下半部分为PLC对应的输出。

例如，单击I0.0下的开关，使开关闭合，即表示I0.0有输入，Q0.0由黑色变为红色表示Q0.0有输出，如图14-68所示。

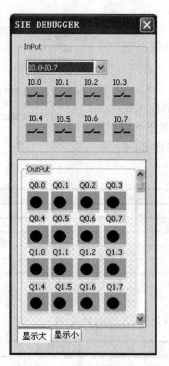

图14-67　调试窗口

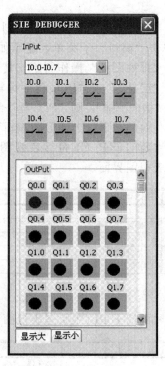

图14-68　调试过程

单击工具条上的 ■ 按钮，停止仿真调试。单击菜单栏中"窗口"回到仿真界面，按要求添加元件并接线，然后进行仿真。

14.2　简单电路控制系统的绘制与仿真

电机要实现正反转控制，将其电源的任意两相对调即可（简称换向）。为了保证电路的安全，采用按钮（机械）和接触器（电气）双重互锁，这样如果同时按下正反转按钮，调相用的两个接触器不会同时得电，从而有效保护电机。其工作原理如图 14-69 所示。

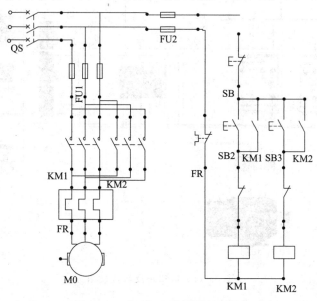

图 14-69　电机正反转控制原理图

根据电气原理图，先在器件库里选择需要的元器件，然后单击元器件，将其移动到仿真操作区上，单击完成添加。添加好元器件后，依次进行排序，并根据需要进行命名，如图 14-70 所示。

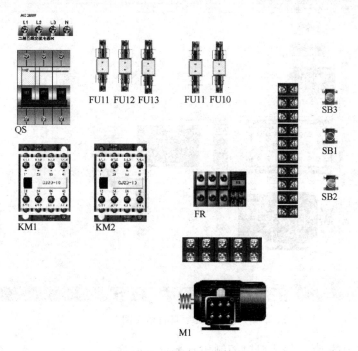

图 14-70　所添加的器件图

按照原理图，单击工具栏中的 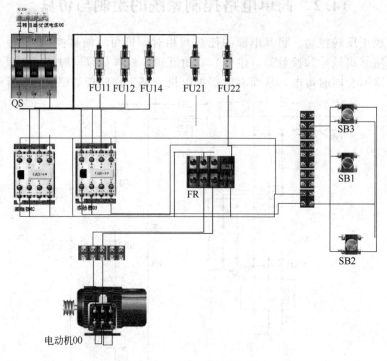，进行器件之间的连接。图 14-71 所示为接线图。

图 14-71　电机正反转接线图

单击工具条中的 ▶ 按钮，启动机电控制仿真平台；合上电源开关，单击平台上的正转启动按钮，使电动机顺时针旋转。如图 14-72 所示。

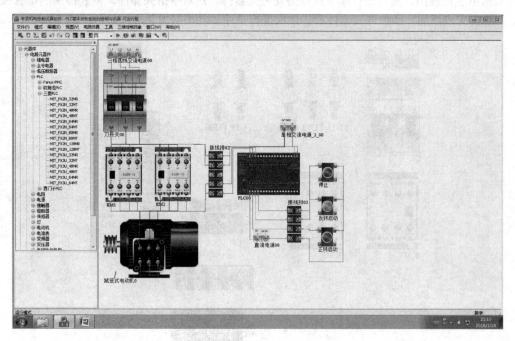

图 14-72　运行仿真图

单击工具栏中的 ⏻，停止机电控制仿真平台的运行。

14.3　简单气动控制系统的绘制与仿真

通过两个继电器控制气缸的推进和返回。要求按下开关按钮后气缸推出，到达磁性开关位置后气缸返回，再次按下开关将重复动作一次。

1. 任务分析

通过继电器控制气缸的动作，其电气原理图如图 14-73 所示。当按下开关后，左侧的继电器自锁，电磁阀被驱动，气缸前行，到位后磁性开关 S1 闭合，驱动右侧继电器，右侧继电器的常闭触点打开，解除左侧继电器的自锁，电磁阀断电后自动复位，气缸返回，动作完成。再次按下开关将重复动作一次。

2. 气动器件的添加

气动器件的添加跟电路器件的添加是一样的，这里不再多述。

注意进行气路之间连接时用 ![]气动管道进行连接。

在平台上添加气动器件，如图 14-74 所示。

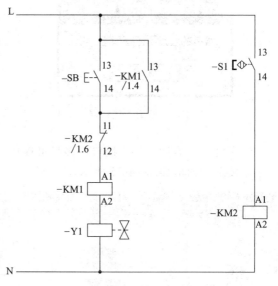

图 14-73　气缸动作电气原理图

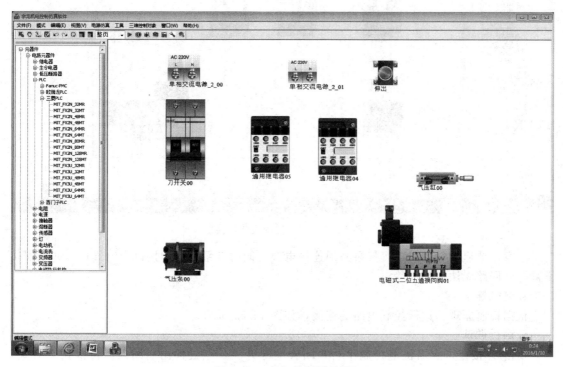

图 14-74　气缸控制器件图

3. 气路连接

单击工具栏中的 ，单击之后，鼠标变为十字形，连接元器件的气动接口，如果连接不对，会弹出图 14-75 所示的提示。

如果错误地将管道连到电线接线柱上，会弹出图 14-76 所示的提示。

图 14-75　管道连接错误 1

图 14-76　管道连接错误 2

注意气动元器件的每个接口最多只可连接一个管道。

连接后的图形如图 14-77 所示。

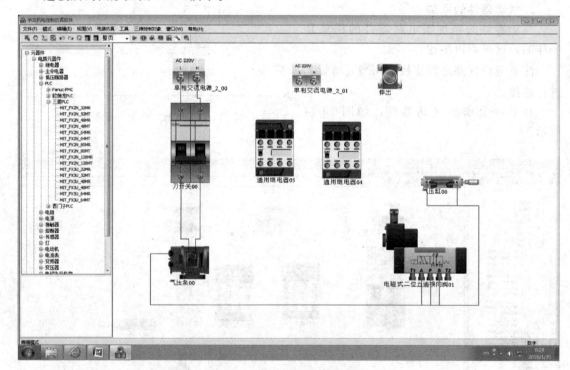

图 14-77　气缸控制气路连接图

注意：要启动气动回路，气泵必须连接电源，同时气泵上部的接口为出气口，如果误接下部，则回路无法启动。

4. 电气连接

根据控制原理，进行控制电路的连接，如图 14-78 所示。

5. 运行调试

单击 ▶ 按钮，启动机电控制平台，闭合电源开关，气缸伸出后缩回。再次按下开关，气缸重复该动作，气缸控制运行如图 14-79 所示。

单击 ◉ 按钮，机电控制平台停止运行。

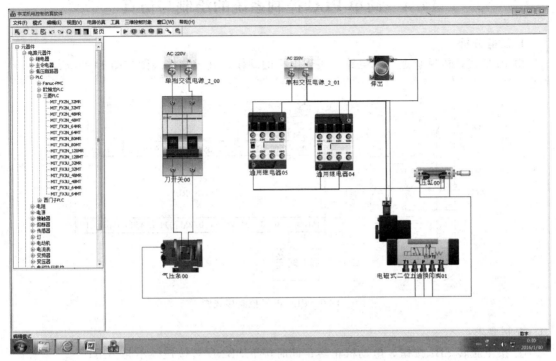

图 14-78　气缸控制接线图

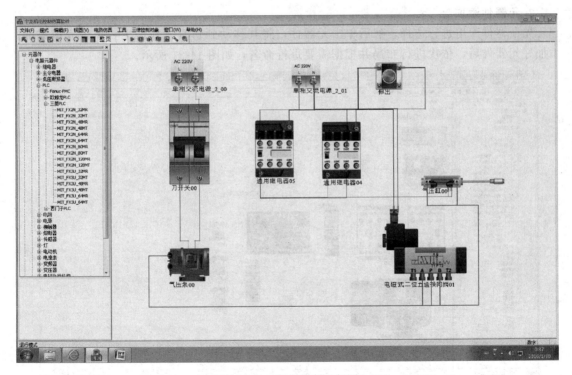

图 14-79　气缸控制运行图

14.4 简单 PLC 控制系统的绘制与仿真

1. 任务分析

由 PLC 代替机械触点逻辑电路，实现电机的动作，其控制接线图如图 14-80 所示。

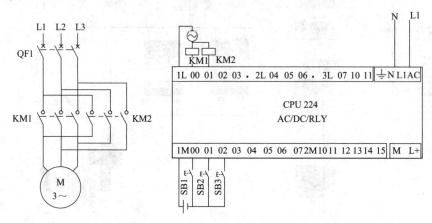

图 14-80 PLC 电机控制接线图

控制要求：

① 按下正转 SB1 按钮，电动机正转；此时按下 SB2 反转按钮，不起作用；

② 按下反转 SB2 按钮，电动机反转；此时若按下 SB1 正转按钮，不起作用；

③ 按下停止 SB3 按钮，电动机停转。

2. 元器件添加

先在器件库里进行选择，然后单击元器件，将其移动到仿真操作区上，单击完成添加。添加好元器件后，依次进行布局并根据需要进行命名，如图 14-81 所示。

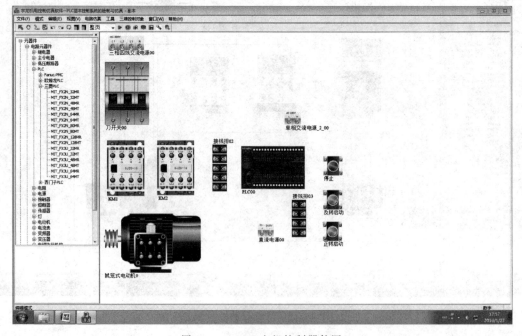

图 14-81 PLC 电机控制器件图

3. 硬件接线

根据 PLC 输入输出回路接线原理，完成各元器件之间的硬件连接，如图 14-82 所示。

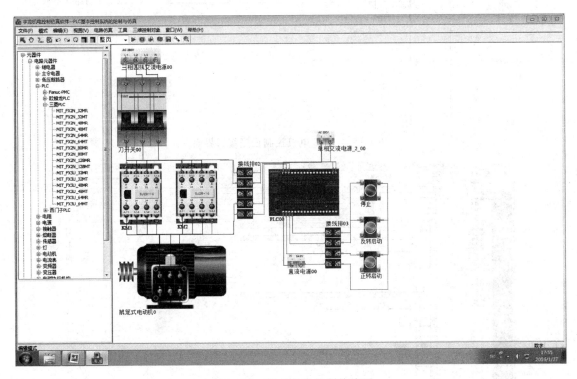

图 14-82 PLC 电机控制接线图

4. 软件程序编写

① 选择 PLC，单击鼠标右键，显示如图 14-83 所示的操作。

② 单击"新建程序"，显示图 14-84 所示的对话框，进入到所选 PLC 的程序编辑界面。

③ 编写电机正反转的程序，编写后的程序如图 14-85 所示。

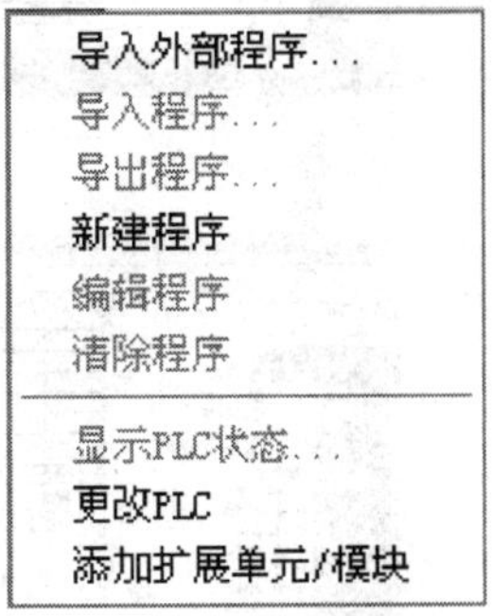

5. 程序调试

在程序编写界面，可以对编写的软件程序进行简单的调试，如图 14-86 所示。

程序调试正常后，单击图 14-87 中的"窗口"菜单下的"1 电路仿真接线图"，回到硬件接线界面，如图 14-88 所示。

导入外部程序…
导入程序…
导出程序…
新建程序
编辑程序
清除程序

显示PLC状态…
更改PLC
添加扩展单元/模块

图 14-83 PLC 电机控制
新建程序菜单

6. 软硬件联调

单击软硬件联调按钮，启动联调。联调过程中可能会遇到如下的问题。

① PLC "SF"和"RUN"指示灯不亮，请排查 PLC 供电电路。

② 按下输入（正转、反转或者停止）按钮后，PLC 对应输入节点指示灯不亮，请排查 PLC 输入回路接线。

③ 按下输入（正转、反转或者停止）按钮后，PLC 对应输入节点指示灯亮，但输出节点指示灯不亮，请排查程序。

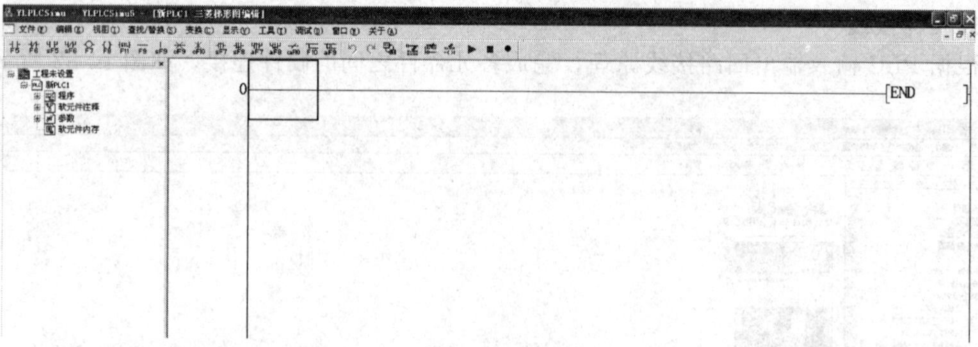

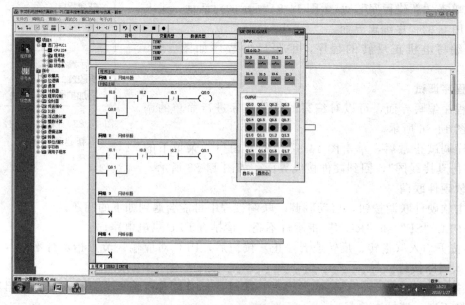

图 14-84　PLC 电机控制程序编辑界面

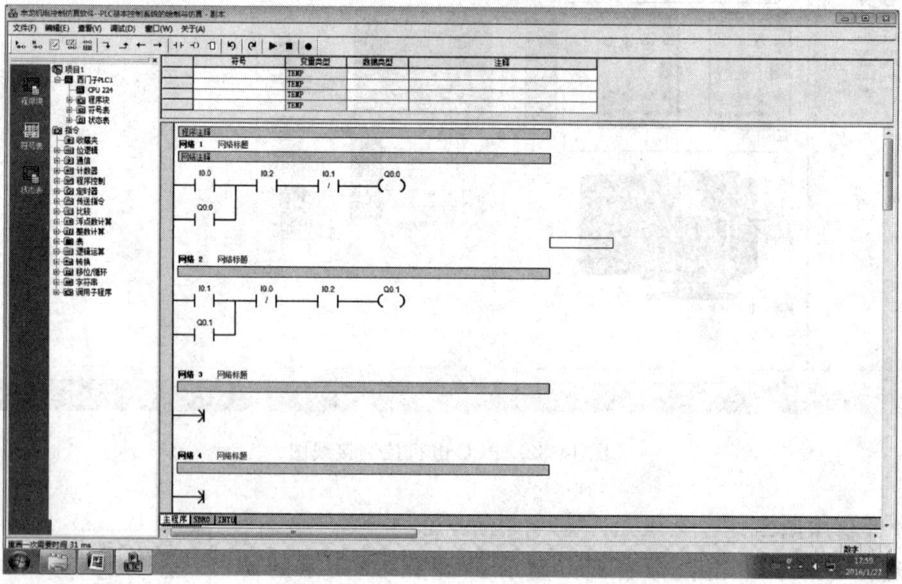

图 14-85　PLC 电机控制程序图

图 14-86　程序调试图

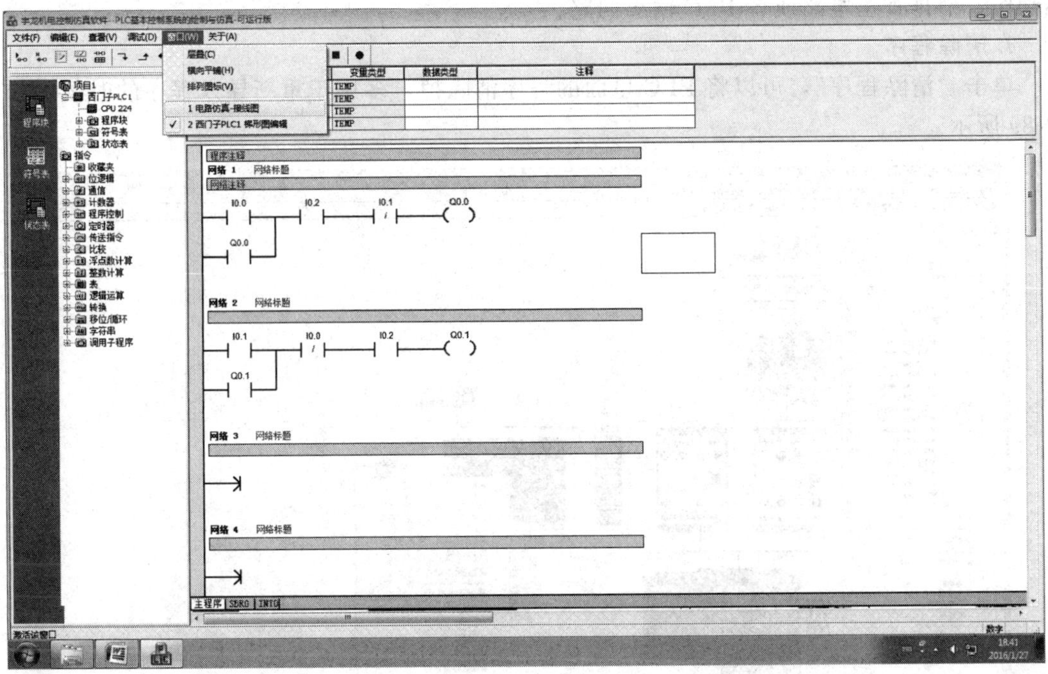

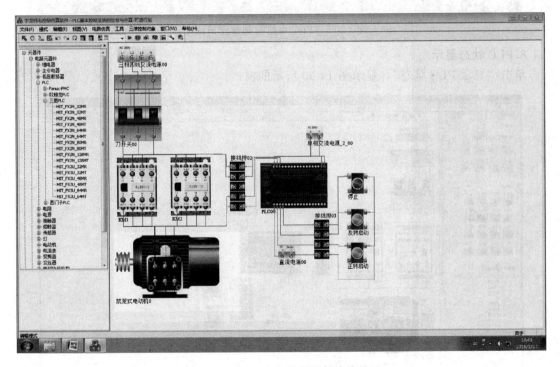

图 14-87　窗口菜单

图 14-88　PLC 电机控制硬件接线界面

④ 按下输入（正转、反转或者停止）按钮后，PLC 对应输入输出指示灯亮，输出负载不动作，请排查主电路或者 PLC 输出回路。

7. 清除程序

单击"清除程序"，可以将 PLC 里面的程序清除掉，多用于重新导入程序的时候，如图 14-89 所示。

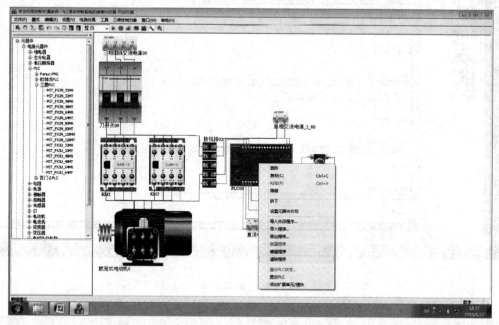

图 14-89　PLC 电机控制程序清除

8. PLC 状态显示

单击"显示 PLC 状态"，显示图 14-90 所示的窗口。

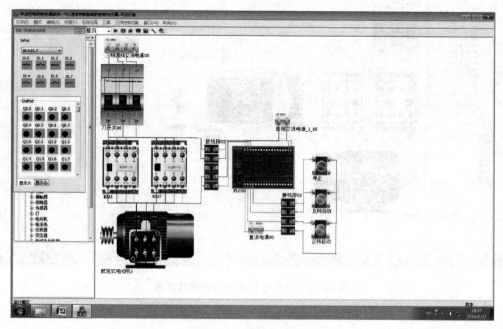

图 14-90　显示 PLC 状态

窗口中的输出状态与 PLC 的程序状态是同步的（注意：只有在启动机电控制平台的前提下，单击"显示 PLC 状态"，才会出现此窗口）。

9. 更改 PLC

单击"更改 PLC"，显示图 14-91 所示的对话框。

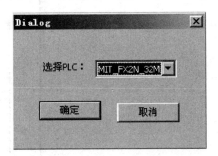

图 14-91　更改 PLC 对话框

可对用户所需的 PLC 种类及型号进行选择。

注意：当选择更改 PLC 的时候，所有与原 PLC 有关的硬件接线和软件程序都会丢失，请慎重选择。

10. 已有 PLC 程序修改

单击"编辑程序"，显示图 14-92 所示的对话框，进入到 PLC 的程序编辑界面，用来改写 PLC 的程序。

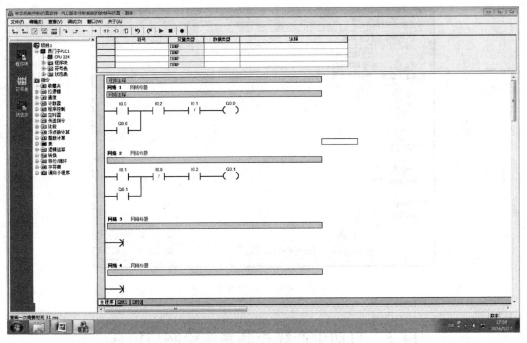

图 14-92　已有程序修改

11. 外部程序导入

① 单击"导入外部程序"，弹出图 14-93 所示的对话框。

选择需要从外面导入的 PLC 程序文件（仅限由本软件所编辑的 PLC 程序文件）。

② 单击"导入程序"，弹出图 14-94 所示的对话框。

图 14-93　外部程序导入

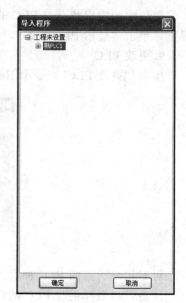

图 14-94　外部程序选择

选取需要导入的 PLC 程序（此时的程序是在软件当前编程器里完成的程序文件）。

③ 单击"导出程序"，显示图 14-95 所示的对话框。

图 14-95　程序导出

14.5　自动生产线控制系统绘制与仿真

综合上述电路、气动系统、PLC 控制系统的绘制与仿真，在机电控制仿真平台上，完成自动生产线供料站单站系统的绘制与仿真，实现电路、PLC 和气动系统的混合仿真控制。

根据供料站功能和要求在器件库里进行选择，然后单击元器件，移动到仿真操作区上，单击完成添加。添加好元器件后，依次进行布置并根据需要进行命名，如图 14-96 所示。

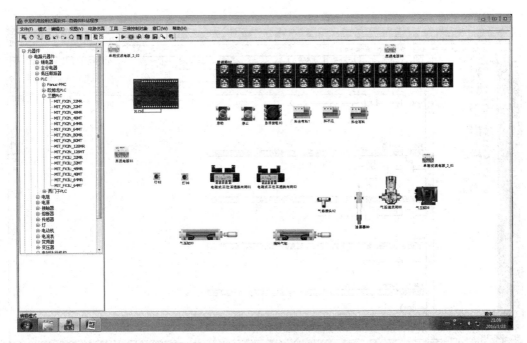

图 14-96　供料单元控制器件图

根据功能要求完成硬件接线，如图 14-97 所示。

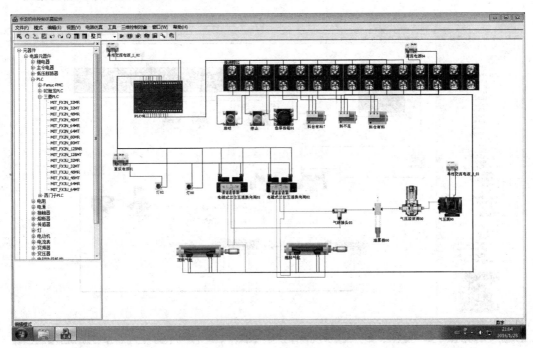

图 14-97　综合控制接线图

编写供料站的程序，步骤前面已经介绍，此处不再赘述。部分程序如图 14-98 所示。

点击 ▶，启动机电控制仿真平台。闭合主电路电源开关，按下绿色启动按钮，顶料气缸和推料气缸顺序执行，点击 ⓞ，机电控制仿真平台停止运行，如图 14-99 所示。

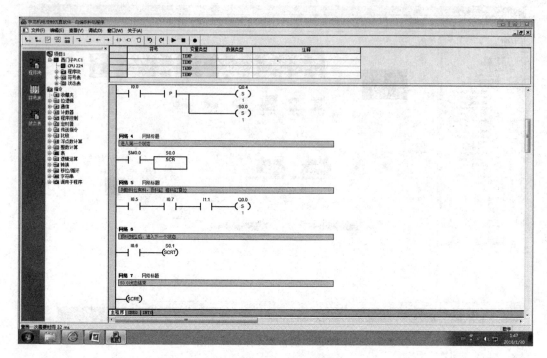

图 14-98　控制程序图

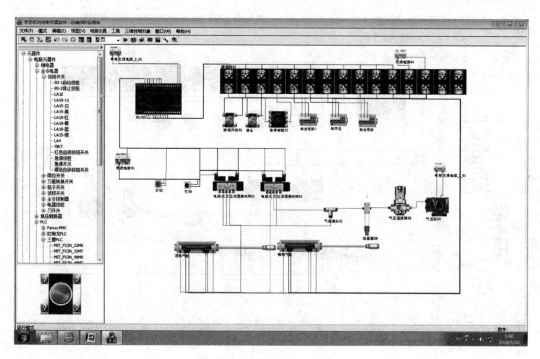

图 14-99　综合控制运行图

参 考 文 献

[1] 张万忠.可编程控制器应用技术 ［M］.北京：化学工业出版社，2005.

[2] 吕景泉.自动化生产线安装与调试 ［M］.北京：中国铁道出版社，2009.

[3] 章国华，苏东.典型生产线原理、安装与调试 ［M］.北京：北京理工大学出版社，2009.

[4] 鲍风雨.典型自动化设备及生产线应用与维护 ［M］.北京：机械工业出版社，2004.

[5] 陈瑞阳.机电一体化控制技术 ［M］.北京：高等教育出版社，2004.

[6] 刘增辉.模块化生产加工系统应用技术 ［M］.北京：电子工业出版社，2005.

[7] 宋文绪，杨帆主编.传感器与检测技术 ［M］.北京：高等教育出版社，2004.

[8] 宋云艳，张鑫主编.自动生产线安装与调试 ［M］.北京：电子工业出版社，2012.

[9] 徐沛.自动生产线应用技术 ［M］.北京：北京邮电大学出版社，2015.

[10] 徐永生.液压与气动.第2版 ［M］.北京：高等教育出版社，2007.

[11] 左健民.液压与气动技术 ［M］.北京：机械工业出版社，2006.

[12] 廖常初.PLC基础及应用 ［M］.北京：机械工业出版社，2003.